de Gruyter Lehrbuch

Schönhage · Approximationstheorie

Approximationstheorie

von

Prof. Dr. Arnold Schönhage

Universität Konstanz

Walter de Gruyter & Co · Berlin · New York 1971

Satz und Druck: Universitätsdruckerei H. Stürtz AG, Würzburg
Printed in Germany

ISBN 3 11 00 1982 5

Inhaltsverzeichnis

Einleitung

Die ersten Ansätze zu jenem Zweig der Analysis, den man heute „Approximationstheorie“ oder auch „konstruktive Funktionentheorie“ nennt, erwuchsen schon früh aus dem praktischen Bedürfnis, komplizierte Funktionen näherungsweise durch einfachere, z. B. Polynome darzustellen. Zu erwähnen sind neben dem Taylorschen Satz etwa die Interpolationsformeln von Newton und Lagrange oder die numerische Integration nach Gauss über den Nullstellen der Legendre-Polynome.

Eine „Theorie“ wurde daraus durch drei grundlegende Entdeckungen des vorigen Jahrhunderts: 1822 erschien J. Fouriers Arbeit über Wärmeleitung, in der erstmals die nach ihm benannten trigonometrischen Reihendarstellungen periodischer Funktionen benutzt wurden. P. L. Tschebyscheff behandelte 1853 die Frage nach den Polynomen jeweils festen Grades, deren betragliche Maximalabweichung von einer über einem abgeschlossenen Intervall stetigen Funktion minimal ist. 1885 schließlich veröffentlichte K. Weierstrass seine Approximationssätze, wonach sich jede solche Funktion durch Polynome und jede periodische stetige Funktion durch trigonometrische Polynome im Sinne der gleichmäßigen Konvergenz beliebig genau approximieren läßt.

Große Teile der Approximationstheorie entwickelten sich in Verfeinerung und Verallgemeinerung dieser fundamentalen Resultate. Unter dem Einfluß moderner funktionalanalytischer Betrachtungsweise haben sich die Akzente in den letzten Jahrzehnten mehr zu abstrakten Fragestellungen hin verschoben. Gleichzeitig wurde andererseits mit der Entwicklung elektronischer Rechenanlagen ein breites Feld der Anwendungen erschlossen. In dieser Situation ist es das Ziel des vorliegenden Buches, dem fortgeschrittenen Studenten klassische Kernstücke der Approximationstheorie in moderner Darstellung zu bieten und ihm so die Grundlagen für weitere Arbeit auf diesem Gebiet zu vermitteln. An Vorkenntnissen wird neben der heute üblichen Grundausbildung in linearer Algebra und reeller Analysis einschließlich des Lebesgueschen Integrals vom Leser erwartet, daß er mit den Grundzügen der komplexen Funktionentheorie und Elementen der Funktionalanalysis vertraut ist.

In formaler Hinsicht läßt sich die Approximationstheorie auf einige zentrale Grundbegriffe zurückführen. Die wörtliche Übersetzung approximare = *annähern, sich nähern* zeigt an, daß dieses Verb sich auf ein *Ziel* bezieht und außerdem *metrische* Vorstellungen impliziert. Die Grundsituation ist also mit einem metrischen Raum R nebst Metrik δ und einem zu approximierenden Element

$f \in R$ gegeben, wobei die zur Approximation benutzten Elemente in einer Teilmenge $U \subseteq R$ gewählt werden können. Eine Folge $g_1, g_2, \dots$ aus U *approximiert* f, wenn $\delta(f, g_n) \to 0$ für $n \to \infty$, und f heißt dann *approximierbar* (durch U). Das gilt genau dann für *alle* $f \in R$, wenn U *dicht* in R ist.

Zusätzliche Nebenbedingungen führen über diesen rein qualitativen Begriff der Approximierbarkeit hinaus. Von besonderem Interesse ist die Voraussetzung $U = \bigcup_n U_n$ mit $\emptyset \neq U_1 \subseteq U_2 \subseteq U_3 \subseteq \cdots$ und der Forderung $g_n \in U_n$ für alle n an solche approximierenden Folgen $g_1, g_2, \dots$. Damit ergibt sich das Problem, bei jeweils festem n und vorgegebenem $f \in R$ in U_n ein möglichst günstiges g_n zu wählen; genauer ist zu fragen, ob es ein $\hat{g}_n \in U_n$ mit der Eigenschaft

$$\delta(f, \hat{g}_n) = \delta(f, U_n) = \inf_{g \in U_n} \delta(f, g)$$

oder gar mehrere Elemente dieser Art gibt. Solch ein $\hat{g}_n$ nennen wir *Proximum* zu f in U_n und bezeichnen die Frage nach seiner *Existenz* und *Eindeutigkeit* auch kurz als *Proximumproblem.* (In der übrigen Literatur benutzt man statt „Proximum" Umschreibungen wie „Minimallösung" oder „Element bester Approximation".)

Quantitativ läßt sich die Approximierbarkeit eines $f \in R$ (in bezug auf die U_n) durch die Abnahmegeschwindigkeit der Folge

$$\delta(f, U_1) \geqq \delta(f, U_2) \geqq \delta(f, U_3) \geqq \cdots$$

messen. So erfaßt man dann auch die gleichmäßige Approximierbarkeit von Teilmengen $F \subseteq R$ durch die Bedingung

$$\delta(F, U_n) = \sup_{f \in F} \delta(f, U_n) \to 0 \qquad \text{für } n \to \infty.$$

Die Bedeutung dieser nur kurz skizzierten allgemeinen Gesichtspunkte wird sich in den nun folgenden Kapiteln noch besser zeigen. Die darin getroffene Stoffauswahl soll hier nicht im einzelnen diskutiert werden; statt dessen seien dem Leser die im Text eingestreuten Hinweise auf weiterführende Literatur empfohlen. Schließlich ist noch eine Bemerkung über die den einzelnen Kapiteln jeweils beigefügten Aufgaben zweckmäßig: einige davon haben einen hohen Schwierigkeitsgrad.

1 Approximation in linearen normierten Räumen

R sei ein linearer normierter Raum mit reellen oder komplexen Skalaren $\alpha, \beta, \ldots$. $f \in R$ soll durch Elemente g aus einem Unterraum $U \subseteq R$ approximiert werden – in der durch die Norm gegebenen Metrik $\delta(f, g) = |f-g|$. Neben der Größe des Abstandes

$$\delta(f, U) = \inf_{g \in U} |f-g|$$

in Abhängigkeit von f und U interessieren vor allem die Fragen nach der *Existenz* eines Proximums und dessen *Eindeutigkeit:*

Gibt es ein $g_0 \in U$ mit $|f-g_0| = \delta(f, U)$, d.h. mit

$$|f-g_0| \leqq |f-g| \qquad \text{für alle } g \in U?$$

Ist g_0 das einzige Element dieser Art, darf man von *dem* Proximum sprechen?

1.1 Proximum-Existenz in Unterräumen endlicher Dimension

Bei vielen Anwendungen ist der Unterraum U von endlicher Dimension. Man hat dann als allgemeine Existenzaussage den

Satz 1.1: *In einem endlichdimensionalen Unterraum $U \subseteq R$ existiert zu jedem $f \in R$ (mindestens) ein Proximum.*

Zum Beweise genügt es, ein Proximum zu f in der beschränkten Teilmenge $T = \{g \in U \,|\, |g| \leqq 2\,|f|\} \subseteq U$ zu suchen, denn wegen $0 \in T$ gilt

$$\delta(f, T) \leqq |f-0| = |f|,$$

für $g \in U \setminus T$ ist $|g| > 2\,|f|$,

$$|f-g| \geqq |g| - |f| > |f| \geqq \delta(f, T),$$

also $\delta(f, T) = \delta(f, U)$, und dieser Abstand wird für $g \in U \setminus T$ nicht angenommen.

Benutzt man jetzt, daß T auf Grund der endlichen Dimension von U kompakt ist, dann folgt sofort die Existenz einer Stelle $g_0 \in T$, an der die in g stetige Funktion $|f-g|$ ihr Minimum annimmt; g_0 ist ein Proximum zu f.

Man könnte die Kompaktheit von T im Rahmen dieses Buches als bekannt voraussetzen. Wegen damit zusammenhängender approximationstheoretischer Fragen gehen wir aber doch näher darauf ein.

Im endlichdimensionalen Raum lassen sich je zwei Normen $|\ |_1$, $|\ |_2$ wechselseitig abschätzen, d.h. es gibt Konstanten γ_1, γ_2 mit

$$|g|_1 \leqq \gamma_1 |g|_2 \quad \text{und} \quad |g|_2 \leqq \gamma_2 |g|_1 \qquad \text{für alle } g \in U.$$

Scharfe Schranken dieser Art liefert

Satz 1.2: *$h_1, \ldots, h_n$ sei eine Basis zu U, U_k bezeichne die lineare Hülle zu $\{h_1, \ldots, h_n\} \setminus \{h_k\}$ $(1 \leqq k \leqq n)$.*

Für Linearkombinationen $g = \sum_{\nu=1}^{n} \alpha_\nu h_\nu$ gilt dann

$$(1.1) \qquad |\alpha_k| \leqq \frac{|g|}{\delta(h_k, U_k)} \qquad (1 \leqq k \leqq n).$$

Für $|g|_1 = |g|$ und $|g|_2 = \max_k |\alpha_k|$ erhält man als bestmögliche Konstanten

$$\gamma_1 = \sum_{\nu=1}^{n} |h_\nu|, \qquad \gamma_2 = \max_k \left(\frac{1}{\delta(h_k, U_k)} \right).$$

Beide Normen erzeugen demnach die gleiche Topologie in U. Jede Folge aus T ist auch bezüglich $|\ |_2$ beschränkt und enthält, wie man nach einem Standardschluß der Analysis durch n-fache Teilfolgenbildung erkennt, eine in dieser Norm konvergente Teilfolge mit einer Linearkombination $\hat{g}$ von $h_1, \ldots, h_n$ als Limes. Wegen der Stetigkeit von $|\ |_1$ gilt außerdem $|\hat{g}| \leqq 2|f|$, also $\hat{g} \in T$. Damit ist die Kompaktheit von T gezeigt.

Zum Beweise von Satz 1.2 genügt die Betrachtung von $\alpha_k \neq 0$. Aus

$$|g| = \left| \alpha_k h_k + \sum_{\substack{\nu=1 \\ \nu \neq k}}^{n} \alpha_\nu h_\nu \right| = |\alpha_k| \, |h_k - q|$$

mit

$$q = \sum_{\substack{\nu=1 \\ \nu \neq k}}^{n} \frac{\alpha_\nu}{\alpha_k} h_\nu \in U_k$$

folgt

$$(1.2) \qquad |g| \geqq |\alpha_k| \, \delta(h_k, U_k)$$

und weiter (1.1), sofern $\delta(h_k, U_k) > 0$. Das ergibt sich aus der Existenz eines Proximums $q_k \in U_k$ zu h_k nach Satz 1.1, denn wegen $h_k \notin U_k$ ist $q_k \neq h_k$, also $\delta(h_k, U_k) = |h_k - q_k| > 0$.

Für $q = q_k$ erhält man Gleichheit in (1.2) und (1.1).

Hier wurde Satz 1.1 auf den Unterraum U_k von der Dimension $n-1$ angewandt. So schließt sich der Beweisbogen für Satz 1.1 und Satz 1.2 durch Induktion über $n=\dim U$. Am Anfang steht Satz 1.1 für $\dim U=0$: In $U=\{0\}$ ist 0 Proximum zu jedem $f\in R$.

1.2 Maximale lineare Funktionale

Wenn die Norm von R euklidisch ist, dann kann die Approximationsaufgabe auch als das geometrische Problem gedeutet werden, ein Lot von f auf U zu fällen. In funktionalanalytischer Verallgemeinerung geht man bei beliebiger Norm zum dualen Raum R^* der beschränkten linearen Funktionale über und betrachtet darin das orthogonale Komplement

$$U^\perp=\{\varphi\in R^* \mid \varphi(g)=0 \text{ für alle } g\in U\},$$

wobei U ein beliebiger Teilraum von R sein darf.

Es gilt die fundamentale Abschätzung

$$|\varphi(f)|\leqq|\varphi|\,\delta(f,U) \qquad \text{für alle } \varphi\in U^\perp, \tag{1.3}$$

denn unabhängig von der Existenz eines Proximums zu f gibt es zu jedem $\varepsilon>0$ ein $g\in U$ mit $|f-g|<\delta+\varepsilon$; wegen $\varphi(g)=0$ ist also

$$|\varphi(f)|=|\varphi(f-g)|\leqq|\varphi|\,|f-g|\leqq|\varphi|(\delta+\varepsilon).$$

In Analogie zum Lot definiert man $\varphi_0\in U^\perp$ als *maximales lineares Funktional zu* f, U, wenn

$$|\varphi_0|\leqq 1 \quad \text{und} \quad |\varphi_0(f)|=\delta(f,U). \tag{1.4}$$

Mit $g\in U$ und $\varphi\in U^\perp$, $|\varphi|\leqq 1$ erhält man für $\delta(f,U)$ die Einschließung

$$|\varphi(f)|=|\varphi(f-g)|\leqq\delta(f,U)\leqq|f-g|. \tag{1.5}$$

Sie ist in vielen Fällen Grundlage für die näherungsweise Bestimmung von $\delta(f,U)$. Die Übereinstimmung beider Schranken ist ein wichtiges Kriterium, nämlich

Satz 1.3: *Wenn* $g_0\in U$, $\varphi_0\in U^\perp$, $|\varphi_0|\leqq 1$ *und*

$$|\varphi_0(f)|=|f-g_0|, \tag{1.6}$$

dann ist φ_0 *ein maximales Funktional zu* f, U *und* g_0 *ein Proximum zu* f.

In dieser Weise ein Proximum als solches zu erkennen, ist im Prinzip immer möglich, denn es gilt

Satz 1.4: *Zu jedem $f \in R$, $U \subseteq R$ existiert ein maximales lineares Funktional $\varphi_0 \in U^\perp \subseteq R^*$.*

Beweis: Für $\delta(f, U)=0$ ist z.B. das Nullfunktional $0^* \in R^*$ maximal. Das eigentliche Interesse gilt jedoch dem Falle $\delta=\delta(f, U)>0$. V bezeichne die lineare Hülle zu U und f. Zu jedem $h \in V$ existieren dann eindeutig α und g, so daß

$$h=\alpha f+g, \quad g \in U.$$

Die Zuordnung $h \mapsto \alpha\delta$ beschreibt ein in V definiertes lineares Funktional $\hat{\varphi}$ mit $\hat{\varphi}(f)=\delta$ und

(1.7) $$\hat{\varphi}(h)=0 \quad \text{für alle } h \in U.$$

$\hat{\varphi}$ ist beschränkt, denn für $\alpha \neq 0$ erhält man – wie beim Beweise von Satz 1.2 –

$$|h|=|\alpha f+g|=|\alpha|\left|f-\left(-\frac{1}{\alpha}\right)g\right| \geqq |\alpha|\,\delta=|\hat{\varphi}(h)|,$$

also $|\hat{\varphi}| \leqq 1$. Nach dem Satz von HAHN-BANACH über die normtreue Fortsetzbarkeit linearer Funktionale existiert dann ein $\varphi_0 \in R^*$ mit

$$|\varphi_0|=|\hat{\varphi}| \leqq 1 \quad \text{und} \quad \varphi_0(h)=\hat{\varphi}(h) \qquad \text{für alle } h \in V,$$

insbesondere also $\varphi_0 \in U^\perp$ nach (1.7) und $\varphi_0(f)=\delta$. φ_0 ist maximales lineares Funktional zu f, U.

Diese Situation ($\delta>0$) erlaubt eine weitere Deutung:

Als Unterraum zu $U^\perp$ hat

$$V^\perp=\{\psi \in U^\perp \mid \psi(f)=0\}$$

die Kodimension 1; $U^\perp$ ist lineare Hülle zu $V^\perp$ und φ_0, wie die für alle $\varphi \in U^\perp$ gültige Zerlegung

(1.8) $$\varphi=\psi+\frac{\varphi(f)}{\delta}\varphi_0 \quad \text{mit} \quad \psi=\varphi-\frac{\varphi(f)}{\delta}\varphi_0 \in V^\perp$$

zeigt. Das „duale" Problem, φ_0 durch $\psi \in V^\perp$ zu approximieren, hat dann die Lösung

(1.9) $$\delta(\varphi_0, V^\perp)=1, \quad 0^* \in V^\perp \textit{ ist Proximum zu } \varphi_0,$$

denn für alle $\psi \in V^\perp$ gilt $\varphi_0-\psi \in U^\perp$ und nach (1.3) die Abschätzung

$$|\varphi_0-\psi|\,\delta \geqq |(\varphi_0-\psi)(f)|=|\varphi_0(f)|=\delta,$$

also

$$|\varphi_0 - \psi| \geqq 1,$$

aber andererseits

$$|\varphi_0 - 0^*| = |\varphi_0| \leqq 1.$$

Nochmaliger Übergang von $\varphi_0, V^\perp$ zu linearen Funktionalen führt in den Raum R^{**}. Darin läßt sich R in natürlicher Weise normtreu einbetten, indem jedes $h \in R$ mit dem durch die Zuordnung

$$\varphi \mapsto \varphi(h) \qquad \text{für alle } \varphi \in R^*$$

beschriebenen linearen Funktional $\hat{h} \in R^{**}$ identifiziert wird, mit $|h| = |\hat{h}|$. R^{**} kann aber echt größer als R sein; deshalb ist der Begriff der Dualität hier allgemein nicht voll gerechtfertigt.

Ein glattes Resultat ergibt sich, wenn R *reflexiv*, d.h. $R = R^{**}$ ist. Dann gilt neben der allgemeinen Inklusion $U \subseteq U^{\perp\perp}$

$$\delta(h, U) = 0 \qquad \text{für alle } h \in U^{\perp\perp},$$

denn zu U und $h \in R^{**} = R$ existiert ein maximales Funktional $\varphi_1 \in U^\perp$, und $h \perp \varphi_1$ zeigt $\delta(h, U) = |\varphi_1(h)| = 0$. Aus der Abgeschlossenheit von U folgt also $U^{\perp\perp} = U$.

Jetzt führt nochmaliger Übergang zu linearen Funktionalen von $\varphi_0, V^\perp$ zum Ausgangsproblem, f durch $g \in U$ zu approximieren, zurück. Es gibt zu $\varphi_0, V^\perp$ ein maximales lineares Funktional $h_0 \in V^{\perp\perp}$ mit

$$|h_0| = 1, \qquad |\varphi_0(h_0)| = \delta(\varphi_0, V^\perp) = 1.$$

Wegen $f \in V \subseteq V^{\perp\perp}$ ist auch

$$g_0 = f - \delta h_0 \in V^{\perp\perp},$$

also

$$\psi(g_0) = 0 \qquad \text{für alle } \psi \in V^\perp.$$

Aus der Zerlegung (1.8) und

$$\varphi_0(g_0) = \varphi_0(f) - \delta\, \varphi_0(h_0) = \delta - \delta = 0$$

folgt schließlich

$$\varphi(g_0) = 0 \qquad \text{für alle } \varphi \in U^\perp,$$

d.h.

$$g_0 \in U^{\perp\perp} = U,$$

und $|f - g_0| = |\delta h_0| = \delta$ zeigt, daß g_0 Proximum zu f ist.

So erhält man Dualität im vollen Sinne, wenn man von der Normierung $|\varphi_0| = 1$ zu $\delta\varphi_0$ übergeht und das Problem mit f, U als äquivalent zu dem mit $\delta h_0, U$ betrachtet. Im Hilbertraum $R = R^*$ fallen die zueinander dualen Probleme zusammen.

Als wichtige Existenzaussage ergibt sich aus dem vorangehenden

Satz 1.5: *In jedem abgeschlossenen Unterraum U eines reflexiven Raumes R existiert zu jedem $f \in R$ (mindestens) ein Proximum.*

Hierin ist Satz 1.1 als Spezialfall enthalten, denn es genügt zur Behandlung der Approximationsaufgabe, in dem beliebigen Raume R die lineare Hülle R_0 von U und f zu betrachten; mit $\dim U = n$ ist $\dim R_0 \leqq n+1$, und als endlichdimensionaler Raum ist R_0 wegen $\dim R_0^{**} = \dim R_0$ und $R_0 \subseteq R_0^{**}$ reflexiv.

1.3 Proximum-Eindeutigkeit, Stetigkeit

Bei den Existenzsätzen war von *mindestens* einem Proximum die Rede. Ein Beispiel soll zeigen, daß es tatsächlich zu einem f mehrere Proxima geben kann: Im reellen 2-Tupelraum

$$R = \{x = (\xi_1, \xi_2) \mid \xi_\nu \text{ reell}\}$$

sei die Norm

$$|x| = |\xi_1| + |\xi_2|,$$

$$U = \{x = (\xi, \xi) \mid \xi \text{ reell}\}, \qquad f = (1, -1);$$

dann folgt

$$|f - x| = |1 - \xi| + |-1 - \xi| \geqq 2 \qquad \text{für alle } x \in U,$$

$\delta(f, U) = 2$, und alle (ξ, ξ) mit $|\xi| \leqq 1$ sind Proxima zu f.

Bei der folgenden Behandlung von Eindeutigkeitsfragen sind Konvexitätsbetrachtungen wesentlich. Allgemein gilt

(1.10) *die Menge der Proxima zu f in U ist konvex*,

denn sie ist der Durchschnitt der konvexen Mengen U und

$$K_\delta(f) = \{h \in R \mid |f - h| \leqq \delta(f, U)\}.$$

Wenn es mehrere Proxima zu f gibt, dann haben U und die Kugel $K_\delta(f)$ eine Strecke gemeinsam, und diese liegt im Rand von $K_\delta(f)$. Durch lineare Transformation erkennt man, daß damit auch der Rand der Einheitskugel $\{h \in R \mid |h| = 1\}$ eine Strecke enthält:

es gibt $h_1, h_2 \in R$ mit $|h_1| = |h_2| = 1$, $h_1 \neq h_2$ und

$$|(1-\lambda)\, h_1 + \lambda\, h_2| = 1 \qquad \text{für } 0 \leqq \lambda \leqq 1.$$

Solches wird bei folgendem Begriff ausgeschlossen:

R heißt *strikt konvex*, wenn

(1.11) $|\frac{1}{2}(h_1+h_2)|<1$ für alle $h_1, h_2 \in R$ mit $h_1 \neq h_2$, $|h_1|=|h_2|=1$.

Zusammenfassend erhält man so das Eindeutigkeitskriterium

Satz 1.6: *Wenn R strikt konvex ist, dann existiert in jedem U zu jedem f höchstens ein Proximum.*

Dieses Resultat ist in gewissem Sinne scharf; man vergleiche dazu Aufgabe 1.2.

Bei quantitativer Beschreibung der strikten Konvexität lassen sich zusätzliche Gleichmäßigkeitsbedingungen formulieren:

R heißt *uniform konvex*, wenn zu jedem $\varepsilon>0$ ein $\eta(\varepsilon)>0$ existiert, so daß für alle $h_1, h_2 \in R$ mit $|h_1|=|h_2|=1$ gilt:

$$\text{aus } |h_1-h_2| \geqq \varepsilon \quad \text{folgt } |\tfrac{1}{2}(h_1+h_2)| \leqq 1-\eta(\varepsilon),$$

oder auch

$$\text{aus } |\tfrac{1}{2}(h_1+h_2)| > 1-\eta(\varepsilon) \quad \text{folgt } |h_1-h_2|<\varepsilon. \tag{1.12}$$

Zum Beispiel ist jeder Hilbertraum uniform konvex, denn aus der Parallelogrammgleichung

$$|h_1-h_2|^2+|h_1+h_2|^2=2|h_1|^2+2|h_2|^2$$

und $|h_1|=|h_2|=1$, $|h_1-h_2| \geqq \varepsilon$ $(0<\varepsilon \leqq 1)$ folgt

$$|\tfrac{1}{2}(h_1+h_2)|=\sqrt{1-\frac{|h_1-h_2|^2}{4}} \leqq 1-\frac{\varepsilon^2}{8}.$$

Die approximationstheoretische Bedeutung dieser Eigenschaft zeigt

Satz 1.7: *R sei uniform konvexer Banachraum, $U \subseteq R$ abgeschlossener Unterraum. Dann existiert zu jedem $f \in R$ genau ein Proximum $g=P(f) \in U$. Die Abbildung P: $R \to U$ ist stetig.*

Beim Beweise geht es wesentlich darum, mittels (1.12) zu zeigen, daß „Fastproxima" nahe beieinander liegen:

Zu jedem $\varepsilon>0$ existiert ein $\alpha(\varepsilon)>0$, so daß für alle $f \in R$ (mit $\delta=\delta(f, U)$)

(1.13) $|g_1-g_2|<\varepsilon(1+\delta)$, *sofern* $g_1, g_2 \in U$, $|f-g_1|<\delta+\alpha(\varepsilon)$ *und* $|f-g_2|<\delta+\alpha(\varepsilon)$.

Für $\delta<\varepsilon/4$ folgt (1.13) aus $|g_1-g_2| \leqq |f-g_1|+|f-g_2|$, wenn nur $\alpha \leqq \varepsilon/4$ eingehalten wird.

Sei jetzt $\delta \geqq \varepsilon/4$, $\alpha > 0$, $g_1 \neq g_2$ (sonst ist (1.13) klar), $|f-g_1| < \delta + \alpha$, $|f-g_2| < \delta + \alpha$ und ohne Einschränkung der Allgemeinheit $|f-g_1| \geqq |f-g_2|$. Dann existiert, weil $|f-(g_1+\lambda(g_2-g_1))|$ in λ stetig ist, für $\lambda=1$ den Wert $|f-g_2|$ annimmt und mit $\lambda \to \infty$ über alle Grenzen wächst, nach dem Zwischenwertsatz ein $\lambda' \geqq 1$, so daß für $g_3 = g_1 + \lambda'(g_2 - g_1) \in U$ gerade

$$|f-g_3| = |f-g_1| = \gamma$$

gilt, mit $0 < \gamma < \delta + \alpha \leqq \delta + 1$, sofern $\alpha \leqq 1$.

Auf die normierten Elemente $h_1 = \dfrac{1}{\gamma}(f-g_1)$, $h_2 = \dfrac{1}{\gamma}(f-g_3)$ läßt sich (1.12) anwenden: Wegen $\frac{1}{2}(g_1+g_3) \in U$ ist $|f-\frac{1}{2}(g_1+g_3)| \geqq \delta$ und

$$|\tfrac{1}{2}(h_1+h_2)| = \frac{1}{\gamma}\,|f-\tfrac{1}{2}(g_1+g_3)| \geqq \frac{\delta}{\gamma} > \frac{\delta}{\delta+\alpha} \geqq \frac{\dfrac{\varepsilon}{4}}{\dfrac{\varepsilon}{4}+\alpha} \geqq 1-\eta(\varepsilon),$$

sofern

$$\alpha \leqq \frac{\dfrac{\varepsilon}{4}\,\eta(\varepsilon)}{1-\eta(\varepsilon)};$$

aus $|h_1 - h_2| < \varepsilon$ und $\lambda' \geqq 1$ folgt schließlich

$$|g_2 - g_1| \leqq |g_3 - g_1| < \gamma\,\varepsilon < (1+\delta)\,\varepsilon,$$

also (1.13), wobei sich

$$\alpha(\varepsilon) = \min\left\{1, \frac{\varepsilon}{4}, \frac{\varepsilon}{4}\,\frac{\eta(\varepsilon)}{1-\eta(\varepsilon)}\right\}$$

als ausreichend erwiesen hat.

Jetzt kann die Existenz eines Proximums leicht gezeigt werden: Es gibt in U eine Folge $g_1, g_2, \ldots$ mit $|f-g_k| \to \delta$; diese ist nach (1.13) Cauchy-konvergent und hat im Banachraum R ein Grenzelement g_0. Wegen der Abgeschlossenheit von U gilt $g_0 \in U$, und aus der Stetigkeit der Norm folgt

$$|f-g_0| = \lim_{k\to\infty} |f-g_k| = \delta.$$

Die Eindeutigkeit von g_0 ergibt sich aus Satz 1.6 oder auch unmittelbar aus (1.13) vermöge $\varepsilon \to 0$.

Es bleibt noch zu beweisen, daß die Abbildung P, die jedem $f \in R$ sein Proximum in U zuordnet, stetig ist. Für f_0, f_1, $g_0 = P(f_0)$, $g_1 = P(f_1)$ hat man die Abschätzungen

$$|f_1-g_1| \leqq |f_1-g_0| \leqq |f_0-g_0|+|f_1-f_0|,$$

$$(1.14) \qquad |f_0-g_1| \leqq |f_1-g_1|+|f_1-f_0| \leqq \delta(f_0, U)+2\,|f_1-f_0|.$$

Wegen $|f_0-g_0|=\delta(f_0, U)$ folgt so nach (1.13) für alle f_0 mit $\delta(f_0, U) \leqq \mu$ gleichmäßig

$$|g_1-g_0|<(1+\delta)\frac{\varepsilon}{1+\mu} \leqq \varepsilon, \quad \text{wenn} \quad |f_1-f_0|<\frac{1}{2}\,\alpha\left(\frac{\varepsilon}{1+\mu}\right).$$

Demnach ist P über Mengen mit beschränktem Abstand von U sogar gleichmäßig stetig.

Bei $\dim U<\infty$ folgt (punktweise) Stetigkeit auch ohne Konvexitätsvoraussetzungen schon allein aus der eindeutigen Existenz. Das ist insbesondere für die Fälle von Bedeutung, in denen man, obwohl R nicht strikt konvex ist, auf anderem Wege zur Eindeutigkeit gelangt.

Satz 1.8: *Wenn im endlichdimensionalen Unterraum $U \subseteq R$ zu jedem $f \in R$ genau ein Proximum $P(f)$ existiert, dann ist P stetig.*

Beweis: $f_0 \in R$ mit $\delta_0=\delta(f_0, U)$, $g_0=P(f_0)$ und ein $\varepsilon>0$ seien beliebig vorgegeben. Entsprechend (1.14) gilt dann

$$(1.15) \qquad |f_0-P(f)| \leqq \delta_0+2\,|f-f_0|$$

und die Beschränktheit

$$(1.16) \qquad |P(f)| \leqq |f_0|+\delta_0+\varepsilon=\rho \qquad \text{für } |f-f_0| \leqq \frac{\varepsilon}{2}.$$

Wie in 1.1 folgt aus $\dim U<\infty$ die Kompaktheit der Menge

$$T_\varepsilon=\{g \in U \,\big|\, |g| \leqq \rho \text{ und } |g-g_0| \geqq \varepsilon\}.$$

Für $\dim U=0$ ist P wegen $P(f)=0$ für alle f stetig, so daß im weiteren $\dim U \geqq 1$ vorausgesetzt werden kann. Dann ist T_ε nicht leer, und es gibt ein $g_1 \in T_\varepsilon$ mit

$$|f_0-g_1|=\delta(f_0, T_\varepsilon) \leqq \delta_0+\varepsilon, \text{ aber } \delta(f_0, T_\varepsilon)>\delta_0,$$

denn sonst wäre neben $g_0 \notin T_\varepsilon$ auch g_1 Proximum zu f_0, entgegen der Eindeutigkeit. Aus

$$|f-f_0|<\frac{1}{2}\left(\delta(f_0, T_\varepsilon)-\delta_0\right) \leqq \frac{\varepsilon}{2}$$

folgt $|P(f)| \leqq \rho$ gemäß (1.16) und $P(f) \notin T_\varepsilon$ wegen (1.15), also $|P(f)-g_0|<\varepsilon$, womit die Stetigkeit gezeigt ist.

1.4 Approximierbarkeit

Die bisherigen Betrachtungen galten jeweils einem festen Paar f, U. Jetzt soll allgemein untersucht werden, wie $\delta(f, U)$ von f und U abhängt.

Wenn U abgeschlossen ist (z.B. wegen $\dim U < \infty$), dann gilt

(1.17) $$\delta(f, U) \geqq 0, \qquad = 0 \text{ genau für } f \in U,$$

(1.18) $$\delta(\alpha f, U) = |\alpha| \, \delta(f, U) \qquad \text{für alle } f \text{ und } \alpha,$$

(1.19) $$\delta(f_1 + f_2, U) \leqq \delta(f_1, U) + \delta(f_2, U) \qquad \text{für alle } f_1, f_2.$$

Beweis: Mit $g \in U$, $|f - g| < \delta(f, U) + \varepsilon$, $\delta(\alpha f, U) \leqq |\alpha f - \alpha g| < |\alpha| \, \delta(f, U) + |\alpha| \, \varepsilon$ und $\varepsilon \to 0$ ergibt sich $\delta(\alpha f, U) \leqq |\alpha| \, \delta(f, U)$ und ebenso ($\alpha \neq 0$ genügt)

$$\delta(f, U) = \delta\left(\frac{1}{\alpha}(\alpha f), U\right) \leqq \frac{1}{|\alpha|} \delta(\alpha f, U),$$

also (1.18). Entsprechend folgt mit passenden $g_1, g_2 \in U$

$$\begin{aligned} \delta(f_1 + f_2, U) &\leqq |f_1 + f_2 - (g_1 + g_2)| \leqq |f_1 - g_1| + |f_2 - g_2| \\ &\leqq \delta(f_1, U) + \varepsilon + \delta(f_2, U) + \varepsilon \end{aligned}$$

und (1.19) mittels $\varepsilon \to 0$.

Auf Grund dieser Eigenschaften kann $\delta(f, U)$ als *Norm im Faktorraum R/U* aufgefaßt werden, denn für alle Elemente der durch f bestimmten Nebenklasse $f + U = \{f + g \mid g \in U\}$ erhält man wegen $\delta(\pm g, U) = 0$ aus (1.19) die Invarianz

$$\delta(f + g, U) \overset{(\leqq)}{} \delta(f, U) = \delta((f + g) - g, U) \overset{(\leqq)}{} \delta(f + g, U).$$

Die Abgeschlossenheit von U sichert die Definitheit (1.17).

Die natürliche lineare Abbildung $f \mapsto f + U$ von R auf R/U ist wegen $\delta(f, U) \leqq |f|$ beschränkt und stetig. Weil außerdem $\delta(f, U)$ als Norm in R/U stetig ist, folgt die Stetigkeit von $\delta(f, U)$ bezüglich f, genauer sogar

(1.20) $$|\delta(f_1, U) - \delta(f_2, U)| \leqq |f_1 - f_2|.$$

Das Studium der Frage, wie $\delta(f, U)$ von U abhängt, betrifft jeweils nur eine den konstruktiven Gegebenheiten des speziellen Problems angepaßte Teilmenge aller Unterräume von R. Bei den meisten Anwendungen genügt es, eine aufsteigende Folge endlichdimensionaler Unterräume

$$\{0\} = U_0 \subsetneqq U_1 \subsetneqq U_2 \subsetneqq \cdots, \qquad \dim U_n = n, \qquad U = \bigcup_n U_n$$

zu betrachten, die auch mittels einer Folge von Elementen $h_n \in U_n \setminus U_{n-1}$ $(n=1,2,\ldots)$ beschrieben werden kann:

$h_1, \ldots, h_n$ *ist Basis zu* U_n $(n=1,2,\ldots)$.

Jedem $f \in R$ ist die Folge der Abstände $\delta_n(f)=\delta(f, U_n)$ mit

(1.21) $$|f|=\delta_0(f) \geqq \delta_1(f) \geqq \delta_2(f) \geqq \cdots \geqq \delta(f, U)=\lim_{n\to\infty} \delta_n(f)$$

zugeordnet. f heißt *approximierbar* durch Elemente aus U, wenn $\delta_n(f) \to 0$, also $\delta(f, U)=0$ gilt. Die approximierbaren $f \in R$ bilden gerade die abgeschlossene Hülle $\bar{U}$. Alle Elemente aus R sind genau dann approximierbar, wenn $\bar{U}=R$, d.h. U dicht in R ist. Man nennt dann auch die Basisfolge $h_1, h_2, \ldots$ *abgeschlossen in R.*

Satz 1.9: $\bar{U}=R$ *ist äquivalent zu* $U^\perp=\{0^*\}$; $h_1, h_2, \ldots$ *ist genau dann abgeschlossen, wenn ein beschränktes lineares Funktional mit* $\varphi(h_n)=0$ *für alle* n *notwendig das Nullfunktional ist.*

Beweis: $\varphi(h_n)=0$ für alle n ist gleichwertig mit $\varphi \in U^\perp$. Wegen der Stetigkeit von φ folgt daraus $\varphi(f)=0$ für alle $f \in \bar{U}$ und $\varphi=0^*$, wenn $\bar{U}=R$. Umgekehrt gibt es im Falle $\bar{U} \subsetneqq R$ ein nicht approximierbares $f \in R$ und nach Satz 1.4 ein $\varphi_0 \in U^\perp$ mit $|\varphi_0(f)|=\delta(f, U)>0$, also $\varphi_0 \neq 0^*$.

Quantitativ kann die Approximierbarkeit eines Elementes f durch die Abnahmegeschwindigkeit der $\delta_n(f)$ gemessen werden. Damit sind zwar nicht je zwei Elemente vergleichbar, weil die Menge der monotonen Nullfolgen nur teilweise geordnet ist; es läßt sich aber eine Mindestapproximierbarkeit formulieren:

$F \subseteq R$ heißt *gleichmäßig approximierbar*, wenn es eine Nullfolge $\gamma_0 \geqq \gamma_1 \geqq \gamma_2 \geqq \cdots$ gibt, so daß $\delta_n(f) \leqq \gamma_n$ für alle $f \in F$ und alle n.

Diese Eigenschaft hängt nicht von der Folge der U_n ab, wie eine unten folgende Charakterisierung solcher F zeigt. Dabei wird folgender Begriff benötigt: F heißt *präkompakt*, wenn

(a) zu jeder Folge aus F eine Cauchy-konvergente Teilfolge existiert.

Dazu äquivalent ist die Bedingung

(b) Zu jedem $\varepsilon>0$ gibt es endlich viele ε-Kugeln $K_1, \ldots, K_m \subseteq R$ mit $\bigcup_{\mu=1}^{m} K_\mu \supseteq F$.

Denn wäre (b) für ein $\varepsilon_0>0$ verletzt, dann gäbe es zu endlich vielen $f_1, \ldots, f_k \in F$ mit $|f_i-f_j| \geqq \varepsilon_0$ für $i \neq j$ außerhalb der ε_0-Kugeln um die f_i jeweils ein weiteres Element $f_{k+1} \in F$; so ließe sich induktiv eine (a) verletzende Folge finden. Umgekehrt ergibt sich zu jeder Folge Ψ_0 aus F mittels (b) eine ε_1-Kugel, die eine unendliche Teilfolge Ψ_1 von Ψ_0 enthält, ebenso eine ε_2-Kugel, die eine Teilfolge Ψ_2 von Ψ_1 enthält, usw.; mit $\varepsilon_k \to 0$ folgt, daß die Diagonalfolge Ψ, in der an k-ter Stelle das k-te Element aus Ψ_k steht, Cauchy-konvergente Teilfolge von Ψ_0 ist.

Satz 1.10: *Bezüglich* $U_1 \subseteq U_2 \subseteq \cdots$ *mit* $\dim U_n = n$, $U = \bigcup_n U_n$, $\overline{U} = R$ *ist eine Teilmenge* $F \subseteq R$ *genau dann gleichmäßig approximierbar, wenn sie präkompakt ist.*

Beweis: Wenn F gleichmäßig approximierbar ist, dann gibt es ein γ_0 und zu jedem $\varepsilon > 0$ ein n mit

$$|f| = \delta_0(f) \leqq \gamma_0 \quad \text{und} \quad \delta_n(f) \leqq \gamma_n < \frac{\varepsilon}{2} \qquad \text{für alle } f \in F.$$

Nach 1.1 enthält schon $T = \{g \in U_n \,|\, |g| \leqq 2\gamma_0\}$ zu jedem $f \in F$ ein Proximum g mit $|f - g| < \varepsilon/2$. Als kompakte Menge läßt sich T mit endlich vielen $\varepsilon/2$-Kugeln überdecken; die dazu konzentrischen ε-Kugeln überdecken F. – Hier zeigt sich die Bedeutung der Voraussetzung $\dim U_n < \infty$.

Sei umgekehrt F präkompakt. Dann sind die Größen

$$\gamma_n(F) = \sup_{f \in F} \delta_n(f) \tag{1.22}$$

wegen der Beschränktheit von F endlich, und nach (1.21) gilt

$$\gamma_0(F) \geqq \gamma_1(F) \geqq \gamma_2(F) \geqq \cdots.$$

Zu jedem $\varepsilon > 0$ gibt es endlich viele $\varepsilon/2$-Kugeln, die F überdecken. Deren Mittelpunkte $f_1, \ldots, f_m \in R$ sind wegen $R = \overline{U}$ approximierbar, d.h. $\delta_n(f_\mu) \to 0$ für $1 \leqq \mu \leqq m$, $\delta_n(f_\mu) < \varepsilon/2$ für $n \geqq n_\mu(\varepsilon)$. Für $n \geqq n_0 = \max_\mu n_\mu(\varepsilon)$ erhält man, weil zu jedem $f \in F$ ein Kugelmittelpunkt f_μ mit $|f - f_\mu| < \varepsilon/2$ existiert, mittels (1.20) also

$$\delta_n(f) \leqq |\delta_n(f) - \delta_n(f_\mu)| + \delta_n(f_\mu) \leqq |f - f_\mu| + \frac{\varepsilon}{2} < \varepsilon \qquad (f \in F)$$

und $\gamma_n(F) \leqq \varepsilon$. Damit ist auch $\gamma_n(F) \to 0$ bewiesen.

Die Folge der scharf gewählten Schranken $\gamma_n(F)$ gibt ein globales Maß für die Approximierbarkeit von F, das sich nicht verschlechtert, wenn F ggf. noch mit allen mindestens ebenso approximierbaren Elementen von R zu

$$\hat{F} = \{f \in R \,|\, \delta_n(f) \leqq \gamma_n(F) \text{ für alle } n\} \tag{1.23}$$

aufgefüllt wird. Die bei dieser Hüllenbildung entstehenden *vollen* Mengen sind wegen der Stetigkeit der $\delta_n(f)$ abgeschlossen und nach (1.18), (1.19) konvex. Wenn R vollständig ist, dann ist jede volle Menge aus einem Element erzeugbar. Diese bemerkenswerte Tatsache kann auch als die Existenz von Elementen mit beliebig vorgeschriebener Approximierbarkeit formuliert werden.

Satz 1.11: *Im Banachraum R gibt es zu jeder monotonen Nullfolge $\gamma_0 \geqq \gamma_1 \geqq \gamma_2 \geqq \cdots$ ein f^* mit $\delta_n(f^*)=\gamma_n$ für alle n.*

Der Beweis stützt sich auf die Hilfsbehauptung

($\mathrm{H_n}$) *Zu jedem $f \in R$ mit $\delta_n(f) \leqq \gamma_n$ existiert ein $f_n \in U_n$ mit $\delta_k(f+f_n)=\gamma_k$ für alle $k<n$ $(k \geqq 0)$.*

($\mathrm{H_0}$) stimmt mit $f_0=0$. Zum Schluß von ($\mathrm{H_n}$) auf ($\mathrm{H_{n+1}}$) sei f mit $\delta_{n+1}(f) \leqq \gamma_{n+1} \leqq \gamma_n$ vorgegeben. Dann existiert ein Proximum $g_0 \in U_{n+1}$ zu f; mit einem $h \in U_{n+1} \setminus U_n$ hat $\delta_n(f-g_0+\lambda h)$ für $\lambda=0$ den Wert

$$\delta_n(f-g_0) \leqq |f-g_0| = \delta_{n+1}(f) \leqq \gamma_n$$

und wächst für $\lambda \to \infty$ wegen $\delta_n(h) \neq 0$,

$$\delta_n(f-g_0+\lambda h) \geqq |\lambda|\, \delta_n(h) - \delta_n(f-g_0)$$

über alle Grenzen. Die Stetigkeit in λ ergibt nach dem Zwischenwertsatz ein $\lambda' \geqq 0$ und

$$\hat{f}=f-g_0+\lambda' h \quad \text{mit} \quad \delta_n(\hat{f})=\gamma_n.$$

Nach Induktionsvoraussetzung ($\mathrm{H_n}$) gibt es dazu ein $f_n \in U_n$ mit $\delta_k(\hat{f}+f_n)=\gamma_k$ für alle $k<n$. Außerdem gilt $\delta_n(\hat{f}+f_n)=\delta_n(\hat{f})=\gamma_n$, so daß zu f passend

$$f_{n+1}=-g_0+\lambda' h+f_n \in U_{n+1}$$

gesetzt werden kann.

Indem man jetzt in ($\mathrm{H_n}$) für $n=0, 1, 2, \ldots$ jeweils $f=0$ wählt, erhält man eine Folge $f_0, f_1, f_2, \ldots$ mit $f_n \in U_n$ und

$$\delta_k(f_n)=\begin{cases}\gamma_k & \text{für } k<n,\\ 0 & \text{für } k \geqq n.\end{cases}$$

Die Approximierbarkeit der f_n ist also gleichmäßig abschätzbar durch die Folge der γ_k; nach Satz 1.10 existiert deshalb eine konvergente Teilfolge $(f_{n_i} | n_1 < n_2 < \cdots)$ mit Grenzelement $f^* \in R$, weil R vollständig ist, und wegen der Stetigkeit von δ_k folgt schließlich

$$\delta_k(f^*)=\lim_{i\to\infty} \delta_k(f_{n_i})=\gamma_k \qquad \text{für alle } k.$$

Im vorangehenden bezogen sich die Abstandsfunktionen δ_n auf eine beliebige Folge von Unterräumen $U_1 \subseteq U_2 \subseteq \cdots$ mit $\dim U_n = n$ und $\overline{U} = R$. So zeigt Satz 1.11, daß es keine für die Approximation in ganz R besonders günstige, ausgezeichnete Folge dieser Art gibt; die Aussage, U sei dicht in R, läßt sich ohne zusätzliche Voraussetzungen nicht quantitativ verschärfen.

1.5 Approximation in Hilberträumen

R sei Hilbertraum, $U \subseteq R$ abgeschlossener Unterraum. Wegen der uniformen Konvexität folgt dann nach Satz 1.7 Existenz und Eindeutigkeit des Proximums $Pf = g \in U$ zu jedem $f \in R$. Der so festgelegte Proximumoperator P ist die *orthogonale Projektion* von R auf U, $f-g$ *Lot* auf U, d.h.

$$f-g \in U^{\perp} = \{h \mid (u,h)=0 \text{ für alle } u \in U\}.$$

Denn wäre $h=f-g$ nicht orthogonal zu U, dann gäbe es ein $u \in U$ mit $(u,h)=\alpha \neq 0$, $u \neq 0$,

$$\begin{aligned}|f-(g+\lambda u)|^2 &= (h-\lambda u, h-\lambda u) = (h,h) - 2\operatorname{Re}(\lambda(u,h)) + |\lambda|^2 (u,u)\\ &= |h|^2 - \frac{|\alpha|^2}{|u|^2} < |f-g|^2,\end{aligned}$$

wenn $\lambda = \dfrac{\bar{\alpha}}{|u|^2}$ gewählt wird, und g wäre nicht Proximum zu f, weil auch $g+\lambda u \in U$.

Die Darstellung $f = g + (f-g)$ mit $g = Pf$ entspricht der Zerlegung $R = U + U^{\perp}$. P ist linear und hat wegen $|f|^2 = |g|^2 + |f-g|^2$, $|g| \leqq |f|$ die Abbildungsnorm

$$|P| = \sup_{|f| \leqq 1} |Pf| = 1 \qquad (\text{sofern } U \neq \{0\}).$$

In einer aufsteigenden Folge endlichdimensionaler Unterräume $\{0\} = U_0 \subseteq U_1 \subseteq \cdots$, $\dim U_n = n$, die durch eine Folge von Basiselementen $h_n \in U_n \setminus U_{n-1}$ $(n=1,2,\ldots)$ gegeben sei, lassen sich die sukzessiven Proxima explizit bestimmen. Wenn f_n das Proximum zu f in U_n bezeichnet, folgt

$$f-f_n \in U_n^{\perp} \subseteq U_{n-1}^{\perp}, \qquad f-f_{n-1} \in U_{n-1}^{\perp}$$

und

$$(f-f_{n-1})-(f-f_n) = f_n - f_{n-1} \in U_{n-1}^{\perp}.$$

Die beim Übergang von U_{n-1} zu U_n erforderliche Korrektur des Proximums erfolgt also in zu U_{n-1} orthogonaler Änderung. Deshalb läßt sich die Approximation hier besonders übersichtlich beschreiben, wenn dazu eine *orthonormierte* Folge von Basiselementen $e_1, e_2, \ldots$ benutzt wird:

$$|e_n|=1, \qquad e_n \in U_n, \qquad e_n \perp U_{n-1} \qquad (n=1,2,\ldots),$$

insbesondere

$$(e_n, e_k)=\delta_{n,k}. \tag{1.24}$$

Dann nämlich ist

$$f_n - f_{n-1} = \alpha_n e_n,$$

und

$$(f, e_n)=((f-f_n)+(f_n-f_{n-1})+f_{n-1}, e_n)=(f_n-f_{n-1}, e_n)=(\alpha_n e_n, e_n)=\alpha_n$$

ergibt wegen $f_0=0$ die Darstellung

$$f_n=\sum_{\nu=1}^{n}(f, e_\nu)\, e_\nu. \tag{1.25}$$

Mit $|f|^2=|f_n|^2+|f-f_n|^2$ und (1.24) folgt daraus

$$|f|^2=\delta_n^2(f)+\sum_{\nu=1}^{n}|(f, e_\nu)|^2$$

und die **Besselsche Ungleichung**

$$|f|^2 \geqq \sum_{\nu=1}^{\infty}|(f, e_\nu)|^2. \tag{1.26}$$

Beide Seiten sind genau dann gleich, wenn $\delta_n(f)\to 0$. So erhält man als wichtiges Kriterium im Hilbertraum

Satz 1.12: *Die Folge $e_1, e_2, \ldots$ bzw. $h_1, h_2, \ldots$ ist genau dann abgeschlossen in R, $U=\bigcup_n U_n$ genau dann dicht in R, wenn die* **Parsevalsche Gleichung**

$$|f|^2=\sum_{\nu=1}^{\infty}|(f, e_\nu)|^2 \qquad \textit{für alle } f\in T\subseteq R \tag{1.27}$$

gilt, wobei T dicht in R ist.

Es bleibt zu untersuchen, wie man von gegebenen Basiselementen $h_1, h_2, \ldots$ zu der orthonormierten Folge $e_1, e_2, \ldots$ und zu einer direkten Behandlung des Approximationsproblems gelangt. Dabei werden Gramsche Determinanten benutzt:

$$G(g_1, \ldots, g_k)=\begin{vmatrix}(g_1, g_1) & (g_1, g_2) & \ldots & (g_1, g_k)\\ \vdots & \vdots & & \vdots\\ (g_k, g_1) & (g_k, g_2) & \ldots & (g_k, g_k)\end{vmatrix}$$

hat die Eigenschaften

$$
\begin{aligned}
&G(g_{p(1)}, \ldots, g_{p(k)}) = G(g_1, \ldots, g_k) && \text{für jede Permutation } p,\\
(1.28)\quad &G(g_1, \ldots, g_{k-1}, g_k + \lambda g_j) = G(g_1, \ldots, g_k) && \text{für alle } \lambda \text{ und alle } j<k,\\
&G(\ldots, \alpha g_j, \ldots) = |\alpha|^2 G(\ldots, g_j, \ldots) && \text{für alle } \alpha \text{ und } j.
\end{aligned}
$$

Bezüglich der linearen Hülle V von $g_1, \ldots, g_{k-1}$ ($k \geqq 2$) hat g_k die Darstellung $g_k = v + d$ mit $v \in V$ und $d \in V^{\perp}$, $\delta(g_k, V) = |d|$. Mittels (1.28) und $(g_j, d) = 0$ für $j<k$ folgt

$$
G(g_1, \ldots, g_k) = G(g_1, \ldots, g_{k-1}, d) = \begin{vmatrix} (g_1, g_1) & \ldots & (g_1, g_{k-1}) & 0 \\ \vdots & & \vdots & \vdots \\ (g_{k-1}, g_1) & \ldots & (g_{k-1}, g_{k-1}) & 0 \\ 0 & \ldots & 0 & (d, d) \end{vmatrix},
$$

also

$$
(1.29)\qquad G(g_1, \ldots, g_k) = |d|^2 G(g_1, \ldots, g_{k-1})
$$

und induktiv, mit $G(g_1) = (g_1, g_1) = |g_1|^2$ beginnend,

$$
(1.30)\qquad G(g_1, \ldots, g_k) \geqq 0;
$$

hier gilt $=0$ genau dann, wenn die $g_1, \ldots, g_k$ linear abhängig sind, denn $g_k \notin V$ ist gleichwertig zu $|d| > 0$.

Mit $k = n+1$, $g_k = f$ und $g_j = h_j$ für $j<k$ liefert (1.29) eine Darstellung für $\delta_n(f)$, und so ergibt sich

Satz 1.13: *Die linear unabhängigen $h_1, h_2, h_3, \ldots$ sind genau dann abgeschlossen in R, wenn*

$$
(1.31)\qquad \delta_n^2(f) = \frac{G(h_1, \ldots, h_n, f)}{G(h_1, \ldots, h_n)} \to 0 \qquad \textit{für } n \to \infty
$$

und alle $f \in T$, wobei T dicht in R ist.

Hier wie auch in Satz 1.12 genügt es übrigens schon, daß die lineare Hülle $\operatorname{lin}(T)$ dicht in R ist, denn aus $T \subseteq \bar{U}$ folgt $\overline{\operatorname{lin}(T)} \subseteq \bar{U}$, mit $\overline{\operatorname{lin}(T)} = R$ also $\bar{U} = R$.

Die mit (1.29) und $|d| = \delta(g_k, V)$ gegebene approximationstheoretische Deutung führt auf eine bemerkenswerte Ungleichung:

$$
\frac{G(h_1, \ldots, h_n, g_1)}{G(h_1, \ldots, h_n)} = \delta^2(g_1, U_n) \leqq |g_1|^2 = G(g_1)
$$

und

$$
\frac{G(h_1, \ldots, h_n, g_1, \ldots, g_{k-1}, g_k)}{G(h_1, \ldots, h_n, g_1, \ldots, g_{k-1})} = \delta^2(g_k, U_n + V) \leqq \delta^2(g_k, V) = \frac{G(g_1, \ldots, g_k)}{G(g_1, \ldots, g_{k-1})}
$$

für $k=2, 3, \ldots$ ergeben induktiv

$$G(h_1, \ldots, h_n, g_1, \ldots, g_k) \leqq G(h_1, \ldots, h_n)\, G(g_1, \ldots, g_k). \tag{1.32}$$

Dabei war vorausgesetzt, daß $h_1, \ldots, h_n, g_1, \ldots, g_k$ linear unabhängig sind; sonst folgt (1.32) unmittelbar aus (1.30).

Eine Darstellung für $e_1, e_2, \ldots$ findet man auf folgende Weise: Für $n \geqq 2$ kann

$$\begin{aligned} b_n = {} & G(h_1, \ldots, h_{n-1})\, h_n - G(h_1, \ldots, h_{n-2}, h_n)\, h_{n-1} + \cdots \\ & + (-1)^{n-1}\, G(h_2, \ldots, h_n)\, h_1 \end{aligned} \tag{1.33}$$

formal als

$$b_n = \begin{vmatrix} (h_1, h_1) & \ldots & (h_1, h_{n-1}) & h_1 \\ \vdots & & \vdots & \vdots \\ (h_n, h_1) & \ldots & (h_n, h_{n-1}) & h_n \end{vmatrix}$$

geschrieben werden, indem diese „Determinante" stets als nach der letzten Spalte entwickelt verstanden wird. So erkennt man

$$(b_n, h_\nu) = \begin{vmatrix} (h_1, h_1) & \ldots & (h_1, h_\nu) \\ \vdots & & \vdots \\ (h_n, h_1) & \ldots & (h_n, h_\nu) \end{vmatrix} = \begin{cases} G(h_1, \ldots, h_n) & \text{für } \nu = n, \\ 0 & \text{für } \nu < n, \end{cases}$$

weil für $\nu < n$ jeweils zwei gleiche Spalten auftreten. Damit ist $b_n \in U_n \cap U_{n-1}^{\perp}$, und aus (1.33) folgt, wenn noch abkürzend $G(h_1, \ldots, h_k) = \Delta_k$ $(k = 1, 2, \ldots)$ gesetzt wird,

$$|b_n|^2 = (b_n, b_n) = (b_n, \Delta_{n-1} h_n) = \Delta_{n-1}(b_n, h_n) = \Delta_{n-1} \Delta_n.$$

Durch Normierung der b_n erhält man schließlich

$$e_n = \frac{1}{\sqrt{\Delta_{n-1} \Delta_n}} \begin{vmatrix} (h_1, h_1) & \ldots & (h_1, h_{n-1}) & h_1 \\ \vdots & & \vdots & \vdots \\ (h_n, h_1) & \ldots & (h_n, h_{n-1}) & h_n \end{vmatrix}. \tag{1.34}$$

Diese Darstellung gilt bei gutwilliger Interpretation auch für $n=1$, $e_1 = \dfrac{h_1}{|h_1|}$, wenn noch formal $\Delta_0 = 1$ gesetzt wird.

Aufgaben

1.1. R ist genau dann strikt konvex, wenn für alle linear unabhängigen Paare $f, g \in R$ die strenge Dreiecksungleichung $|f+g| < |f| + |g|$ gilt (R heißt dann auch *streng normiert*).

1.2. Wenn ein reeller Raum R nicht strikt konvex ist, dann gibt es ein f und einen Unterraum $U \subseteq R$, in dem unendlich viele Proxima zu f existieren (man konstruiere U mit $\dim U = 1$).

1.3. Jeder strikt konvexe endlichdimensionale Raum ist uniform konvex (Kompaktheitsschluß).

Anmerkungen

1. Nach einem Satz von MILMAN ist jeder uniform konvexe Banachraum reflexiv (vgl. KÖTHE [12], S. 356ff.). Damit folgt die Existenz in Satz 1.7 auch aus Satz 1.5.

2. Der bei Eindeutigkeit gegebene Proximumoperator P ist homogen, $P(\alpha f) = \alpha P(f)$, aber im allgemeinen nicht linear. Falls R reell ist, $\dim R \geqq 3$ gilt und bezüglich jedes eindimensionalen Unterraums U Eindeutigkeit und Linearität des zugehörigen Proximumoperators gegeben ist, dann ist R euklidisch, bei Vollständigkeit also Hilbertraum.

2 Approximierbarkeit in speziellen Räumen

2.1 Die Sätze von Weierstraß

An den Anfang der Approximationsstudien in speziellen Funktionenräumen sind aus historischen und aus sachlichen Gründen die fundamentalen Sätze von WEIERSTRASS zu stellen. Wir werden diese im Verlauf der weiteren Untersuchungen noch mehrfach beweisen; zunächst soll eine elementare Darstellung gegeben werden.
Die Menge $C[a, b]$ der über dem abgeschlossenen Intervall $[a, b] \subseteq \mathbb{R}$ stetigen reellwertigen (bzw. komplexwertigen) Funktionen $f, g, \ldots$ wird zum linearen normierten Raum mit reellen (bzw. komplexen) Skalaren strukturiert, wenn man $f+g, \alpha f$ durch

$$(f+g)(x)=f(x)+g(x), \qquad (\alpha f)(x)=\alpha f(x) \qquad \text{für alle } x \in [a, b]$$

und die Norm[1]) durch

(2.1) $$|f| = \max_{x \in [a, b]} |f(x)|$$

erklärt. $f_n \to f$ bedeutet *gleichmäßige Konvergenz* $|f_n - f| \to 0$, wofür man auch $f_n(x) \rightrightarrows f(x)$ schreibt – im Unterschied zur punktweisen Konvergenz $f_n(x) \to f(x)$. $C[a, b]$ ist vollständig; jedes $f \in C[a, b]$ ist gleichmäßig stetig. Gleiches gilt für den Raum $\tilde{C}_{2\pi}$ der in ganz $\mathbb{R}$ erklärten stetigen, 2π-periodischen Funktionen, denn $\tilde{C}_{2\pi}$ ist normisomorph zu

$$\tilde{C}[0, 2\pi] = \{f \in C[0, 2\pi] \,|\, f(0) = f(2\pi)\}.$$

In $C[a, b]$ soll durch Polynome p, $p(x) = \sum_{\nu=0}^{n} \alpha_\nu x^\nu$ für $x \in [a, b]$, approximiert werden, in $\tilde{C}_{2\pi}$ durch trigonometrische Polynome t; darunter versteht man die

---

[1]) Die meisten Autoren bezeichnen die Norm von f mit $\|f\|$. Wir benutzen wie auch schon in 1. die Schreibweise $|f|$, denn eine Konfusion mit dem Betrag reeller oder komplexer Zahlen ist schon dadurch ausgeschlossen, daß in den Bezeichnungen streng zwischen Funktion f und Funktions*wert* $f(x)$ unterschieden wird. Verträglich damit liest sich dann $\|f\|$ als „Betrag der Norm von f", $\|f(x)\|$ aber als „Betrag von $|f(x)|$", nicht etwa als Norm von f. Der Einwand, man wolle $|f|$ als Bezeichnung für die durch $g(x) = |f(x)|$ $(a \leqq x \leqq b)$ festgelegte Funktion g reservieren, widerlegt sich selbst, indem dann auch $\|f\|$ nicht mehr als Norm von f, sondern als die Funktion $\|f\| = |g| = g = |f|$ zu verstehen wäre.

$t \in \tilde{C}_{2\pi}$ mit einer Darstellung

$$t(x) = \alpha_0 + \sum_{\nu=1}^{n} \left(\alpha_\nu \cos(\nu x) + \beta_\nu \sin(\nu x)\right) \quad \text{für alle } x \in \mathbb{R}. \tag{2.2}$$

Die Polynome bilden einen Unterraum von $C[a, b]$ und sind auch bezüglich Multiplikation und Translation im Argument abgeschlossen: mit p_1, p_2 sind auch p_3 und p_4, festgelegt durch $p_3(x) = p_1(x)\, p_2(x)$ und $p_4(x) = p_1(x+\gamma)$, $\gamma \in \mathbb{R}$, Polynome.
Gleiches gilt in $\tilde{C}_{2\pi}$ für den Unterraum der trigonometrischen Polynome wegen

$$\begin{aligned} \cos(\nu x)\cos(\mu x) &= \tfrac{1}{2}\cos((\nu+\mu)x) + \tfrac{1}{2}\cos((\nu-\mu)x), \\ \cos(\nu x)\sin(\mu x) &= \tfrac{1}{2}\sin((\mu+\nu)x) + \tfrac{1}{2}\sin((\mu-\nu)x), \\ \sin(\nu x)\sin(\mu x) &= \tfrac{1}{2}\cos((\nu-\mu)x) - \tfrac{1}{2}\cos((\nu+\mu)x) \end{aligned} \tag{2.3}$$

und

$$\begin{aligned} \cos(\nu(x+\gamma)) &= \cos(\nu\gamma)\cos(\nu x) - \sin(\nu\gamma)\sin(\nu x), \\ \sin(\nu(x+\gamma)) &= \sin(\nu\gamma)\cos(\nu x) + \cos(\nu\gamma)\sin(\nu x). \end{aligned}$$

Insbesondere besitzen also die Potenzen $\cos^k x$ eine Darstellung der Form (2.2), und für jedes Polynom p liefert $p(\cos x)$ ein trigonometrisches Polynom.

Warum man gerade diese Unterräume zur Approximation benutzt, kann erst später verdeutlicht werden, wenn quantitative Approximierbarkeit untersucht wird. Als qualitative Aussagen lassen sich jetzt die Sätze von WEIERSTRASS formulieren.

Satz 2.1: *Die Menge der Polynome ist dicht in $C[a, b]$ – jede über einem abgeschlossenen Intervall stetige Funktion ist im Sinne der gleichmäßigen Konvergenz durch Polynome approximierbar.*

Satz 2.2: *Die Menge der trigonometrischen Polynome ist dicht in $\tilde{C}_{2\pi}$ – jede stetige, 2π-periodische Funktion ist Limes einer gleichmäßig konvergenten Folge trigonometrischer Polynome.*

Beweis zu Satz 2.1: Weil bei komplexwertigen Funktionen Real- und Imaginärteil gesondert behandelt werden können, genügt es, die Approximierbarkeit reellwertiger stetiger Funktionen durch Polynome mit reellen Koeffizienten zu zeigen. Seien also solch ein $f \in C[a, b]$ und $\varepsilon > 0$ vorgegeben. Dann setzen wir f durch

$$f(x) = f(a) \quad \text{für } x < a, \qquad f(x) = f(b) \quad \text{für } x > b$$

stetig fort und finden wegen der gleichmäßigen Stetigkeit von f ein $\delta > 0$ mit

$$|f(x) - f(x')| < \varepsilon \qquad \text{für } |x - x'| \leqq \delta. \tag{2.4}$$

So wird f über $[a,b]$ annähernd durch die Funktionswerte an den Stellen $x'=k\delta$ $(k=-n, -(n-1), \ldots, n-1, n)$ beschrieben, wobei n so groß gewählt sei, daß $[a,b]\subseteq[-n\delta, n\delta]$. Mittels

(2.5) $$h_\delta(x)=\max\left\{0, 1-\frac{|x|}{\delta}\right\}$$

erhält man wegen $h_\delta(x-k\delta)+h_\delta(x-(k+1)\delta)=1$ und $h_\delta(x-k'\delta)=0$ für $k\delta\leqq x\leqq(k+1)\delta$ und $k'\neq k, k+1$ nämlich

$$f(x)=\sum_{|k|\leqq n} f(x)\,h_\delta(x-k\delta) \qquad \text{für } |x|\leqq n\delta$$

und wegen (2.4) die approximative Darstellung

(2.6) $$\Big|f(x)-\sum_{|k|\leqq n} f(k\delta)\,h_\delta(x-k\delta)\Big|<\varepsilon \qquad \text{für } |x|\leqq n\delta.$$

Damit ist das ursprüngliche Problem darauf reduziert, diese „Zackenfunktionen" h_δ $(\delta>0)$ über beliebigen Intervallen $[-c,c]$ durch Polynome gleichmäßig zu approximieren; denn aus einem Polynom p_0 mit

$$|p_0(x)-h_\delta(x)|<\frac{\varepsilon}{(2n+1)|f|} \qquad \text{für } |x|\leqq c=2n\delta$$

läßt sich

$$p_1(x)=\sum_{|k|\leqq n} f(k\delta)\,p_0(x-k\delta)$$

bilden, und dieses Polynom p_1 erfüllt wegen

$$\Big|p_1(x)-\sum_{|k|\leqq n} f(k\delta)\,h_\delta(x-k\delta)\Big|<\varepsilon \qquad \text{für } |x|\leqq c-n\delta=n\delta$$

und (2.6) die Ungleichung $|f-p_1|<2\varepsilon$ in der Norm von $C[a,b]$.

Zum Beweis der Approximierbarkeit der h_δ zeigen wir vorbereitend

(2.7) *es gibt Polynome* $q_1, q_2, \ldots$ *mit* $q_n(0)=0$ *und* $q_n(x)\Rightarrow\sqrt{x}$ *über* $[0,1]$.

Setzt man $q_1(x)=x$ und rekursiv

$$q_{n+1}(x)=q_n(x)+\tfrac{1}{2}\big(x-q_n^2(x)\big),$$

dann folgt induktiv

$$x=q_1(x)\leqq q_2(x)\leqq\cdots\leqq\sqrt{x} \qquad \text{für } 0\leqq x\leqq 1,$$

aus $0\leqq q_n(x)\leqq\sqrt{x}$ nämlich $q_{n+1}(x)\geqq q_n(x)$ und $q_{n+1}(x)\leqq\sqrt{x}$ aus

$$\sqrt{x}-q_{n+1}(x)=\big(\sqrt{x}-q_n(x)\big)\big(1-\tfrac{1}{2}(\sqrt{x}+q_n(x))\big).$$

Diese Identität erlaubt weiter die Abschätzung

$$\sqrt{x}-q_{n+1}(x) \leqq (\sqrt{x}-q_n(x))(1-x),$$

aus der sich induktiv

$$\sqrt{x}-q_{n+1}(x) \leqq (\sqrt{x}-x)(1-x)^n$$

ergibt, also $\sqrt{x}-q_{n+1}(x)<\varepsilon$ für $\varepsilon^2 \leqq x \leqq 1$, wenn $(1-\varepsilon^2)^n<\varepsilon$, und für $0 \leqq x \leqq \varepsilon^2$ unabhängig von n. Damit ist (2.7) bewiesen.

Jetzt lassen sich auch Funktionen mit Knickstellen approximieren: Aus

$$p_n(x)=c\,q_n\left(\left(\frac{x}{c}\right)^2\right) \Rightarrow c\sqrt{\left(\frac{x}{c}\right)^2}=|x| \qquad \text{für } 0 \leqq \left(\frac{x}{c}\right)^2 \leqq 1$$

folgt

(2.8) *es gibt Polynome* $p_1, p_2, \ldots$ *mit* $p_n(0)=0$ *und* $p_n(x) \Rightarrow |x|$ *über* $[-c, c]$.

Entsprechend gilt für beliebige $\alpha, \beta \in \mathbb{R}$

$$\beta(c+|\alpha|)\,q_n\left(\left(\frac{x-\alpha}{c+|\alpha|}\right)^2\right) \Rightarrow \beta\,|x-\alpha| \qquad \text{über } [-c, c],$$

und die Approximierbarkeit der h_δ entnimmt man der Darstellung

$$h_\delta(x)=\frac{1}{2\delta}\,(|x-\delta|+|x+\delta|-2|x|).$$

Abschließend sei darauf hingewiesen, daß wir bei der Behandlung von Interpolationsfragen in 5.4 die polynomische Approximierbarkeit für stetige Funktionen von beschränkter Variation, also insbesondere auch für die h_δ noch auf anderem Wege nachweisen werden.

Beim Beweise von Satz 2.2 benutzt man statt der h_δ die durch

(2.9) $$\tilde{h}_\delta(x)=\max\left\{0, 1-\frac{|x|}{\delta}\right\} \qquad \text{für } |x| \leqq \pi$$

festgelegten 2π-periodischen Funktionen $\tilde{h}_\delta \in \tilde{C}_{2\pi}$. Zu $f \in \tilde{C}_{2\pi}$ und $\varepsilon>0$ gibt es $\delta>0$ und $n \geqq 2$ mit $n\delta=2\pi$, so daß

$$\left|f(x)-\sum_{k=0}^{n-1} f(k\delta)\,\tilde{h}_\delta(x-k\delta)\right|<\varepsilon \qquad \text{für alle } x.$$

Aus einem trigonometrischen Polynom t_0 mit

$$|t_0-\tilde{h}_\delta|<\frac{\varepsilon}{n|f|}$$

wird durch

$$t_1(x) = \sum_{k=0}^{n-1} f(k\delta)\, t_0(x - k\delta)$$

ein trigonometrisches Polynom t_1 mit $|t_1 - f| < 2\varepsilon$ gewonnen.

Die Approximierbarkeit der $\tilde{h}_\delta$ durch trigonometrische Polynome wird mittels Satz 2.1 bewiesen. Dabei begegnet uns erstmals ein noch häufig anzuwendendes Übersetzungsprinzip zwischen $C[-1, +1]$ und dem Unterraum der *geraden* 2π-periodischen stetigen Funktionen

$$\tilde{C}^0_{2\pi} = \{f \in \tilde{C}_{2\pi} \mid f(-x) = f(+x) \text{ für alle } x\} \subseteq \tilde{C}_{2\pi}:$$

$z = \cos x$ bzw. $x = \arccos z$ beschreibt eine stetige eineindeutige (monoton fallende) Abbildung zwischen

$$\{x \mid 0 \leqq x \leqq \pi\} \quad \text{und} \quad \{z \mid 1 \geqq z \geqq -1\},$$

$$f(x) = g(\cos x) \quad \text{bzw.} \quad g(z) = f(\arccos z) \quad \text{mit} \quad g \in C[-1, +1],\ f \in \tilde{C}^0_{2\pi}$$

eine Normisomorphie dieser Räume.

Die so gemäß $g(z) = \tilde{h}_\delta(\arccos z)$ zu $\tilde{h}_\delta \in \tilde{C}^0_{2\pi}$ gehörige Funktion $g \in C[-1, +1]$ ist durch Polynome p approximierbar. Mittels $p(\cos x) = t(x)$ wird p in ein gerades trigonometrisches Polynom $t \in \tilde{C}^0_{2\pi}$ übersetzt; $|\tilde{h}_\delta - t| = |g - p|$ kann nach Satz 2.1 beliebig nahe an 0 gebracht werden.

Die Menge der Polynome bzw. der trigonometrischen Polynome mit rationalen Koeffizienten ist abzählbar und dicht in der Menge aller Polynome, nach den WEIERSTRASSschen Sätzen auch dicht in $C[a, b]$ bzw. $\tilde{C}_{2\pi}$; diese Räume sind also *separabel.*

2.2 Der Satz von Stone

Eine Analyse der vorangehenden Beweise führt zu den wesentlichen Voraussetzungen und so zu einer Verallgemeinerung und begrifflichen Vertiefung der WEIERSTRASSschen Sätze. Aus der Kompaktheit von $[a, b]$ bzw. $[0, 2\pi]$ folgte die gleichmäßige Stetigkeit; die Herleitung von (2.8) benutzte, daß die Menge der Polynome gegenüber Multiplikation abgeschlossen ist.

Sei jetzt M ein kompakter topologischer Raum und $C(M)$ der reelle Banachraum der über M stetigen reellwertigen Funktionen mit $|f| = \max_{x \in M} |f(x)|$. Mittels der durch

$$(fg)(x) = f(x)\, g(x) \qquad \text{für alle } x \in M$$

festgelegten Multiplikation wird $C(M)$ zu einer *Algebra*. Wenige Eigenschaften des approximierenden Unterraumes U, wie sie im Spezialfall der Polynome gegeben sind, genügen als Voraussetzung in dem auch als „Satz von STONE-WEIERSTRASS“ bezeichneten

Satz 2.3: *M sei kompakter topologischer Raum, U Unteralgebra zu $C(M)$ mit den Eigenschaften*

(2.10) *zu jedem $x \in M$ existiert $g \in U$ mit $g(x) \neq 0$,*

(2.11) *zu jedem Paar $x_1 \neq x_2$, $x_1, x_2 \in M$ existiert $g \in U$ mit $g(x_1) \neq g(x_2)$.*

Dann ist U dicht in $C(M)$.

Meist ist (2.10) dadurch gesichert, daß die konstanten Funktionen zu U gehören. Eine Teilmenge U mit (2.11) heißt *punktetrennend*, denn dadurch ist M separiert, d.h. Hausdorffraum. Weil U als Algebra vorausgesetzt ist, lassen sich diese Bedingungen auch normiert formulieren:

(2.10)′ *zu jedem $x \in M$ existiert $g \in U$ mit $g(x) = 1$,*

(2.11)′ *zu $x_1 \neq x_2$ aus M existiert $g \in U$ mit $g(x_1) = 1$ und $g(x_2) = 0$.*

Beweis von (2.11)′: Nach (2.10) gibt es $g_1 \in U$ mit $g_1(x_1) \neq 0$. Falls $g_1(x_1) = g_1(x_2)$, dann benutzt man ein nach (2.11) existierendes $g_2 \in U$ mit $g_2(x_1) \neq g_2(x_2)$ und bildet $g_3 = g_1 + \lambda g_2 \in U$ mit hinreichend kleinem $\lambda \neq 0$, so daß durch diese Abänderung $g_3(x_1) \neq g_3(x_2)$ erreicht und $g_3(x_1) \neq 0$ erhalten bleibt; sonst hat schon g_1 diese Eigenschaften, und man setzt $g_3 = g_1$. In (2.11)′ paßt dann

$$g = \frac{1}{g_3(x_1)\big(g_3(x_1) - g_3(x_2)\big)} \left(g_3^2 - g_3(x_2)\, g_3\right).$$

Für den Beweis von Satz 2.3 ist noch eine weitere Vorüberlegung nötig. Weil die Operationen der Algebra $C(M)$ stetig sind, ist mit U auch die abgeschlossene Hülle $\bar{U}$ eine Algebra. Bezeichnen

$$\operatorname{abs}(g), \qquad \max\{g_1, \ldots, g_k\}, \qquad \min\{g_1, \ldots, g_k\}$$

die Funktionen mit den Werten

$$|g(x)|, \quad \max\{g_1(x), \ldots, g_k(x)\} \quad \text{bzw.} \quad \min\{g_1(x), \ldots, g_k(x)\} \qquad \text{für } x \in M,$$

dann gilt

(2.12) aus $g, g_1, \ldots, g_k \in \bar{U}$ folgt $\operatorname{abs}(g), \max\{g_1, \ldots, g_k\}, \min\{g_1, \ldots, g_k\} \in \bar{U}$.

Beweis: Die in (2.8) genannten p_n haben wegen $p_n(0)=0$ die Gestalt

$$p_n(\xi)=\alpha_1\,\xi^1+\cdots+\alpha_m\,\xi^m\,;$$

mit $g\in\overline{U}$ ist also auch

$$p_n(g)=\alpha_1\,g+\alpha_2\,g^2+\cdots+\alpha_m\,g^m\in\overline{U}\,.$$

Wird in (2.8) $c\geqq|g|$ gewählt, dann folgt

$$|p_n(g)-\operatorname{abs}(g)|=\max_{x\in M}|p_n(g(x))-|g(x)||\leqq\max_{|\xi|\leqq c}|p_n(\xi)-|\xi||\to 0$$

für $n\to\infty$ und $\operatorname{abs}(g)\in\overline{\overline{U}}=\overline{U}$. Jetzt erhält man die übrigen Konsequenzen in (2.12) für $k=2$ aus der Darstellung

$$\genfrac{}{}{0pt}{}{\max}{\min}\{g_1,g_2\}=\tfrac{1}{2}(g_1+g_2)\pm\tfrac{1}{2}\operatorname{abs}(g_1-g_2)$$

und induktiv für $k=3,4,\ldots$.

Beweis von Satz 2.3: $\overline{U}=C(M)$ folgt, wenn nachgewiesen ist, daß $\overline{U}$ in $C(M)$ dicht ist, daß also zu jedem $f\in C(M)$ und $\varepsilon>0$ ein $h\in\overline{U}$ mit $|f-h|<\varepsilon$ existiert. Zunächst zeigen wir die Teilbehauptung

(2.13) *zu jedem $x_0\in M$ existiert $h_0\in\overline{U}$ mit $h_0(x_0)=f(x_0)$ und $h_0(x)<f(x)+\varepsilon$ für alle $x\in M$.*

Zu jedem $y\in M$ existiert ein $g\in U$ mit $g(y)=f(y)$ und $g(x_0)=f(x_0)$, denn für $y\neq x_0$ erhält man mittels (2.11)′ $g_0, g_1\in U$ mit

$$g_0(x_0)=1,\qquad g_0(y)=0,\qquad g_1(x_0)=0,\qquad g_1(y)=1$$

und daraus $g=f(y)\,g_1+f(x_0)\,g_0\in U$ von der genannten Art, für $y=x_0$ mittels (2.10)′ ein $g_0\in U$ mit $g_0(x_0)=1$ und $g=f(x_0)\,g_0$.
Wegen der Stetigkeit von f und g in y gibt es eine offene Umgebung $W(y)$ mit $g(x)<f(x)+\varepsilon$ für alle $x\in W(y)$. Weil M kompakt ist, genügen endlich viele dieser Umgebungen, M zu überdecken, etwa $W(y_1),\ldots,W(y_k)$. Aus den zugehörigen $g_j\in U$ mit

$$g_j(x_0)=f(x_0)\quad\text{und}\quad g_j(x)<f(x)+\varepsilon\qquad\text{für alle }x\in W(y_j)$$

gewinnt man so für (2.13) passend

$$h_0=\min\{g_1,\ldots,g_k\},\qquad h_0\in\overline{U}\qquad\text{nach (2.12).}$$

Der Restbeweis gelingt nunmehr durch Wiederholung der soeben benutzten Technik: Wegen der Stetigkeit von f und h_0 in x_0 gibt es eine offene Umgebung $W'(x_0)$ mit $h_0(x) > f(x) - \varepsilon$ für alle $x \in W'(x_0)$ – so für jedes $x_0 \in M$ mit zugehörigem h_0 gemäß (2.13). Endlich viele solcher Umgebungen überdecken M, etwa $W'(x_1), \ldots, W'(x_m)$ mit zugehörigen $h_1, \ldots, h_m \in \bar{U}$, und $h = \max\{h_1, \ldots, h_m\}$ ($\in \bar{U}$ wegen (2.12)) erfüllt $|h - f| < \varepsilon$.

Wir wollen gleich einige Anwendungen von Satz 2.3 behandeln.

Wenn M eine kompakte Teilmenge des $\mathbb{R}^k$ ist, dann kann U als die Unteralgebra aller Polynome in den reellen Variablen $x_1, \ldots, x_k$ gewählt werden;

$$p_0(x_1, \ldots, x_k) = 1 \quad \text{und} \quad p_i(x_1, \ldots, x_k) = x_i \qquad (1 \leqq i \leqq k)$$

sichern die Voraussetzungen (2.10) und (2.11). Als Verallgemeinerung von Satz 2.1 folgt, daß U dicht in $C(M)$ ist.

Satz 2.2 erhält man hier in etwas anderer Form. In der komplexen Ebene sei $M = S^1 = \{z \mid |z| = 1\}$. Dann besteht die natürliche Isomorphie $C(S^1) \leftrightarrow \tilde{C}_{2\pi}$, bei der $f \in C(M)$ und $\tilde{f} \in \tilde{C}_{2\pi}$ einander zugeordnet sind, wenn

$$f(e^{ix}) = \tilde{f}(x) \qquad \text{für alle } x \in \mathbb{R}.$$

Die lineare Hülle U der durch

$$\operatorname{Re}(z^k) = \cos(kx), \qquad \operatorname{Im}(z^k) = \sin(kx) \qquad (k = 0, 1, 2, \ldots)$$

gegebenen Funktionen ist gemäß 2.1 bezüglich Multiplikation abgeschlossen, also Unteralgebra zu $C(S^1)$; mit $\operatorname{Re} z$ und $\operatorname{Im} z$ sind passende Funktionen für (2.10) und (2.11) gegeben.

Das letzte Beispiel betrifft die Approximierbarkeit durch rationale Funktionen über ganz $\mathbb{R}$. Im Sinne der 1-Punkt-Kompaktifizierung sei $M = \mathbb{R} \cup \{\infty\}$ und $C(M)$ die Menge aller $f \in C(\mathbb{R})$ mit endlichem Grenzwert $\lim\limits_{x \to \infty} f(x) = \lim\limits_{x \to -\infty} f(x)$.

Die rationalen $g \in C(M)$ von der Form $g(x) = \dfrac{p(x)}{(1+x^2)^n}$ ($n \geqq 0$, p Polynom) bilden eine Unteralgebra U. Für g_0 mit $g_0(x) = \dfrac{x}{1+x^2}$ ($x \in \mathbb{R}$) gilt $g_0(x_1) \neq g_0(x_2)$, wenn $x_1 \neq x_2$ – bis auf den Ausnahmefall $g_0(0) = g_0(\infty) = 0$, der sich mit $g_1(x) = \dfrac{1-x^2}{1+x^2}$ erledigt. (2.11) ist also erfüllt, und so folgt

Satz 2.4: *Zu jeder über $\mathbb{R}$ stetigen Funktion f mit endlichem Grenzwert $f(\infty) = f(-\infty)$ existiert eine gegen f gleichmäßig konvergente Folge rationaler Funktionen.*

2.3 Approximation mittels ganzer Funktionen vom Exponentialtyp

Die STONEsche Verallgemeinerung der WEIERSTRASSschen Sätze hilft nicht bei der Approximation stetiger Funktionen f über ganz $\mathbb{R}$, wenn keine stetige Ergänzung in $\pm\infty$ existiert. Statt der hier nicht gegebenen Kompaktheit des Definitionsbereiches kann man aber, wieder von den in 2.1 dargestellten Ideen ausgehend, unmittelbar Beschränktheit und gleichmäßige Stetigkeit von f verlangen. Die folgenden Betrachtungen sollen sich demgemäß auf den komplexen Raum $\hat{C}$ *aller über* $\mathbb{R}$ *beschränkten, gleichmäßig stetigen, komplexwertigen Funktionen* f mit der Norm

(2.14) $$|f| = \sup_{x\in\mathbb{R}} |f(x)|$$

beziehen.

Als Unterraum von $\hat{C}$ kennen wir schon den Raum $\tilde{C}_{2\pi}$ der komplexwertigen, stetigen, 2π-periodischen Funktionen. Nach Satz 2.2 lassen sich diese durch trigonometrische Polynome approximieren, und so liegt es nahe, durch deren Verallgemeinerung zu einer in ganz $\hat{C}$ dichten Menge zu kommen. In funktionentheoretischer Sicht sind die trigonometrischen Polynome *ganze Funktionen g vom Exponentialtyp*, d.h. sie genügen einer Abschätzung

(2.15) $$|g(z)| \leqq c\, e^{\alpha|z|} \qquad \text{für alle } z\in\mathbb{C}.$$

Außerdem sind sie auf der reellen Achse beschränkt. Eine ganze Funktion g mit $|g| = \sup_{x\in\mathbb{R}} |g(x)| < \infty$ und (2.15) heißt *Funktion von endlichem Grad*, wobei der *Grad* von g als die Größe

$$\nu = \inf\{\alpha \mid \text{es gibt } c \text{ mit } |g(z)| \leqq c\, e^{\alpha|z|} \text{ für alle } z\}$$

definiert wird, im Einklang mit dem „Grad" trigonometrischer Polynome, denn für $g(z) = \cos(nz)$ z.B. wird $\nu = n$. Es wird sich zeigen, daß alle derartigen Funktionen (nach Einschränkung auf $\mathbb{R}$) in $\hat{C}$ liegen und in ihrer Gesamtheit eine in $\hat{C}$ dichte Unteralgebra bilden.

Aus der Beschränktheit auf der reellen Achse gewinnt man eine Verschärfung von (2.15): Für Funktionen g vom Grade $\leqq \nu$ gilt die wichtige Ungleichung

(2.16) $$|g(x+iy)| \leqq |g|\, e^{\nu|y|} \qquad \text{für alle } z = x+iy.$$

Beweis: Zu jedem $\varepsilon > 0$ existiert gemäß der Definition des Grades von g ein $c_\varepsilon \geqq |g|$ mit $|g(z)| \leqq c_\varepsilon\, e^{(\nu+\varepsilon)|z|}$. Die durch $h(z) = g(z)\, e^{i(\nu+\varepsilon)z}$ definierte ganze Funktion h ist von der Ordnung $\rho \leqq 1$, d.h. $|h(z)| = O(e^{|z|^{1+\eta}})$ für jedes $\eta > 0$. Mit den Abschätzungen $|h(x)| = |g(x)| \leqq |g|$ auf der reellen Achse und

$|h(iy)|=|g(iy)|\,e^{-(\nu+\varepsilon)y}\leqq c_\varepsilon$ für $y\geqq 0$ auf der imaginären Achse folgt aus Sätzen von PHRAGMEN-LINDELÖF (man vgl. z.B. TITCHMARSH [29], 5.61) zunächst die Beschränktheit in der oberen Halbebene, nämlich $|h(z)|\leqq c_\varepsilon$ im ersten und im zweiten Quadranten, die jeweils einen Winkelraum der Öffnung $\pi/2<\pi/\rho$ bilden, dann aber auch die schärfere Schranke $|h(x+iy)|\leqq|g|$ für $y\geqq 0$. Wegen $g(x+iy)=h(x+iy)\,e^{-i(\nu+\varepsilon)(x+iy)}$ ergibt sich daraus

$$|g(x+iy)|\leqq|g|\,e^{(\nu+\varepsilon)y} \qquad \text{für alle } y\geqq 0 \text{ und } \varepsilon>0,$$

mit $\varepsilon\to 0$ also (2.16), denn mittels $h_1(z)=g(z)\,e^{-i(\nu+\varepsilon)z}$ kann man für $y<0$ analog schließen.

Durch Anwendung der CAUCHYschen Integralformel gewinnt man aus (2.16) auch eine Abschätzung für die Ableitung g'. Bezeichnet K den positiv orientierten Kreis mit Radius 1 und Mittelpunkt $x+iy$, dann zeigt

$$|g'(x+iy)|=\left|\frac{1}{2\pi i}\int_K \frac{g(\zeta)}{(\zeta-(x+iy))^2}\,d\zeta\right|\leqq \max_{\zeta\in K}|g(\zeta)|\leqq|g|\,e^{\nu(|y|+1)},$$

daß auch g' eine Funktion vom Grade $\leqq\nu$ ist und $|g'|\leqq e^\nu|g|$ erfüllt. Diese Ungleichung ist zwar nicht scharf (in 5.5 wird $|g'|\leqq\nu|g|$ bewiesen), aber sie ergibt, daß jede Funktion von endlichem Grad auf der reellen Achse gleichmäßig stetig ist und so ein Element von $\hat{C}$ bestimmt – durch Einschränkung von g auf $\mathbb{R}$, die aber durch analytische Fortsetzung in eindeutiger Weise rückgängig gemacht werden kann; deshalb werden wir diese Unterscheidung der Definitionsbereiche im weiteren nicht mehr besonders erwähnen.

Summe und Produkt von Funktionen endlichen Grades sind wieder von endlichem Grad, genauer

$$\nu(g_1+g_2)\leqq\max\{\nu(g_1),\nu(g_2)\}, \tag{2.17}$$

$$\nu(g_1\,g_2)\leqq\nu(g_1)+\nu(g_2). \tag{2.18}$$

Damit erhält man in $\hat{C}$ die Unterräume

$$G_\nu=\{g\,|\,g \text{ vom Grade } \leqq\nu\}$$

und die Unteralgebra $G_\infty=\bigcup_\nu G_\nu$.

Aus (2.16) folgt nach dem Satz von LIOUVILLE, daß G_0 nur die Konstanten enthält. Mit $e^{i\nu z}$ oder (reell) $\sin(\nu z)$ sind Beispiele für Funktionen g e n a u vom Grade ν gegeben; aus $\nu_1<\nu_2$ folgt $G_{\nu_1}\subsetneqq G_{\nu_2}$, und die $G_\nu(\nu>0)$ sind nicht endlichdimensional. Weil $\hat{C}$ auch nicht reflexiv ist, lassen sich Satz 1.1 und Satz 1.5

nicht anwenden, um für jedes ν und $f \in \hat{C}$ die Existenz eines Proximums in G_ν zu beweisen. Folgende Eigenschaft der G_ν aber hilft weiter:

(2.19) *Zu jeder beschränkten Folge $g_1, g_2, \ldots$ in G_ν existiert ein $g \in G_\nu$ und eine Teilfolge, die über kompakten Teilmengen von $\mathbb{C}$ gleichmäßig gegen g konvergiert.*

Denn mit $|g_k| \leqq c$ folgt $|g_k'| \leqq c\, e^\nu$ für $k = 1, 2, \ldots$; die g_k sind gleichgradig stetig, und nach ARZELÀ-ASCOLI gibt es eine z.B. über $[0, 1]$ konvergente Teilfolge $g_{k_1}, g_{k_2}, \ldots$. Über jeder kompakten Teilmenge von $\mathbb{C}$ (zu der wir $[0, 1]$ hinzunehmen können) sind die g_{k_j} wegen (2.16) gleichmäßig beschränkt, nach dem Satz von VITALI also gleichmäßig konvergent gegen eine holomorphe Funktion g. Wegen

$$|g(x+iy)| = \lim_{j\to\infty} |g_{k_j}(x+iy)| \leqq c\, e^{\nu|y|} \qquad \text{ist auch } g \in G_\nu.$$

Mittels (2.19) erhält man jetzt

Satz 2.5: *Zu jedem $f \in \hat{C}$ existiert in jedem G_ν ein Proximum. $\hat{E}_\nu(f) = \delta(f, G_\nu)$ ist für festes f bezüglich ν monoton nicht wachsend und rechtsseitig stetig.*

Beweis: Die Monotonie von $\hat{E}_\nu(f)$ in ν folgt aus $G_{\nu_1} \subseteq G_{\nu_2}$ für $\nu_1 \leqq \nu_2$. Zu jeder monoton fallenden Nullfolge $\varepsilon_1, \varepsilon_2, \ldots$ gibt es eine Folge $g_1, g_2, \ldots$ mit

$$g_k \in G_{\nu+\varepsilon_k} \quad \text{und} \quad |f - g_k| < \hat{E}_{\nu+\varepsilon_k}(f) + \varepsilon_k.$$

Alle g_k gehören zu $G_{\nu+\varepsilon_1}$ und enthalten nach (2.19) eine lokal gleichmäßig konvergente Teilfolge $g_{k_1}, g_{k_2}, \ldots$. Die Grenzfunktion g gehört zu G_ν, denn die g_{k_j} liegen bis auf jeweils endlich viele auch in $G_{\nu+\varepsilon_k}$ $(k = 2, 3, \ldots)$, und $\bigcap_{k=1}^{\infty} G_{\nu+\varepsilon_k} = G_\nu$ gilt wegen $\varepsilon_k \to 0$ und (2.16). So folgt

$$|f(x) - g(x)| = \lim_{j\to\infty} |f(x) - g_{k_j}(x)| \leqq \overline{\lim_{j\to\infty}} |f - g_{k_j}| \leqq \lim_{k\to\infty} \hat{E}_{\nu+\varepsilon_k}(f) = \hat{E}_{\nu+0}(f)$$

für alle $x \in \mathbb{R}$ und mit

$$\hat{E}_\nu(f) \leqq |f - g| \leqq \hat{E}_{\nu+0}(f) \leqq \hat{E}_\nu(f)$$

die Behauptung: g ist Proximum zu f und $\hat{E}_\nu(f) = \hat{E}_{\nu+0}(f)$.

In Analogie zu den Sätzen von WEIERSTRASS zeigen wir abschließend

Satz 2.6: *Die Unteralgebra $G_\infty = \bigcup_\nu G_\nu$ der Funktionen von endlichem Grad ist dicht in $\hat{C}$:*

$$\hat{E}_\nu(f) \to 0 \qquad \textit{für alle } f \in \hat{C} \quad \textit{und} \quad \nu \to \infty.$$

Wieder ist es der erste Schritt des Beweises, die gleichmäßige Stetigkeit von $f \in \hat{C}$ mittels der Funktionen $h_\delta \in \hat{C}$ (vgl. (2.5)) zu erfassen; zu $\varepsilon > 0$ existiert ein $\delta_0(\varepsilon) > 0$, so daß

$$(2.20) \qquad \left| f(x) - \sum_{k=-\infty}^{+\infty} f(k\delta)\, h_\delta(x - k\delta) \right| < \varepsilon \qquad \text{für alle } x \in \mathbb{R} \quad \text{und} \quad 0 < \delta \leqq \delta_0(\varepsilon).$$

In dieser formal unendlichen Reihe sind jeweils höchstens zwei Summanden von 0 verschieden.

Die Approximation der h_δ gelingt auf dem Umwege über die 2π-periodischen $\tilde{h}_\delta$ (vgl. (2.9)). Nach Satz 2.2 existiert zu jedem $\varepsilon' > 0$ ein trigonometrisches Polynom t mit $|\tilde{h}_\delta - t| < \varepsilon'$, und t ist eine Funktion von endlichem Grade τ, d.h. $t \in G_\tau$. Durch Multiplikation mit einer ganzen Funktion s, die über $[-\delta, \delta]$ wenig von 1 abweicht und mit wachsendem Betrag des (reellen) Arguments hinreichend schnell abnimmt, wird $\tilde{h}_\delta$ bzw. t annähernd zu h_δ abgeändert, indem nur der Zacken bei 0 übrigbleibt (es sei $\delta < \pi$).

Wir setzen $s(z) = \left(\frac{\sin(\lambda z)}{\lambda z} \right)^2$ und $q = s\,t$, wobei $\lambda > 0$ noch geeignet zu wählen sein wird; wegen

$$|s(z)| \leqq \frac{1}{\lambda^2}\, e^{2\lambda |z|} \qquad \text{für } |z| \geqq 1$$

gilt $s \in G_{2\lambda}$ und $q \in G_{\tau + 2\lambda}$ nach (2.18). Im Reellen ist

$$1 \geqq \frac{\sin u}{u} = 1 - \frac{u^2}{3!} + \frac{u^4}{5!} - \cdots \geqq 1 - \frac{u^2}{2},$$

$$1 \geqq s(\xi) \geqq 1 - \lambda^2 \xi^2 \qquad \text{für alle } \xi \in \mathbb{R}$$

und $|s| = 1$. Aus $h_\delta(\xi) = \tilde{h}_\delta(\xi)$ für $|\xi| \leqq 2\pi - \delta$,

$$|t| \leqq |\tilde{h}_\delta| + \varepsilon' \leqq 2 \qquad \text{für } \varepsilon' \leqq 1$$

und

$$|h_\delta(\xi) - q(\xi)| \leqq |1 - s(\xi)|\, h_\delta(\xi) + |h_\delta(\xi) - t(\xi)|\, |s(\xi)|$$

erhält man so die Abschätzungen

$$(2.21) \qquad |h_\delta(\xi) - q(\xi)| \leqq \begin{cases} \lambda^2 \delta^2 + \varepsilon' & \text{für } |\xi| \leqq \delta, \\ \varepsilon' & \text{für } \delta \leqq |\xi| \leqq 2\pi - \delta, \\ \dfrac{2}{\lambda^2 \xi^2} & \text{für } |\xi| \geqq 2\pi - \delta. \end{cases}$$

Wir setzen jetzt

$$(2.22) \qquad g(z) = \sum_{k=-\infty}^{+\infty} f(k\delta)\, q(z - k\delta)$$

und zeigen die absolute Konvergenz dieser Reihe für reelle $z=x$ durch Vergleich mit der analogen Reihe in (2.20). Bei Substitution $\xi=x-k\delta$ und festem x gilt $|\xi|<\delta$ für höchstens zwei ganze Zahlen k und $\delta\leqq|\xi|<2\pi-\delta$ für höchstens $\left[\frac{4\pi-2\delta}{\delta}\right]$ viele k. Aus (2.21) folgt so

$$\sum_{k=-\infty}^{+\infty} |f(k\delta)|\,|h_\delta(x-k\delta)-q(x-k\delta)|$$

$$\leqq 2|f|\left(\lambda^2\delta^2+\varepsilon'+\frac{2\pi-\delta}{\delta}\varepsilon'+\frac{2}{\lambda^2}\sum_{m=-1}^{\infty}\frac{1}{(2\pi+m\delta)^2}\right) \tag{2.23}$$

$$\leqq 2|f|\left(\lambda^2\delta^2+2\pi\frac{\varepsilon'}{\delta}+\frac{1}{\pi-\delta}\cdot\frac{1}{\lambda^2\delta}\right),$$

denn

$$\sum_{m=-1}^{\infty}\frac{1}{(2\pi+m\delta)^2}\leq\int_{-2}^{\infty}\frac{du}{(2\pi+u\delta)^2}=\frac{1}{\delta(2\pi-2\delta)}.$$

Damit sind auch die Partialsummen

$$g_n(z)=\sum_{|k|\leqq n} f(k\delta)\,q(z-k\delta),$$

die wegen $|q(x+iy-k\delta)|\leqq|q|\,e^{\nu|y|}$ mit $\nu=\tau+2\lambda$ ganze Funktionen $g_n\in G_\nu$ darstellen, für reelle z gleichmäßig bezüglich n beschränkt. Wegen (2.19) und $g_n(x)\to g(x)$ für $x\in\mathbb{R}$ konvergiert die Reihe (2.22) für alle $z\in\mathbb{C}$ und liefert die ganze Funktion $g\in G_\nu$.

Schließlich sind noch δ, λ und ε' in Abhängigkeit von ε passend zu wählen: Mit

$$\delta=\min\{\delta_0(\varepsilon),\varepsilon^{-1},\varepsilon^2\},\quad \lambda=\delta^{-\frac{3}{4}},\ \varepsilon'=\delta\varepsilon$$

folgt aus (2.20) und (2.23)

$$|f-g|\leqq\varepsilon+2|f|\left(\sqrt{\delta}+2\pi\varepsilon+\frac{\sqrt{\delta}}{\pi-\delta}\right)\leqq(1+16|f|)\,\varepsilon.$$

Man beachte, daß eigentlich erst jetzt t, τ und $\nu=\tau+2\lambda$ endgültig festgelegt werden können, abhängig von ε und f.

2.4 Die Räume L^p_w

In $C[a,b]$ wird der Abstand von f und g durch die Maximalabweichung $\max_{x\in[a,b]}|f(x)-g(x)|$ gemessen. Daneben interessiert auch die durchschnittliche

Abweichung $\int_a^b |f(x)-g(x)|\,dx$ oder allgemeiner die Größe

$$\left(\int_a^b |f(x)-g(x)|^p\,dx\right)^{1/p} \qquad \text{für } p \geqq 1,$$

zu der bei wachsendem p in zunehmendem Maße die Stellen überdurchschnittlicher Abweichung beitragen (vgl. Aufgabe 2.6). In

$$\left(\int_a^b w(x)\,|f(x)-g(x)|^p\,dx\right)^{1/p}$$

wird mit $w(x) \geqq 0$ noch eine zusätzliche Gewichtung erreicht. Bei der so konzipierten *Approximation im gewichteten Mittel* ist es angemessen, statt der stetigen Funktionen allgemeiner Lebesgue-integrable und meßbare Funktionen zu betrachten.

Es sei $p \geqq 1$ und w eine über $\mathbb{R}$ meßbare Funktion mit $w(x) \geqq 0$ für alle x. Dann ist

$$L_w^p = \{f \mid f \text{ meßbar und } \int w(x)\,|f(x)|^p\,dx < \infty\}$$

Unterraum des linearen Raumes aller über $\mathbb{R}$ meßbaren, komplexwertigen Funktionen, denn mit f ist auch αf in L_w^p, und für $f, g \in L_w^p$ folgt wegen

$$w(x)\,|f(x)+g(x)|^p \leqq w(x)\big(2\max\{|f(x)|, |g(x)|\}\big)^p \leqq 2^p\, w(x)\big(|f(x)|^p + |g(x)|^p\big),$$

daß die meßbare Funktion $w \cdot (\mathrm{abs}(f+g))^p$ integrabel beschränkt und damit integrabel ist, also $f+g \in L_w^p$. Weiter ist L_w^p auch bezüglich der Bildungen $\mathrm{abs}(f)$, $\mathrm{Re}(f)$, $\mathrm{Im}(f)$ und $f^+ = \max\{f, 0\}$, $f^- = \min\{f, 0\}$ bei reellwertigem f abgeschlossen.

Um zu einer Norm zu gelangen, untersuchen wir

(2.24) $$|f|_p = \left(\int w(x)\,|f(x)|^p\,dx\right)^{1/p}.$$

Neben der Homogenität $|\alpha f|_p = |\alpha|\,|f|_p$ gilt

Satz 2.7: *Aus* $p > 1$, $q > 1$, $\frac{1}{p} + \frac{1}{q} = 1$, $f \in L_w^p$, $g \in L_w^q$ *folgt* $fg \in L_w^1$ *und die* **Höldersche Ungleichung**

(2.25) $$|fg|_1 \leqq |f|_p\,|g|_q.$$

Für $p \geqq 1$, $f \in L_w^p$, $g \in L_w^p$ *gilt die* **Minkowskische Ungleichung**

(2.26) $$|f+g|_p \leqq |f|_p + |g|_p.$$

Beweis: Mit den Bezeichnungen

$$\frac{1}{p}=\tau, \qquad \frac{1}{q}=1-\tau, \qquad \varphi(x)=w(x)\,|f(x)|^p, \qquad \psi(x)=w(x)\,|g(x)|^q$$

und $f\in L^p_w$, $g\in L^q_w$ folgt, daß φ und ψ integrabel sind; wegen der integrablen Schranke

$$w(x)\,|f(x)\,g(x)|=\varphi(x)^\tau\,\psi(x)^{1-\tau}\leqq \max\{\varphi(x),\psi(x)\}$$

ist die meßbare Funktion $w\cdot \mathrm{abs}(fg)$ integrabel und $fg\in L^1_w$.
Die Behauptung (2.25) lautet

$$\int \varphi(x)^\tau\,\psi(x)^{1-\tau}\,dx\leqq\left(\int\varphi(x)\,dx\right)^\tau\left(\int\psi(x)\,dx\right)^{1-\tau}.$$

Falls $\int\varphi(x)\,dx=0$ oder $\int\psi(x)\,dx=0$, dann gilt wegen $\varphi(x)\geqq 0$, $\psi(x)\geqq 0$ fast überall $\varphi(x)=0$ bzw. $\psi(x)=0$, und beide Seiten dieser Ungleichung haben den Wert 0. Sonst kann, weil sich bei Übergang von φ, ψ zu $\lambda\varphi$, $\mu\psi$ beide Seiten mit $\lambda^\tau\mu^{1-\tau}$ multiplizieren, auf $\int\varphi(x)\,dx=\int\psi(x)\,dx=1$ normiert werden, und durch Integration der Ungleichung

$$\varphi(x)^\tau\,\psi(x)^{1-\tau}\leqq\tau\,\varphi(x)+(1-\tau)\,\psi(x)$$

vom gewichteten geometrischen und arithmetischen Mittel ergibt sich die Behauptung in der Form

$$\int\varphi(x)^\tau\,\psi(x)^{1-\tau}\,dx\leqq\tau\cdot 1+(1-\tau)\cdot 1=1.$$

Die Ungleichung (2.26) folgt für $p=1$ aus $|f(x)+g(x)|\leqq|f(x)|+|g(x)|$.

Für $p>1$ sei $q=\dfrac{p}{p-1}$, $h(x)=|f(x)+g(x)|^{p-1}$. Wegen $(p-1)\,q=p$ gilt dann

$$\int w(x)\,|h(x)|^q\,dx=\int w(x)\,|f(x)+g(x)|^p\,dx,$$

mit $f, g, f+g\in L^p_w$ also $h\in L^q_w$ und $|h|_q=|f+g|_p^{p-1}$.
Aus

$$w(x)\,|f(x)+g(x)|^p\leqq w(x)\,|f(x)|\,h(x)+w(x)\,|g(x)|\,h(x)$$

ergibt sich mittels Integration und zweifacher Anwendung von (2.25)

$$|f+g|_p^p\leqq|fh|_1+|gh|_1\leqq|f|_p\,|h|_q+|g|_p\,|h|_q=(|f|_p+|g|_p)\,|f+g|_p^{p-1}$$

und daraus (2.26), wenn $|f+g|_p>0$. Für $|f+g|_p=0$ ist (2.26) wegen $|f|_p\geqq 0$, $|g|_p\geqq 0$ richtig.

Mit der soeben bewiesenen Dreiecksungleichung ist $|\ |_p$ eine *Pseudo*norm in L^p_w. Definitheit erhält man durch Klassenbildung nach der mit $|f-g|_p=0$ gegebenen Äquivalenzrelation:

$f \triangleq g$ genau dann, wenn in der meßbaren Menge $D_w=\{x \mid w(x)>0\}$ fast überall $f(x)=g(x)$ gilt.

Im folgenden interessiert nur noch der so entstehende lineare normierte Faktorraum $\hat{L}^p_w = L^p_w/N_w$ mit $N_w=\{h\in L^p_w \mid |h|_p=0\}$; dessen Elemente werden weiter durch Repräsentanten aus L^p_w angegeben; der Leser mache sich jeweils die Unabhängigkeit vom Repräsentanten klar. Damit $\hat{L}^p_w$ nicht nur das Nullelement enthält, sei stets vorausgesetzt, daß nicht fast überall $w(x)=0$ gilt.

Wenn D_w im wesentlichen mit einem Intervall übereinstimmt, wenn also $w(x)>0$ fast überall in (a,b) und $w(x)=0$ außerhalb, wobei $a=-\infty$ und $b=\infty$ zugelassen sind, dann schreiben wir verdeutlichend auch $\hat{L}^p_w(a,b)$; insbesondere bezeichne $\hat{L}^p(a,b)$ den Fall $w(x)=1$ für $x\in(a,b)$.

Als nächstes zeigen wir

Satz 2.8: *Die Räume $\hat{L}^p_w$ $(p\geqq 1)$ sind vollständig. Außerdem gibt es zu jeder Cauchyfolge aus L^p_w eine Teilfolge, die fast überall in $D_w=\{x \mid w(x)>0\}$ (punktweise) konvergiert.*

Zu gegebener Cauchyfolge $f_1, f_2, \ldots \in L^p_w$, $|f_m-f_n|_p \to 0$ für $n,m\to\infty$ existieren $n_1<n_2<\cdots$ mit

$$\left(\int w(x)\,|f_m(x)-f_n(x)|^p\,dx\right)^{1/p} < \frac{1}{2^k k^2} \qquad \text{für } n,m\geqq n_k. \tag{2.27}$$

Im Falle $p>1$ sei $e(x)=1$ für $x\in\mathbb{R}$ und

$$w_k(x)=\begin{cases}\min\{k, w(x)\} & \text{für } |x|\leqq k,\\ 0 & \text{für } |x|>k.\end{cases}$$

Dann ist w_k integrabel und $e\in L^q_{w_k}$, wobei $\frac{1}{p}+\frac{1}{q}=1$. Die HÖLDERsche Ungleichung ergibt wegen $w_k(x)\leqq w(x)$

$$\int w_k(x)\,|f_{n_{k+1}}(x)-f_{n_k}(x)|\,e(x)\,dx \leqq \left(\int w_k(x)\,|f_{n_{k+1}}(x)-f_{n_k}(x)|^p\,dx\right)^{1/p}\left(\int w_k(x)\,dx\right)^{1/q}$$

$$\leqq \frac{1}{2^k k^2}\,(2k^2)^{1/q} < \frac{2}{2^k},$$

und daraus folgt

$$\sum_{k=1}^{\infty} \int w_k(x)\,|f_{n_{k+1}}(x)-f_{n_k}(x)|\,dx < \infty;$$

für $p=1$ gilt das wegen (2.27) sogar mit w statt der w_k. Nach dem Satz von LEVI erhält man, daß die Reihe

$$\sum_{k=1}^{\infty} w_k(x)\,|f_{n_{k+1}}(x)-f_{n_k}(x)|$$

fast überall konvergiert, und wegen

$$w_k(x)=w(x) \qquad \text{für } k\geqq \max\{|x|, w(x)\}$$

existiert $f(x)=\lim_{k\to\infty} f_{n_k}(x)$ fast überall in D_w; setzt man sonst $f(x)=0$, dann ist f meßbar. Zu zeigen bleibt $f\in L^p_w$ und $|f-f_n|_p\to 0$.

Zu jedem $\varepsilon>0$ existiert ein k_0, so daß

$$\int w(x)\,|f_{n_k}(x)-f_n(x)|^p\,dx<\varepsilon^p \qquad \text{für alle } n\geqq n_{k_0},\ k\geqq k_0.$$

Weil diese nicht negativen Integranden bei festem n und $k\to\infty$ fast überall gegen $w(x)\,|f(x)-f_n(x)|^p$ konvergieren, ergibt der Satz von FATOU

$$\int w(x)\,|f(x)-f_n(x)|^p\,dx\leqq \varepsilon^p,$$

also $f-f_n\in L^p_w$, $f=(f-f_n)+f_n\in L^p_w$ und $|f-f_n|_p\leqq\varepsilon$ für $n\geqq n_{k_0}$. Die durch f bestimmte Klasse in $\hat{L}^p_w$ ist das eindeutige Grenzelement der Cauchyfolge $f_1, f_2, \ldots$.

Im Spezialfall $p=2$ ist $\hat{L}^2_w$ Hilbertraum mit dem inneren Produkt

$$(f, g)=\int w(x)\,f(x)\,\overline{g(x)}\,dx \tag{2.28}$$

und der durch $\sqrt{(f,f)}=|f|_2$ gegebenen Norm. Aus der HÖLDERschen folgt die **SCHWARZsche Ungleichung**

$$\left|\int w(x)\,f(x)\,\overline{g(x)}\,dx\right|\leqq\left(\int w(x)\,|f(x)|^2\,dx\right)^{\frac{1}{2}}\left(\int w(x)\,|g(x)|^2\,dx\right)^{\frac{1}{2}}. \tag{2.29}$$

Somit sind die allgemeinen Überlegungen 1.5 anwendbar; wir werden diese Approximation im quadratischen Mittel ausführlich in 3. und 4. behandeln.

Allgemeiner ist das Proximumproblem auch in den Banachräumen $\hat{L}^p_w$ für $p>1$ generell mit Satz 1.7 gelöst, denn es gilt

Satz 2.9: *Für $p>1$ sind die Räume $\hat{L}^p_w$ uniform konvex.*

Beweis: Wir untersuchen zunächst die durch

$$\varphi(z)=2^{p-1}(1+|z|^p)-|1+z|^p$$

für komplexe z gegebene stetige Funktion φ. Aus $\varphi(1)=0$, $\varphi(0)=2^{p-1}-1>0$ $(p>1)$ und

$$\varphi'(x)=2^{p-1}\,p\,x^{p-1}-p(1+x)^{p-1}=p(1+x)^{p-1}\left(\left(\frac{2x}{1+x}\right)^{p-1}-1\right)<0$$

für $0 \leqq x < 1$ folgt $\varphi(x) > 0$ in $[0, 1)$. Für $z \neq |z|$ gilt $|1+z| < 1 + |z|$ und $\varphi(z) > \varphi(|z|)$, also $\varphi(z) > 0$ für $|z| \leqq 1$, $z \neq 1$. Mit

$$\eta(\varepsilon) = \min \left\{ \frac{\varphi(z)}{|z-1|^p} \,\middle|\, |z| \leqq 1 \text{ und } |z-1| \geqq \varepsilon \right\} > 0 \qquad (0 < \varepsilon \leqq 2)$$

gilt

$$\varphi(z) \geqq \eta(\varepsilon)\, |1-z|^p \quad \text{für } |z| \leqq 1 \text{ und } |1-z| \geqq \varepsilon.$$

Nun seien $f, g \in L_w^p$ mit $|f|_p = |g|_p = 1$ und $|f-g|_p \geqq \varepsilon > 0$ gegeben. Mit später noch geeignet zu wählendem $\varepsilon_1 > 0$ erhält man im Falle $0 \neq |f(x)| \geqq |g(x)|$ die Abschätzung

$$\begin{aligned} 2^{p-1}(|f(x)|^p + |g(x)|^p) - |f(x)+g(x)|^p &= |f(x)|^p \, \varphi\left(\frac{g(x)}{f(x)}\right) \\ &\geqq |f(x)|^p \, \eta(\varepsilon_1) \left|1 - \frac{g(x)}{f(x)}\right|^p, \end{aligned}$$

sofern $\left|1 - \dfrac{g(x)}{f(x)}\right| \geqq \varepsilon_1$, und Analoges im Falle $0 \neq |g(x)| \geqq |f(x)|$, also

$$2^{p-1}(|f(x)|^p + |g(x)|^p) - |f(x)+g(x)|^p \geqq \eta(\varepsilon_1)\, |f(x)-g(x)|^p,$$

sofern $|f(x)-g(x)| \geqq \varepsilon_1 \max\{|f(x)|, |g(x)|\}$, und $\geqq 0$ für alle x. Durch Multiplikation mit $2^{-p} w(x)$ und Integration ergibt sich

$$\begin{aligned} &\tfrac{1}{2}(|f|_p^p + |g|_p^p) - |\tfrac{1}{2}(f+g)|_p^p \\ &\qquad \geqq 2^{-p}\, \eta(\varepsilon_1) \int w(x) \big(|f(x)-g(x)|^p - \varepsilon_1^p \max\{|f(x)|^p, |g(x)|^p\}\big)\, dx \\ &\qquad \geqq 2^{-p}\, \eta(\varepsilon_1) \big(|f-g|_p^p - \varepsilon_1^p (|f|_p^p + |g|_p^p)\big) \end{aligned}$$

und damit schließlich

$$|\tfrac{1}{2}(f+g)|_p^p \leqq 1 - 2^{-p}\, \eta(\varepsilon_1)(\varepsilon^p - 2\varepsilon_1^p).$$

Dies zeigt die uniforme Konvexität, wenn z.B. $\varepsilon_1 = \varepsilon/4$ gewählt wird.

Man kann mittels Satz 2.9 folgern, daß für $p > 1$, $q > 1$, $\dfrac{1}{p} + \dfrac{1}{q} = 1$ die Räume $\hat{L}_w^p$ und $\hat{L}_w^q$ zueinander dual sind, d.h. $(\hat{L}_w^p)^* = \hat{L}_w^q$ und umgekehrt, wobei $g \in L_w^q$ durch

$$\gamma(f) = \int w(x)\, f(x)\, g(x)\, dx$$

ein lineares Funktional über $\hat{L}_w^p$ liefert; wir wollen aber nicht weiter darauf eingehen.

Die uniforme Konvexität gilt natürlich auch in den L_w^p, und ebenso lassen sich die folgenden Approximierbarkeitsfragen schon in diesen pseudonormierten Räumen behandeln.

Zu jeder meßbaren Funktion f existiert eine Folge von *Treppenfunktionen* $t_1, t_2, \dots$ mit $t_n(x) \to f(x)$ fast überall. Dabei verstehen wir unter einer Treppenfunktion eine stückweise konstante Funktion mit endlich vielen Unstetigkeiten und dem Wert 0 außerhalb eines hinreichend großen endlichen Intervalls. Zu integrablem f können die t_n insbesondere so gewählt werden, daß $\int |f(x)-t_n(x)|\,dx \to 0$; die Treppenfunktionen bilden also einen in $L^1(-\infty, \infty)$ dichten Unterraum. Notwendig und hinreichend dafür, daß allgemeiner die Treppenfunktionen in L_w^p liegen, ist die Integrabilität von w über endlichen Intervallen. Diese Bedingung sei im folgenden stets erfüllt. Dann gilt

Satz 2.10: *Der Unterraum der Treppenfunktionen ist dicht in L_w^p, ebenso der Unterraum der stetigen Funktionen mit kompaktem Träger.*

Beweis: Weil L_w^p bezüglich der Bildungen

$$\operatorname{Re} f, \quad \operatorname{Im} f, \quad f^+ = \max\{f, 0\}, \quad f^- = \min\{f, 0\}$$

abgeschlossen ist, genügt es, die Approximierbarkeit einer beliebigen Funktion $f \in L_w^p$ mit $f(x) \geqq 0$ für alle x zu zeigen.

Für die „abgeschnittenen" Funktionen f_n, die man gemäß

$$f_n(x) = \begin{cases} \min\{n, f(x)\} & \text{für } |x| \leqq n, \\ 0 & \text{für } |x| > n \end{cases}$$

zu f erhält, gilt monotone Konvergenz

$$w(x)\, f_n^p(x) \nearrow w(x)\, f^p(x) \quad \text{und} \quad \int w(x)\big(f^p(x) - f_n^p(x)\big)\,dx \to 0.$$

Mit $(1-u)^p + u^p \leqq 1$, $u = \dfrac{f_n(x)}{f(x)}$ für $f(x) \neq 0$, $p \geqq 1$ folgt weiter

$$\int w(x)\,|f(x) - f_n(x)|^p\,dx \leqq \int w(x)\big(f^p(x) - f_n^p(x)\big)\,dx$$

und $|f - f_n|_p \to 0$. Zu vorgegebenem $\varepsilon > 0$ läßt sich also n wählen, so daß $|f - f_n|_p < \varepsilon$. Damit ist das Problem auf die beschränkte Funktion f_n mit $0 \leqq f_n(x) \leqq n$ und das endliche Intervall $(-n, +n)$ reduziert. Darüber sollte w integrabel sein; deshalb existiert eine Treppenfunktion τ, so daß

$$\int_{-n}^{n} |w(x) - \tau(x)|\,dx < \frac{\varepsilon^p}{n^p}.$$

Für alle $g \in L^p_w$ mit

(2.30) $$g(x)=0 \quad \text{für } |x|>n, \qquad 0 \leqq g(x) \leqq n \quad \text{für } |x| \leqq n$$

gilt dann

$$\int w(x)\,|f_n(x)-g(x)|^p\,dx \leqq \int_{-n}^{+n} \tau(x)\,|f_n(x)-g(x)|^p\,dx+\varepsilon^p$$

und $|f_n-g|_p<2\varepsilon$, $|f-g|_p<3\varepsilon$, wenn nur

$$\int_{-n}^{+n} \tau(x)\,|f_n(x)-g(x)|^p\,dx<\varepsilon^p.$$

Weil f_n als meßbare, durch n beschränkte Funktion über $(-n, n)$ integrabel ist, läßt sich letzteres mit einer Treppenfunktion g erreichen, die (2.30) und

(2.31) $$\max_x |\tau(x)| \cdot n^{p-1} \int_{-n}^{+n} |f_n(x)-g(x)|\,dx<\varepsilon^p$$

erfüllt. Eine stetige Funktion g_1 dieser Art findet man durch Abänderung der Treppenfunktion g in der Nähe ihrer Sprungstellen $x_1<x_2<\cdots<x_k$:

$$g_1(x)=\min\{g(x), c|x-x_1|, c|x-x_2|, \ldots, c|x-x_k|\}$$

stellt für jedes $c>0$ eine stetige Funktion g_1 mit (2.30) dar, und wegen $\int_{-n}^{n} |g(x)-g_1(x)|\,dx \to 0$ für $c \to \infty$ kann c so groß gewählt werden, daß (2.31) auch für g_1 anstelle von g gilt. Damit ist Satz 2.10 bewiesen.

Für stetige Funktionen g und Polynome h hat man über endlichen Intervallen die Abschätzung

$$\int_a^b w(x)\,|g(x)-h(x)|^p\,dx \leqq \int_a^b w(x)\,dx \cdot \max_{x\in[a,b]} |g(x)-h(x)|^p.$$

Nach dem Satz von WEIERSTRASS folgt also, daß auch der Unterraum der Polynome dicht in $L^p_w(a, b)$ ist, sofern (a, b) endlich ist. In gleicher Weise ergibt sich, daß für $b-a \leqq 2\pi$ der Unterraum der trigonometrischen Polynome dicht in $L^p_w(a, b)$ ist. Für $a=-\infty$ oder $b=+\infty$ aber sind keine derartig allgemeinen Aussagen über die Polynome möglich, selbst dann nicht, wenn alle Polynome zu L^p_w gehören (vgl. 3.7 und Satz 8.5).

Abschließend behandeln wir jetzt noch den Grenzfall $q=\infty$, der sich ja bei $\frac{1}{p}+\frac{1}{q}=1$ und $p \to 1$ aufdrängt. L^∞_w bezeichne den linearen Raum der meßbaren Funktionen g, die über $D_w=\{x|w(x)>0\}$ im wesentlichen beschränkt sind, für die also das *wahre Supremum*

$$|g|_\infty = \operatorname*{vrai\,sup}_{x\in D_w} |g(x)| = \min\{\sigma \mid |g(x)| \leqq \sigma \text{ fast überall in } D_w\}$$

endlich ist. $|\ |_\infty$ ist eine Pseudonorm in L^∞_w, und wie bei $p<\infty$ ergibt sich durch Klassenbildung der normierte Raum $\hat{L}^\infty_w = L^\infty_w/N_w$, wobei $N_w = \{h\in L^\infty_w \mid |h|_\infty = 0\}$. Der Einfluß von w beschränkt sich auf die Gestalt von D_w, so daß man statt $\hat{L}^\infty_w(a,b)$ auch einfach $\hat{L}^\infty(a,b)$ schreiben kann, denn mit dieser Schreibweise sollte ja angezeigt werden, daß $w(x)>0$ fast überall in (a,b).

Mittels L^∞_w lassen sich die beschränkten linearen Funktionale über $\hat{L}^1_w$ charakterisieren. Dabei können die dualen Räume $(\hat{L}^1_w)^*$ und $(L^1_w)^*$ identifiziert werden, denn jedes bezüglich der Pseudonorm $|\ |_1$ stetige lineare Funktional über L^1_w ist in den einzelnen Klassen von $\hat{L}^1_w$ konstant.

Satz 2.11: *Es gilt $(\hat{L}^1_w)^* = \hat{L}^\infty_w$ in folgendem Sinne:*
Jedes $g\in L^\infty_w$ legt durch

$$\gamma(f) = \int w(x) f(x) g(x)\,dx \qquad \text{für alle } f\in L^1_w \tag{2.32}$$

ein $\gamma\in(L^1_w)^*$ mit $|\gamma| = |g|_\infty$ fest, und so erhält man alle beschränkten linearen Funktionale über L^1_w.

Beweis: Aus der Definition von $|g|_\infty$ und (2.32) ergibt sich als Grenzfall der HÖLDERschen Ungleichung

$$|\gamma(f)| \leqq \int w(x)\,|f(x)|\,|g(x)|\,dx \leqq |g|_\infty\,|f|_1 \qquad \text{für alle } f\in L^1_w$$

und

$$|\gamma| = \sup_{|f|_1 \neq 0} \frac{|\gamma(f)|}{|f|_1} \leqq |g|_\infty .$$

Im Falle $|g|_\infty > 0$ ist noch die Gleichheit beider Normen zu zeigen. Für jedes $\varepsilon>0$, $\varepsilon<|g|_\infty$ und hinreichend großes c hat

$$M_\varepsilon = \{x \mid |g(x)| \geqq |g|_\infty - \varepsilon\} \cap D_w \cap (-c, c)$$

positives Maß. Mit

$$f(x) = \begin{cases} \dfrac{\overline{g(x)}}{w(x)\,|g(x)|} & \text{für } x\in M_\varepsilon, \\ 0 & \text{sonst} \end{cases}$$

folgt $f\in L^1_w$, $|f|_1 = \int\limits_{M_\varepsilon} dx$,

$$\gamma(f) = \int w(x) f(x) g(x)\,dx = \int\limits_{M_\varepsilon} |g(x)|\,dx \geqq (|g|_\infty - \varepsilon)\,|f|_1$$

und demnach $|\gamma| \geqq |g|_\infty - \varepsilon$ für jedes $\varepsilon>0$, also $|\gamma| = |g|_\infty$.

Um nachzuweisen, daß umgekehrt jedes $\lambda \in (L_w^1)^*$ eine Darstellung der Form (2.32) hat, wenden wir λ auf die elementaren Treppenfunktionen $t(z, x)$ an, die für $z < x$ durch

$$t(z, x, \xi) = \begin{cases} 1 & \text{für } z < \xi \leqq x, \\ 0 & \text{sonst} \end{cases}$$

gegeben sind. Mit $|t(z, x)|_1 = \int_z^x w(\xi)\, d\xi$ und $h(x) = \lambda(t(z, x))$ folgt für $z \leqq x_1 < x_2$

$$|h(x_2) - h(x_1)| = |\lambda(t(z, x_2) - t(z, x_1))| \leqq |\lambda| \cdot |t(x_1, x_2)|_1 = |\lambda| \int_{x_1}^{x_2} w(\xi)\, d\xi;$$

deshalb ist h für $x \geqq z$ absolut stetig, und fast überall existiert $h'(x)$ (unabhängig von z, denn zu verschiedenen Werten von z gehörige h unterscheiden sich nur um eine konstante Funktion), wobei

$$\int_{x_1}^{x_2} h'(\xi)\, d\xi = h(x_2) - h(x_1) \quad \text{und} \quad |h'(x)| \leqq |\lambda|\, w(x) \quad \text{fast überall.}$$

Jeweils passendes $z < x$ erlaubt die Festsetzung

$$g(x) = \begin{cases} \dfrac{h'(x)}{w(x)} & \text{für } x \in D_w, \\ 0 & \text{sonst,} \end{cases}$$

nach der $g \in L_w^\infty$ und $|g|_\infty = \operatorname*{vrai\,sup}_{x \in D_w} \dfrac{|h'(x)|}{w(x)} \leqq |\lambda|$. Das von g durch (2.32) bestimmte Funktional γ stimmt wegen

$$\gamma(t(x_1, x_2)) = \int_{x_1}^{x_2} w(\xi)\, g(\xi)\, d\xi = h(x_2) - h(x_1) = \lambda(t(x_1, x_2))$$

und der Linearität von γ und λ auf allen Treppenfunktionen mit λ überein; aus der Stetigkeit von λ und γ folgt nach Satz 2.10 also $\lambda = \gamma$.

Es ist bei Satz 2.11 darauf hinzuweisen, daß umgekehrt $\hat{L}_w^1 = (\hat{L}_w^\infty)^*$ nicht gilt, denn $\hat{L}_w^1$ ist nicht reflexiv. Um das zu zeigen, konstruieren wir ein $\hat{\varphi} \in (\hat{L}_w^\infty)^*$, das sich durch kein $f \in L_w^1$ in der Form

$$\text{(2.33)} \qquad \hat{\varphi}(\gamma) = \int w(x)\, f(x)\, g(x)\, dx \qquad \text{für alle } \gamma \in \hat{L}_w^\infty \text{ und alle } g \in \gamma$$

darstellen läßt. Wegen $\int w(x)\, dx > 0$ existiert ein x_0 mit

$$\int_{x_0 - \delta}^{x_0 + \delta} w(x)\, dx > 0 \qquad \text{für alle } \delta > 0;$$

für alle stetigen $g \in L_w^\infty$ gilt deshalb $|g(x_0)| \leqq |g|_\infty$, und so gibt $\varphi_0(g) = g(x_0)$ ein auf dem Teilraum der stetigen $g \in L_w^\infty$ definiertes lineares Funktional mit $|\varphi_0| = 1$. Beim Übergang zu $\hat{L}_w^\infty$ erhält man ein entsprechendes $\hat{\varphi}_0$, das durch $\hat{\varphi}_0(\gamma) = \varphi_0(g)$ $(g \in \gamma)$ über dem Teilraum der Klassen $\gamma \in \hat{L}_w^\infty$ erklärt ist, die ein stetiges g enthalten, und nach HAHN-BANACH läßt sich $\hat{\varphi}_0$ zu einem $\hat{\varphi} \in (\hat{L}_w^\infty)^*$ mit $|\hat{\varphi}| = |\hat{\varphi}_0| = 1$ fortsetzen. Mit (2.33) hätte man

$$\hat{\varphi}(\gamma) = g(x_0) = \int w(x) f(x) g(x)\, dx \qquad \text{für alle stetigen } g \in L_w^\infty.$$

Das aber stimmt für kein $f \in L_w^1$.

2.5 Die Sätze von Müntz

Über endlichen Intervallen (a, b) sind zur Approximation beliebiger $f \in L_w^p(a, b)$ $(p < \infty)$ statt aller stetigen Funktionen schon speziell die Polynome ausreichend. Hier wie auch zur Approximation in $C[a, b]$ benötigt man aber nicht einmal alle Polynome; die Polynome der Form

$$h(x) = \alpha_0 + \alpha_1 x^5 + \alpha_2 x^{10} + \cdots$$

bilden z.B. eine Unteralgebra, die nach dem Satz von STONE ebenfalls dicht in $C[a, b]$ ist. Die Frage, welche Systeme von Potenzen x^ν in dieser Weise für die Dichtheit in $C[a, b]$ bzw. $L_w^p(a, b)$ genügen, läßt sich unter der Voraussetzung $0 \leqq a < b$ auf *reelle* Exponenten ν ausdehnen. Speziell für $L^2(0, 1)$ und $C[0, 1]$ hat man als klassisches Resultat dieser Art die folgende von MÜNTZ [21] stammende Verallgemeinerung des Satzes von WEIERSTRASS.

Satz 2.12: *Die Folge $h_1, h_2, \ldots$ der Potenzen $h_k(x) = x^{\nu_k}$ mit $0 \leqq \nu_1 < \nu_2 < \cdots$, $\nu_k \in \mathbb{R}$ ist genau dann abgeschlossen in $L^2(0, 1)$, wenn $\sum_{k=2}^{\infty} \frac{1}{\nu_k}$ divergiert.*

Satz 2.13: *Die Folge $h_1, h_2, \ldots$ ist in $C[0, 1]$ genau dann abgeschlossen, wenn $\sum_{k=2}^{\infty} \frac{1}{\nu_k}$ divergiert und $\nu_1 = 0$ gilt.*

Beweis: Im Hilbertraum $L^2(0, 1)$ ist die Abgeschlossenheit der Folge $h_1, h_2, \ldots$ durch Satz 1.13 charakterisiert, wobei es genügt, die Bedingung (1.31) für alle

$$f \in T = \{f_0, f_1, \ldots \mid f_m(x) = x^m\}$$

zu fordern, denn $\operatorname{lin}(T)$ ist als Menge der Polynome dicht in $L^2(0,1)$. Das innere Produkt wird durch $(f,g)=\int_0^1 f(x)\,\overline{g(x)}\,dx$ gegeben, so daß

$$(h_i,h_j)=\int_0^1 x^{\nu_i+\nu_j}\,dx=\frac{1}{\nu_i+\nu_j+1} \quad \text{und} \quad (h_i,f_m)=\frac{1}{\nu_i+m+1}.$$

Mittels der Identität

$$\begin{vmatrix} \frac{1}{\alpha_1+\beta_1} & \frac{1}{\alpha_1+\beta_2} & \cdots & \frac{1}{\alpha_1+\beta_n} \\ \frac{1}{\alpha_2+\beta_1} & \frac{1}{\alpha_2+\beta_2} & \cdots & \frac{1}{\alpha_2+\beta_n} \\ \vdots & \vdots & & \vdots \\ \frac{1}{\alpha_n+\beta_1} & \frac{1}{\alpha_n+\beta_2} & \cdots & \frac{1}{\alpha_n+\beta_n} \end{vmatrix} = \frac{\prod\limits_{1\leqq i<j\leqq n} ((\alpha_j-\alpha_i)(\beta_j-\beta_i))}{\prod\limits_{\substack{1\leqq i\leqq n\\ 1\leqq j\leqq n}} (\alpha_i+\beta_j)} \qquad (\alpha_i+\beta_j\neq 0),$$

deren Beweis dem Leser zur Übung empfohlen sei, erhält man vermöge $\alpha_i=\beta_i=\nu_i+\frac{1}{2}$ als Wert der GRAMschen Determinanten

$$G(h_1,\ldots,h_n)=\frac{\prod\limits_{1\leqq i<j\leqq n}(\nu_j-\nu_i)^2}{\prod\limits_{1\leqq i,\,j\leqq n}(\nu_i+\nu_j+1)}$$

und

$$G(h_1,\ldots,h_n,f_m)=G(h_1,\ldots,h_n)\,\frac{1}{2m+1}\prod_{i=1}^{n}\left(\frac{m-\nu_i}{\nu_i+m+1}\right)^2.$$

Wegen $\nu_i\neq\nu_j$ für $i\neq j$ gilt $G(h_1,\ldots,h_n)\neq 0$ für alle n; deshalb ist die Folge $h_1,h_2,\ldots$ linear unabhängig und nach Satz 1.13 genau dann abgeschlossen in $L^2(0,1)$, wenn

$$(2.33)\quad \delta_n(f_m)=\frac{1}{\sqrt{2m+1}}\prod_{i=1}^{n}\frac{|m-\nu_i|}{\nu_i+m+1}\to 0 \qquad \text{für } n\to\infty \text{ und alle } m.$$

Falls die ν_i beschränkt sind, dann ist $\sum\limits_{k=2}^{\infty}\frac{1}{\nu_k}$ divergent und auch (2.33) erfüllt, denn mit $\nu_i\leqq\sigma$ folgt

$$\frac{|m-\nu_i|}{m+\nu_i+1}\leqq\frac{m+\sigma}{m+\sigma+1} \quad \text{und} \quad \delta_n(f_m)\sqrt{2m+1}\leqq\left(\frac{m+\sigma}{m+\sigma+1}\right)^n\to 0.$$

Ebenso bestätigt sich die Aussage von Satz 2.12, wenn alle $m=0,1,2,\ldots$ unter den ν_i vorkommen, weil dann $\delta_n(f_m)=0$ für $\nu_n\geqq m$ und $\sum\frac{1}{\nu_k}$ die harmonische Reihe als divergente Teilreihe enthält.

Für $v_i \to \infty$ und ein von allen v_i verschiedenes m ist $\delta_n(f_m) \to 0$ äquivalent zu

$$0 = \prod_{v_i \geqq m+1} \frac{v_i - m}{v_i + m + 1} = \prod_{v_i \geqq m+1} \left(1 - \frac{2m+1}{v_i + m + 1}\right),$$

also auch zu $\sum\limits_{v_i \geqq m+1} \frac{1}{v_i + m + 1} = \infty$ und zu $\sum \frac{1}{v_i} = \infty$ wegen

$$\frac{1}{v_i} > \frac{1}{v_i + m + 1} \geqq \frac{1}{2 v_i} \qquad \text{für } v_i \geqq m+1.$$

Damit ist Satz 2.12 vollständig bewiesen.

Wenn die Folge $h_1, h_2, \ldots$ in $C[0, 1]$ abgeschlossen ist, dann ist sie wegen

$$\left(\int_0^1 |g(x)|^2 \, dx\right)^{\frac{1}{2}} \leqq \max_{x \in [0, 1]} |g(x)|$$

auch in $L^2(0, 1)$ abgeschlossen und $\sum\limits_{i=2}^{\infty} \frac{1}{v_i}$ divergent; außerdem muß $v_1 = 0$ sein, denn sonst wäre f_0 mit $f_0(0) = 1$ nicht durch Linearkombinationen der h_i mit $h_i(0) = 0$ approximierbar.

Für die andere Richtung in Satz 2.13 genügt es wieder, aus $v_1 = 0$ und $\sum\limits_{k=2}^{\infty} \frac{1}{v_k} = \infty$ die Approximierbarkeit der $f_m \in T$ zu folgern. $m = 0$ erledigt sich mit $f_0 = h_1$. Für $m \geqq 1$ wird Satz 2.12 benutzt. $\lambda \geqq 1$ sei so gewählt, daß $\lambda v_i > 1$ für $i \geqq 2$. Mit $\sum\limits_{i=2}^{\infty} \frac{1}{v_i} = \infty$ ist dann auch $\sum\limits_{i=2}^{\infty} \frac{1}{\lambda v_i - 1}$ divergent, und $\varphi(\xi) = \lambda m \, \xi^{\lambda m - 1}$ ist durch die Potenzen $\xi^{\lambda v_i - 1}$ approximierbar in $L^2(0, 1)$:

Zu jedem $\varepsilon > 0$ existieren $k \geqq 2$ und $\gamma_2, \ldots, \gamma_k$ mit

$$\int_0^1 \left(\lambda m \, \xi^{\lambda m - 1} - \sum_{i=2}^{k} \gamma_i \, \xi^{\lambda v_i - 1}\right)^2 d\xi \leqq \varepsilon^2.$$

Durch Übergang zur Stammfunktion erhält man mittels der SCHWARZschen Ungleichung und $\beta_i = \gamma_i / \lambda v_i$

$$\left|\eta^{\lambda m} - \sum_{i=2}^{k} \beta_i \eta^{\lambda v_i}\right| = \left|\int_0^{\eta} \left(\lambda m \, \xi^{\lambda m - 1} - \sum_{i=2}^{k} \gamma_i \, \xi^{\lambda v_i - 1}\right) d\xi\right| \leqq \sqrt{\eta \, \varepsilon^2} \leqq \varepsilon \qquad \text{für } 0 \leqq \eta \leqq 1,$$

und die Substitution $\eta^{\lambda} = x$ liefert

$$\left|f_m(x) - \sum_{i=2}^{k} \beta_i h_i(x)\right| \leqq \varepsilon \qquad \text{für } 0 \leqq x \leqq 1.$$

Über die vorstehenden Sätze hinausgehend gilt (ohne die Voraussetzung $v_1 < v_2 < v_3 < \cdots$) genau dann Dichtheit der h_k

$$\text{in } L^p(0,1)\ (1 \leqq p < \infty),\ \text{wenn} \sum \frac{v_k + \frac{1}{p}}{1+v_k^2} = \infty \qquad \left(v_k > -\frac{1}{p}\right),$$

$$\text{in } C[0,1],\ \text{wenn} \sum \frac{v_k}{1+v_k^2} = \infty \text{ und } 0 \text{ unter den } v_k \text{ vorkommt} \qquad (v_k \geqq 0)$$

$$\text{in } L^p(a,b) \text{ bzw. in } C[a,b]\ (\text{für } 0<a<b),\ \text{wenn} \sum_{v_k \neq 0} \frac{1}{|v_k|} = \infty .$$

Der interessierte Leser sei auf die Arbeiten von CRUM [5] und SCHWARTZ [25] verwiesen.

Aufgaben

2.1. Die Menge der geraden trigonometrischen Polynome ist dicht in $\tilde{C}^0_{2\pi}$ (Beweis mittels Satz 2.2 oder mittels Satz 2.3 für $M=[0,\pi]$).

2.2. Man beweise Satz 2.4 durch Zurückführung auf Satz 2.2 mit der Substitution $x = \operatorname{tg}\frac{\varphi}{2}$.

2.3. Für reelle trigonometrische Polynome gilt statt (2.18) schärfer

$$v(g_1 g_2) = v(g_1) + v(g_2).$$

2.4. Bei Ableitung einer Funktion vom Exponentialtyp bleibt der Grad unverändert, d.h. $v(g') = v(g)$.

2.5. Die reellwertigen Funktionen von endlichem Grad, die für $x \to \pm\infty$ mindestens wie $1/x^2$ abnehmen, bilden eine Algebra, mittels der die h_δ (vgl. (2.5)) approximierbar sind. (Beweis nach Satz 2.3 mit $M = \mathbb{R} \cup \{\infty\}$.)

2.6. Wenn f stetig über $[a,b]$ ist, dann gilt

$$\left(\int_a^b |f(x)|^p\,dx\right)^{1/p} \to \max_{x\in[a,b]} |f(x)| \qquad \text{für } p \to \infty .$$

2.7. Man zeige mittels Satz 2.4 und Satz 2.10, daß die Menge der rationalen Funktionen dicht in $L^p(-\infty, +\infty)$ ist.

2.8. Die Räume $\hat{L}^1_w$ sind nicht strikt konvex.

3 Orthogonale Polynome

In den Hilberträumen $\hat{L}^2_w$ lassen sich Approximationsfragen nach den allgemeinen Methoden aus 1.5 behandeln. Im folgenden soll speziell die polynomische Approximation untersucht werden – unter der natürlichen Voraussetzung, daß L^2_w alle Polynome enthält. Diese ist für Belegungen, die außerhalb eines endlichen Intervalles verschwinden, schon mit der Existenz von $\mu_0 = \int w(x)\,dx$ gesichert, und nach Satz 2.10 ist dann die Menge der Polynome dicht in L^2_w. Über unendlichen Bereichen aber ist die Existenz der sogenannten *Momente*

$$\mu_k = \int w(x)\,x^k\,dx \qquad (k=0,1,2,\dots)$$

zur Belegung w zu fordern; die Dichtheit der Polynome in L^2_w ist damit noch nicht generell gewährleistet (vgl. 3.7).

Von der zu $\hat{L}^2_w$ führenden Klassenbildung kann man absehen, denn mit $\int w(x)\,dx > 0$ ergibt sich für Polynome p_1, p_2 aus

$$|p_1 - p_2| = \left(\int w(x)\,|p_1(x) - p_2(x)|^2\,dx\right)^{\frac{1}{2}} = 0$$

die Übereinstimmung $p_1(x) = p_2(x)$ für unendlich viele x und somit $p_1 = p_2$, d.h. jede Klasse aus $\hat{L}^2_w$ enthält höchstens ein Polynom; die Polynome bilden also einen Unterraum $U \subseteq L^2_w$, der zu dem Unterraum der „Polynomklassen" in $\hat{L}^2_w$ isomorph ist.

Die mit $h_n(x) = x^n$ gegebene linear unabhängige Folge $h_0, h_1, h_2, \dots$ erzeugt nach wachsendem Grad die Unterräume $U_n = \operatorname{lin}\{h_0, \dots, h_n\}$ der Polynome vom Grade $\leqq n$. Diese Numerierung unterscheidet sich von der in 1.5 benutzten, denn $\dim U_n = n+1$, und U_0 ist der eindimensionale Raum der konstanten Funktionen. Formal wird $U_{-1} = \{0\}$ gesetzt; entsprechend sei -1 der Grad des Nullpolynoms. Damit gilt

$$h_n \in U_n \setminus U_{n-1}, \qquad U_{-1} \subseteq U_0 \subseteq U_1 \subseteq \cdots \quad \text{und} \quad U = \bigcup_n U_n.$$

3.1 Orthonormierung, Rekursionsformel

Nach 1.5 kommt es zunächst darauf an, orthonormierte Basiselemente $e_0, e_1, e_2, \dots$ zu bestimmen. Aus

$$(h_i, h_j) = \int w(x)\,x^{i+j}\,dx = \mu_{i+j}$$

ergeben sich die GRAMschen Determinanten

(3.1)
$$\Delta_k = \begin{vmatrix} \mu_0 \dots \mu_k \\ \vdots \quad \vdots \\ \mu_k \dots \mu_{2k} \end{vmatrix} \qquad \text{für } k \geqq 0,$$

und formal wird $\Delta_{-1} = 1$ gesetzt. (1.34) liefert dann

$$e_n = \frac{1}{\sqrt{\Delta_{n-1}\Delta_n}} \begin{vmatrix} \mu_0 \dots \mu_{n-1} & h_0 \\ \vdots \quad \vdots & \vdots \\ \mu_n \dots \mu_{2n-1} & h_n \end{vmatrix},$$

und beim Übergang zu Funktionswerten $e_n(x)$, $h_\nu(x) = x^\nu$ entstehen daraus die wirklichen Determinanten

(3.2)
$$e_n(x) = \frac{1}{\sqrt{\Delta_{n-1}\Delta_n}} \begin{vmatrix} \mu_0 \dots \mu_{n-1} & 1 \\ \vdots \quad \vdots & x \\ \vdots \quad \vdots & \vdots \\ \vdots \quad \vdots & \vdots \\ \mu_n \dots \mu_{2n-1} & x^n \end{vmatrix} \qquad (n \geqq 1).$$

Mittels Entwicklung nach der letzten Spalte zeigt sich, daß die e_n von der Form

(3.3)
$$e_n(x) = \sqrt{\frac{\Delta_{n-1}}{\Delta_n}}\, x^n + g(x) \qquad \text{mit } g \in U_{n-1}$$

sind; das stimmt wegen $\Delta_{-1} = 1$ auch für

$$e_0(x) = \frac{1}{\sqrt{\Delta_0}} = \frac{1}{\sqrt{\mu_0}}.$$

Durch die Bedingungen

$$e_n \in U_n \setminus U_{n-1} \quad \text{und} \quad (e_i, e_j) = \delta_{i,j}$$

sind die e_n bis auf skalare Faktoren vom Betrage 1 festgelegt. Durch die zusätzliche Forderung positiver Hauptkoeffizienten sind sie eindeutig als die in (3.2), (3.3) dargestellten Polynome bestimmt; sie heißen die *normierten Orthogonalpolynome zur Belegung w*.

Vielfach ist es bequemer, auf die Normierung $|e_n| = 1$ zu verzichten und je nach Zusammenhang geeignete Vielfache $\beta_n e_n$ $(\beta_n \neq 0)$ als *Orthogonalpolynome zur Belegung w* zu benutzen. Speziell für die Vielfachen mit Hauptkoeffizient 1 führen wir eine besondere Bezeichnung ein:

$$(3.4)\qquad \tilde{e}_n(x)=\sqrt{\frac{\Delta_n}{\Delta_{n-1}}}\,e_n(x)=x^n+\cdots \qquad (n=0,1,2,\ldots),$$

und ergänzend wird $\tilde{e}_{-1}(x)=0$ gesetzt. Als Charakterisierung der $\tilde{e}_n$ notieren wir

Satz 3.1: *Für Polynome f vom Grade n mit Hauptkoeffizient 1 wird $\int w(x)\,|f(x)|^2\,dx$ genau dann minimal, wenn $f=\tilde{e}_n$.*

Für solche f ist nämlich

$$g=f-\tilde{e}_n\in U_{n-1}\perp\tilde{e}_n,$$

also

$$|f|^2=|\tilde{e}_n|^2+|g|^2\geqq|\tilde{e}_n|^2,$$

und dieses Minimum wird genau für $g=0$ angenommen.

Von großem theoretischen und praktischen Interesse ist

Satz 3.2: *Die Orthogonalpolynome $\tilde{e}_n$ zur Belegung w genügen der dreigliedrigen* **Rekursionsformel**

$$(3.5)\qquad \tilde{e}_{n+1}(x)=(x-\sigma_n)\,\tilde{e}_n(x)-\tau_n^2\,\tilde{e}_{n-1}(x) \qquad (n=0,1,2,\ldots),$$

mit

$$(3.6)\qquad \sigma_n=\int w(x)\,x\,e_n^2(x)\,dx \qquad (n\geqq 0)$$

und

$$(3.7)\qquad \tau_n=\frac{\sqrt{\Delta_n\Delta_{n-2}}}{\Delta_{n-1}} \qquad \text{für } n\geqq 1,\quad \tau_0=0.$$

Beweis: $f(x)=\tilde{e}_{n+1}(x)-x\,\tilde{e}_n(x)$ beschreibt ein Polynom vom Grade $\leqq n$. Nach (1.25) gilt also die Darstellung

$$(3.8)\qquad f=f_n=\sum_{\nu=0}^{n}(f,e_\nu)\,e_\nu.$$

Wegen $(\tilde{e}_{n+1},e_\nu)=0$ für $\nu\leqq n$ folgt

$$(f,e_\nu)=-\int w(x)\,\tilde{e}_n(x)\,x\,e_\nu(x)\,dx.$$

Die mit $g_\nu(x)=x\,e_\nu(x)$ gegebenen Polynome $g_\nu\in U_{\nu+1}$ sind für $\nu\leqq n-2$ orthogonal zu $\tilde{e}_n$, also $(f,e_\nu)=0$ für $\nu\leqq n-2$. Nach (3.3) und (3.4) ergibt sich weiter ($n\geqq 1$ vorausgesetzt)

$$g_{n-1}(x)=x\,e_{n-1}(x)=\sqrt{\frac{\Delta_{n-2}}{\Delta_{n-1}}}\,x^n+r_1(x)=\sqrt{\frac{\Delta_{n-2}}{\Delta_{n-1}}}\sqrt{\frac{\Delta_n}{\Delta_{n-1}}}\,e_n(x)+r_2(x)$$

mit $r_1, r_2 \in U_{n-1}$ und (vgl. (3.7))

$$(f, e_{n-1})\, e_{n-1} = -(\tilde{e}_n, g_{n-1}) \sqrt{\frac{\Delta_{n-2}}{\Delta_{n-1}}}\, \tilde{e}_{n-1}$$

$$= -\left(\sqrt{\frac{\Delta_n}{\Delta_{n-1}}}\, e_n, \tau_n e_n + r_2\right) \sqrt{\frac{\Delta_{n-2}}{\Delta_{n-1}}}\, \tilde{e}_{n-1} = -\tau_n^2\, \tilde{e}_{n-1}$$

wegen $(e_n, e_n) = 1$ und $(e_n, r_2) = 0$.

Schließlich berechnet man

$$(f, e_n)\, e_n = -(\tilde{e}_n, g_n)\, e_n = -(e_n, g_n)\, \tilde{e}_n,$$

$$(e_n, g_n) = \int w(x)\, x\, e_n^2(x)\, dx = \sigma_n \qquad \text{(vgl. (3.6))}$$

und erhält so aus (3.8) und der Definition von f die Rekursionsformel (3.5). Die Größen σ_n und τ_n^2 lassen sich auch unmittelbar aus $\tilde{e}_n$ und $\tilde{e}_{n-1}$ bestimmen; mittels $(\tilde{e}_n, \tilde{e}_n) = \Delta_n / \Delta_{n-1}$ nach (3.4) folgt

$$\sigma_n = \frac{\int w(x)\, x\, \tilde{e}_n^2(x)\, dx}{\int w(x)\, \tilde{e}_n^2(x)\, dx} \qquad (n \geqq 0), \tag{3.9}$$

$$\tau_n^2 = \frac{\int w(x)\, \tilde{e}_n^2(x)\, dx}{\int w(x)\, \tilde{e}_{n-1}^2(x)\, dx} \qquad (n \geqq 1). \tag{3.10}$$

Beginnend mit $\tilde{e}_0(x) = 1$, $\tilde{e}_1(x) = x - \sigma_0$ können so die $\tilde{e}_n$ rekursiv berechnet werden, ohne explizite Kenntnis der Momente μ_k und der GRAMschen Determinanten Δ_k.

3.2 Nullstellen orthogonaler Polynome

Ausgehend von $\tilde{e}_1(x) = x - \sigma_0$ und

$$\tilde{e}_2(x) = (x - \sigma_1)\, \tilde{e}_1(x) - \tau_1^2\, \tilde{e}_0(x) = (x - \sigma_1)(x - \sigma_0) - \tau_1^2 = \begin{vmatrix} x - \sigma_0 & -\tau_1 \\ -\tau_1 & x - \sigma_1 \end{vmatrix}$$

erhält man mittels der Rekursionsformel induktiv die Darstellung

$$\tilde{e}_n(x) = \begin{vmatrix} x - \sigma_0 & -\tau_1 & 0 & \cdots & \cdots & 0 \\ -\tau_1 & x - \sigma_1 & -\tau_2 & \ddots & & \vdots \\ 0 & -\tau_2 & \ddots & \ddots & \ddots & \vdots \\ \vdots & \ddots & \ddots & \ddots & \ddots & 0 \\ \vdots & & \ddots & \ddots & \ddots & -\tau_{n-1} \\ 0 & \cdots & \cdots & 0 & -\tau_{n-1} & x - \sigma_{n-1} \end{vmatrix} \qquad (n \geqq 1),$$

indem man diese Determinante nach der letzten Zeile entwickelt. Demnach ist $\tilde{e}_n$ das charakteristische Polynom zu der symmetrischen Tridiagonalmatrix

$$(3.11)\qquad A_n = \begin{pmatrix} \sigma_0 & \tau_1 & & & 0 \\ \tau_1 & \sigma_1 & \tau_2 & & \\ & \tau_2 & \ddots & \ddots & \\ & & \ddots & \ddots & \tau_{n-1} \\ 0 & & & \tau_{n-1} & \sigma_{n-1} \end{pmatrix}.$$

Diese hat, monoton und der Ordnung nach numeriert, n reelle Eigenwerte $\lambda_1^{(n)} \leqq \lambda_2^{(n)} \leqq \cdots \leqq \lambda_n^{(n)}$, und es gilt

$$(3.12)\qquad \tilde{e}_n(x) = \prod_{\nu=1}^{n} (x - \lambda_\nu^{(n)}).$$

Für die weitere Untersuchung dieser Nullstellen benötigen wir einen Satz über symmetrische Matrizen, dessen Beweis vollständigkeitshalber kurz skizziert werden soll.

$B = (\beta_{i,j})$ sei eine reelle symmetrische (n, n)-Matrix $(n \geqq 2)$ mit Eigenwerten $\varphi_1 \leqq \varphi_2 \leqq \cdots \leqq \varphi_n$, $\hat{B}_k$ die aus B durch Fortlassen der k-ten Zeile und Spalte entstehende $(n-1, n-1)$-Matrix mit Eigenwerten $\psi_1 \leqq \psi_2 \leqq \cdots \leqq \psi_{n-1}$. Dann gilt

$$(3.13)\qquad \varphi_m \leqq \psi_m \leqq \varphi_{m+1} \qquad \textit{für } 1 \leqq m \leqq n-1.$$

Beweis: $P_k\colon \mathbb{R}^n \to \mathbb{R}^n$ sei die orthogonale Projektion, die in $z \in \mathbb{R}^n$ jeweils die k-te Koordinate annulliert, I die Einheitsmatrix. Dann hat $P_k^* B P_k$ die Eigenwerte $0, \psi_1 \leqq \cdots \leqq \psi_{n-1}$ und $\psi_m I - P_k^* B P_k$ mindestens m Eigenwerte $\geqq 0$, nämlich $\psi_m - \psi_\mu$ für $1 \leqq \mu \leqq m$, mit zugehörigen Eigenvektoren, die einen Unterraum $V \subseteq P_k(\mathbb{R}^n)$ der Dimension $\geqq m$ aufspannen. Über V ist $\psi_m I - P_k^* B P_k$ positiv semidefinit, d.h.

$$z^*(\psi_m I - P_k^* B P_k)\, z \geqq 0 \qquad \text{für alle } z \in V.$$

Wegen $P_k z = z$ für $z \in V \subseteq P_k(\mathbb{R}^n)$ folgt

$$z^* P_k^* B P_k z = z^* B z \quad \text{und} \quad z^*(\psi_m I - B)\, z \geqq 0 \qquad \text{für alle } z \in V.$$

Danach hat $\psi_m I - B$ höchstens $n - \dim V \leqq n - m$ viele negative Eigenwerte, also mindestens m Eigenwerte $\psi_m - \varphi_\nu \geqq 0$. So ergibt sich $\varphi_m \leqq \psi_m$, und durch Übergang zu $-B$ und $-\hat{B}_k$ erhält man ebenso $-\varphi_{m+1} \leqq -\psi_m$.

Wiederholte Anwendung dieses Satzes zeigt, daß auch die Eigenwerte entsprechend kleinerer Teilmatrizen von B im Intervall $[\varphi_1, \varphi_n]$ liegen. Insbesondere folgt

(3.14) $$\varphi_1 \leqq \beta_{i,i} \leqq \varphi_n \qquad \text{für } 1 \leqq i \leqq n$$

und

(3.15) $$\beta_{i,j}^2 \leqq \beta_{i,i}\,\beta_{j,j} \qquad \text{für } 1 \leqq i < j \leqq n, \text{ falls } \varphi_1 \geqq 0,$$

d.h. B positiv semidefinit ist, denn $\begin{pmatrix} \beta_{i,i} & \beta_{i,j} \\ \beta_{j,i} & \beta_{j,j} \end{pmatrix}$ hat dann Eigenwerte $\chi_1, \chi_2 \geqq 0$, so daß

$$\beta_{i,i}\,\beta_{j,j} - \beta_{i,j}^2 = \begin{vmatrix} \beta_{i,i} & \beta_{i,j} \\ \beta_{j,i} & \beta_{j,j} \end{vmatrix} = \chi_1\,\chi_2 \geqq 0.$$

Jetzt wenden wir uns wieder den $\tilde{e}_n$ zu und zeigen

Satz 3.3: *Die Orthogonalpolynome e_n $(n=1, 2, \ldots)$ haben n einfache reelle Nullstellen $\lambda_1^{(n)} < \lambda_2^{(n)} < \cdots < \lambda_n^{(n)}$. Die Nullstellen von e_{n-1} $(n \geqq 2)$ trennen die von e_n scharf, d.h.*

(3.16) $$\lambda_m^{(n)} < \lambda_m^{(n-1)} < \lambda_{m+1}^{(n)} \qquad \textit{für } 1 \leqq m \leqq n-1.$$

Die σ_ν und τ_ν genügen den Abschätzungen

(3.17) $$\lambda_1^{(n)} \leqq \sigma_{n-1} \leqq \lambda_n^{(n)}$$

(3.18) $$\tau_{n-1} \leqq \tfrac{1}{2}(\lambda_n^{(n)} - \lambda_1^{(n)}) \qquad (n \geqq 1).$$

Beweis: Setzt man (für $n \geqq 2$) $B = A_n$, $k = n$, $\hat{B}_k = A_{n-1}$, dann ergibt sich $\lambda_m^{(n)} \leqq \lambda_m^{(n-1)} \leqq \lambda_{m+1}^{(n)}$ nach (3.13). Die scharfen Ungleichungen (3.16) folgen aus dem Umstand, daß e_n und e_{n-1} keine gemeinsame Nullstelle haben. Mit $\tilde{e}_n(\lambda) = \tilde{e}_{n-1}(\lambda) = 0$ wäre nach der Rekursionsformel nämlich auch

$$\tilde{e}_{n-2}(\lambda) = \frac{1}{\tau_{n-1}^2}\left((\lambda - \sigma_{n-1})\,\tilde{e}_{n-1}(\lambda) - \tilde{e}_n(\lambda)\right) = 0,$$

mit $\tilde{e}_{n-1}(\lambda) = \tilde{e}_{n-2}(\lambda) = 0$ ebenso $\tilde{e}_{n-3}(\lambda) = 0$ usw. bis $\tilde{e}_0(\lambda) = 0$ im Widerspruch zu $\tilde{e}_0(\lambda) = 1$.

(3.17) erhält man für $n \geqq 2$ mit $B = A_n$ aus (3.11) und (3.14), für $n = 1$ wegen $\sigma_0 = \lambda_1^{(1)}$.

$B = A_n - \lambda_1^{(n)} I$ hat als kleinsten Eigenwert $\varphi_1 = \lambda_1^{(n)} - \lambda_1^{(n)} = 0$. Mit $i = n-1$, $j = n$, $\beta_{i,i} = \sigma_{n-2} - \lambda_1^{(n)}$, $\beta_{j,j} = \sigma_{n-1} - \lambda_1^{(n)}$, $\beta_{i,j} = \beta_{j,i} = \tau_{n-1}$ folgt aus (3.15) für $n \geqq 2$

$$\tau_{n-1}^2 \leqq (\sigma_{n-2} - \lambda_1^{(n)})(\sigma_{n-1} - \lambda_1^{(n)}).$$

Mit $B=\lambda_n^{(n)} I - A_n$ ergibt sich analog

$$\tau_{n-1}^2 \leqq (\lambda_n^{(n)} - \sigma_{n-2})(\lambda_n^{(n)} - \sigma_{n-1}),$$

und Multiplikation dieser Ungleichungen liefert wegen

$$(\lambda_n^{(n)} - \xi)(\xi - \lambda_1^{(n)}) \leqq \left(\frac{\lambda_n^{(n)} - \lambda_1^{(n)}}{2}\right)^2 \qquad \text{für alle } \xi$$

schließlich (3.18). Für $n=1$ ist (3.18) wegen $\tau_0=0$ richtig.

Die Schranken in (3.17) und (3.18) gelten auch für die $\sigma_{\nu-1}, \tau_{\nu-1}$ mit $1 \leqq \nu < n$, aber dafür hat man wegen $\lambda_1^{(n)} < \lambda_1^{(\nu)}$ und $\lambda_\nu^{(\nu)} < \lambda_n^{(n)}$ ja schärfere Abschätzungen.

Im weiteren behandeln wir spezieller Belegungen w über Intervallen (a, b), d.h. mit $w(x)=0$ für alle $x \notin (a, b)$, wobei $a=-\infty$ oder $b=+\infty$ zugelassen sind. Dann gilt zusätzlich

Satz 3.4: *Die Nullstellen der Orthogonalpolynome zu w über (a, b) liegen in (a, b).*

Denn wäre $\lambda_1^{(n)} \leqq a$ $(a > -\infty)$, dann ergäbe sich mit

$$g(x) = \frac{\tilde{e}_n(x)}{x - \lambda_1^{(n)}} = \prod_{\nu=2}^{n} (x - \lambda_\nu^{(n)})$$

einerseits $g \in U_{n-1} \perp \tilde{e}_n$, also

$$\int_a^b w(x)\, \tilde{e}_n(x)\, g(x)\, dx = 0,$$

andererseits aber im Widerspruch dazu

$$\tilde{e}_n(x)\, g(x) = \left(\prod_{\nu=2}^{n} (x - \lambda_\nu^{(n)})^2\right) (x - \lambda_1^{(n)}) > 0 \qquad \text{fast überall in } (a, b).$$

Ebenso ist $\lambda_n^{(n)} \geqq b$ (im Falle $b < \infty$) unmöglich.

Für endliche Intervalle folgt aus (3.18) also

$$\tau_n < \tfrac{1}{2}(b-a). \tag{3.19}$$

Auch über die Verteilung der Nullstellen innerhalb von (a, b) lassen sich in Abhängigkeit von w allgemeine Aussagen machen. Betrachtet man mit $w(x, \gamma)$ eine durch γ parametrisierte Schar von Belegungen, dann sind die Nullstellen der e_n als Funktionen von γ zu untersuchen. Ein Resultat dieser Art gibt der von MARKOFF [19] stammende

Satz 3.5: *In* $D_w = \{(x,\gamma) | a < x < b$ *und* $\gamma_0 < \gamma < \gamma_1\}$ *sei* w *stetig und* $w(x,\gamma) > 0$, *sonst* $w(x,\gamma) = 0$. *In* D_w *existiere* $w_\gamma(x,\gamma) = \frac{\partial}{\partial\gamma} w(x,\gamma)$, *und* w_γ *sei dort stetig. Im Falle uneigentlicher Integrale (für* $x \to a$, $x \to b$*) konvergiere* $\int_a^b x^k w_\gamma(x,\gamma)\,dx$ *für* $k \leqq 2n$ *gleichmäßig bezüglich jedes abgeschlossenen* γ*-Intervalls*

$$\gamma_0 < \hat{\gamma}_0 \leqq \gamma \leqq \hat{\gamma}_1 < \gamma_1 .$$

Dann sind die mit

$$\tilde{e}_n(x,\gamma) = \prod_{\nu=1}^{n} (x - \lambda_\nu(\gamma)) \quad \textit{und} \quad \lambda_1(\gamma) < \cdots < \lambda_n(\gamma)$$

festgelegten Nullstellen der zugehörigen Schar von Orthogonalpolynomen differenzierbar nach γ, *und wenn* $\frac{w_\gamma(x,\gamma)}{w(x,\gamma)}$ *in* x *monoton wachsend bzw. fallend ist, dann gilt* $\lambda'_\nu(\gamma) > 0$ *bzw.* $\lambda'_\nu(\gamma) < 0$ $(1 \leqq \nu \leqq n)$.

Beweis: Unter den obigen Voraussetzungen sind die Momente $\mu_0, \ldots, \mu_{2n}$ über (γ_0, γ_1) stetig differenzierbar nach γ; gleiches gilt wegen (3.1), (3.2) und (3.4) auch für die GRAMschen Determinanten $\Delta_0, \ldots, \Delta_n$ und die Koeffizienten c_k in $\tilde{e}_n(x,\gamma) = x^n + \sum_{k=0}^{n-1} c_k(\gamma)\,x^k$. Die λ_ν sind als einfache Nullstellen lokal holomorph in den c_k und somit ebenfalls stetig differenzierbar nach γ.

Für jedes $\gamma \in (\gamma_0, \gamma_1)$ und beliebiges ν $(1 \leqq \nu \leqq n)$ stellen

$$g(x,\gamma) = \frac{\tilde{e}_n(x,\gamma)}{x - \lambda_\nu(\gamma)} = \prod_{\substack{j=1 \\ j \neq \nu}}^{n} (x - \lambda_j(\gamma)) \quad \text{und} \quad g_\gamma(x,\gamma) = \frac{\partial}{\partial\gamma} g(x,\gamma)$$

Polynome in x vom Grade $n-1$ dar, orthogonal zu $\tilde{e}_n$. Mit $\tilde{e}_n(x,\gamma) = (x - \lambda_\nu(\gamma))\,g(x,\gamma)$ gilt also

$$\int_a^b w(x,\gamma)(x - \lambda_\nu(\gamma))\,g^2(x,\gamma)\,dx = 0, \tag{3.20}$$

und in der daraus durch Differentiation nach γ entstehenden Beziehung

$$\int_a^b w_\gamma(x,\gamma)(x - \lambda_\nu(\gamma))\,g^2(x,\gamma)\,dx - \lambda'_\nu(\gamma) \int_a^b w(x,\gamma)\,g^2(x,\gamma)\,dx$$
$$+ 2\int_a^b w(x,\gamma)(x - \lambda_\nu(\gamma))\,g(x,\gamma)\,g_\gamma(x,\gamma)\,dx = 0$$

hat das letzte Integral den Wert 0. Subtraktion des β-fachen von (3.20) und Auflösung nach $\lambda'_\nu(\gamma)$ ergibt

$$\lambda'_\nu(\gamma)=\frac{\int_a^b w(x,\gamma)\left(\frac{w_\gamma(x,\gamma)}{w(x,\gamma)}-\beta\right)(x-\lambda_\nu(\gamma))\,g^2(x,\gamma)\,dx}{\int_a^b w(x,\gamma)\,g^2(x,\gamma)\,dx}.$$

Mit $\beta=\frac{w_\gamma(\lambda_\nu(\gamma),\gamma)}{w(\lambda_\nu(\gamma),\gamma)}$ wird der Integrand im Zähler fast überall in (a, b) positiv bzw. negativ, wenn $\frac{w_\gamma(x,\gamma)}{w(x,\gamma)}$ in x monoton wachsend bzw. fallend ist, und so folgt $\lambda'_\nu(\gamma)>0$ bzw. $\lambda'_\nu(\gamma)<0$.

3.3 Die Formel von Christoffel-Darboux

Mit den Orthogonalpolynomen zur Belegung w und ihren bisher festgestellten Eigenschaften sind die wesentlichen Hilfsmittel gegeben, die polynomische Approximation in $\hat{L}^2_w$ bzw. L^2_w konstruktiv zu beschreiben. Zu $f\in L^2_w$ erhält man in U_n nach (1.25) eindeutig das Proximum

$$f_n=\sum_{j=0}^{n}(f,e_j)\,e_j$$

oder in ausführlicher Darstellung

$$(3.21)\qquad f_n(x)=\sum_{j=0}^{n}\left(\int w(t)\,f(t)\,e_j(t)\,dt\right)e_j(x)=\int w(t)\,f(t)\,k_n(x,t)\,dt$$

mit

$$(3.22)\qquad k_n(x,t)=k_n(t,x)=\sum_{j=0}^{n}e_j(x)\,e_j(t).$$

Der so gegebene *Integraloperator* $K_n\colon L^2_w\to U_n$ mit $f_n=K_n f$ ist die orthogonale Projektion auf U_n. Deshalb gilt $K_n g=g$ für alle $g\in U_n$ und insbesondere

$$(3.23)\qquad \int w(t)\,k_n(x,t)\,dt=1\qquad (n\geqq 0).$$

Das in x und t symmetrische Polynom (3.22) soll im folgenden noch auf andere Weise dargestellt werden. Umgeschrieben auf die normierten e_j lautet die Rekursionsformel (vgl. Aufgabe 3.2)

$$\tau_{j+1}e_{j+1}(x)+\tau_j e_{j-1}(x)=(x-\sigma_j)\,e_j(x)\qquad \text{für } j\geqq 0\ \ (e_{-1}(x)=0),$$

also gilt

$$(x-\sigma_j)\, e_j(x)\, e_j(t) = \tau_{j+1}\, e_{j+1}(x)\, e_j(t) + \tau_j\, e_{j-1}(x)\, e_j(t)$$

und ebenso

$$(t-\sigma_j)\, e_j(t)\, e_j(x) = \tau_{j+1}\, e_{j+1}(t)\, e_j(x) + \tau_j\, e_{j-1}(t)\, e_j(x).$$

Subtraktion dieser Gleichungen liefert

$$\begin{aligned}(x-t)\, e_j(x)\, e_j(t) = {} & \tau_{j+1}\big(e_{j+1}(x)\, e_j(t) - e_{j+1}(t)\, e_j(x)\big) \\ & -\tau_j\big(e_j(x)\, e_{j-1}(t) - e_{j-1}(x)\, e_j(t)\big),\end{aligned}$$

und durch Summation über j erhält man (wegen $\tau_0=0$) schließlich die

Formel von Christoffel-Darboux:

$$(3.24)\quad k_n(x,t) = \sum_{j=0}^{n} e_j(x)\, e_j(t) = \tau_{n+1}\, \frac{e_{n+1}(x)\, e_n(t) - e_{n+1}(t)\, e_n(x)}{x-t} \qquad (x \neq t)$$

mit der stetigen Ergänzung

$$(3.25)\qquad k_n(x,x) = \sum_{j=0}^{n} e_j^2(x) = \tau_{n+1}\big(e'_{n+1}(x)\, e_n(x) - e_{n+1}(x)\, e'_n(x)\big).$$

Aus $k_n(x,x) \geqq e_0^2(x) > 0$ und $\tau_{n+1} > 0$ folgt

$$(3.26)\qquad e'_{n+1}(x)\, e_n(x) - e_{n+1}(x)\, e'_n(x) > 0.$$

Somit gilt für kein x eine der Beziehungen

$$e_n(x) = e_{n+1}(x) = 0, \qquad e_n(x) = e'_n(x) = 0, \qquad e'_n(x) = e'_{n+1}(x) = 0,$$

d.h. e_n und e_{n+1} haben keine gemeinsame Nullstelle, die Nullstellen von e_n sind einfach und über Satz 3.3 hinausgehend gilt:

e_n und e_{n+1} haben keine gemeinsame Extremstelle.

Mittels Division von (3.26) durch $e_n^2(x)$ ergibt sich

$$\left(\frac{e_{n+1}(x)}{e_n(x)}\right)' > 0 \qquad (x \neq \lambda_\nu^{(n)}),$$

womit sich erneut beweisen läßt (vgl. Aufgabe 3.4), daß die $\lambda_\nu^{(n)}$ und die $\lambda_\nu^{(n+1)}$ einander trennen.

Aus (3.24) folgt eine interessante Darstellung für das Restglied $f(x)-f_n(x)$. Wird nämlich (3.23) mit $f(x)$ multipliziert und davon (3.21) subtrahiert, dann entsteht

$$f(x)-f_n(x)=\int w(t)\big(f(x)-f(t)\big)\,k_n(x,t)\,dt$$

und mittels (3.24) weiter

$$(3.27)\quad f(x)-f_n(x)=\int w(t)\frac{f(x)-f(t)}{x-t}\,\tau_{n+1}\big(e_{n+1}(x)\,e_n(t)-e_{n+1}(t)\,e_n(x)\big)\,dt.$$

Hiermit lassen sich Fragen der *punktweisen Konvergenz* $f_n(x)\to f(x)$ behandeln, hinausgehend über die Normkonvergenz $|f-f_n|\to 0$. Setzt man voraus, daß die durch

$$g_x(t)=\frac{f(x)-f(t)}{x-t}\qquad \text{für } t\neq x,\; g_x(x)=0$$

definierte Funktion g_x zu L^2_w gehört, dann erhält man aus (3.27) die Abschätzung

$$\begin{aligned}|f(x)-f_n(x)| &\leqq \tau_{n+1}\big(|e_{n+1}(x)|\,|(g_x,e_n)|+|e_n(x)|\,|(g_x,e_{n+1})|\big)\\ &\leqq \tau_{n+1}\sqrt{e^2_{n+1}(x)+e^2_n(x)}\,\sqrt{|(g_x,e_n)|^2+|(g_x,e_{n+1})|^2},\end{aligned}$$

wegen $\sum_{\nu=n}^{\infty}|(g_x,e_\nu)|^2\leqq\delta^2(g_x,U_{n-1})$ also

$$(3.28)\qquad |f(x)-f_n(x)|\leqq\tau_{n+1}\sqrt{e^2_n(x)+e^2_{n+1}(x)}\,\delta(g_x,U_{n-1}).$$

Satz 3.6: *w sei eine Belegung über dem endlichen Intervall (a,b), $g_x\in L^2_w$ und die e_n seien an der Stelle x bezüglich n gleichmäßig beschränkt. Dann gilt $f_n(x)\to f(x)$.*

Beweis: Im Falle eines endlichen Intervalls ist die Menge der Polynome dicht in L^2_w, so daß $\delta(g_x,U_{n-1})\to 0$ für $n\to\infty$. Mit $\tau_{n+1}\leqq\frac{b-a}{2}$ und $|e_n(x)|\leqq\text{const}$ folgt die Behauptung aus (3.28).

$g_x\in L^2_w$ ist z.B. erfüllt, wenn $f'(x)$ existiert.

Weitere Fragen dieser Art lassen sich untersuchen, wenn zusätzliche Voraussetzungen über die polynomische Approximierbarkeit von g_x gemacht werden, d.h. quantitative Information über die Konvergenz $\delta(g_x,U_{n-1})\to 0$ vorliegt. Man sollte dabei aber nicht aus den Augen verlieren, daß es primär um die Approximierbarkeit $|f-f_n|\to 0$ in L^2_w bzw. $\hat{L}^2_w$ geht und die punktweise Konvergenz hier nur als untergeordnetes Problem zu betrachten ist.

3.4 Die Jacobi-Polynome

Den Ausgangspunkt für die vorangehenden allgemeinen Aussagen über Orthogonalpolynome bildeten, historisch gesehen, gewisse Spezialfälle, in denen eine explizite Behandlung möglich ist. In den nun folgenden Abschnitten sollen diese sogenannten *klassischen* Orthogonalpolynome dargestellt werden. Über $(-1,+1)$ wird durch

$$(3.29) \qquad w_{\alpha,\beta}(x)=(1-x)^{\alpha}(1+x)^{\beta} \quad \text{für } |x|<1 \ \left(w_{\alpha,\beta}(x)=0 \text{ sonst}\right)$$

eine zweiparametrige Schar von Belegungen definiert, wobei $\alpha>-1$ und $\beta>-1$ für die Integrabilität von $w_{\alpha,\beta}$ vorauszusetzen ist. Die zugehörigen Orthogonalpolynome heißen *Jacobi-Polynome*, im Falle $\alpha=\beta$ auch *ultrasphärische Polynome*. Die wichtigen Spezialfälle $\alpha=\beta=\pm\frac{1}{2}$ und $\alpha=\beta=0$ werden in 3.5 und 3.6 behandelt.

Grundlage für die explizite Beherrschung der Jacobi-Polynome ist die als **Rodrigues-Formel** bezeichnete Darstellung

$$(3.30) \quad P_n^{(\alpha,\beta)}(x)=\frac{(-1)^n}{2^n n!}\,\frac{1}{(1-x)^{\alpha}(1+x)^{\beta}}\left((1-x)^{\alpha+n}(1+x)^{\beta+n}\right)^{(n)} \qquad (|x|<1).$$

Wir werden gleich zeigen, daß die so definierten $P_n^{(\alpha,\beta)}$ Polynome vom Grade $\leqq n$ sind, paarweise orthogonal bezüglich der Belegung $w_{\alpha,\beta}$. Deshalb unterscheiden sie sich von den zu $w_{\alpha,\beta}$ gehörenden e_n', $\tilde{e}_n$ nur um skalare Faktoren. Mittels der verallgemeinerten Produktregel

$$(u\,v)^{(n)}=\sum_{k=0}^{n}\binom{n}{k}u^{(k)}\,v^{(n-k)}$$

berechnet man aus (3.30)

$$\begin{aligned}
&\left((1-x)^{\alpha+n}(1+x)^{\beta+n}\right)^{(n)}\\
&=\sum_{k=0}^{n}\frac{n!}{k!(n-k)!}(-1)^k(1-x)^{\alpha+n-k}\prod_{j=0}^{k-1}(\alpha+n-j)(1+x)^{\beta+k}\prod_{j=0}^{n-k-1}(\beta+n-j)\\
&=n!\,(1-x)^{\alpha}(1+x)^{\beta}\sum_{k=0}^{n}\binom{\alpha+n}{k}\binom{\beta+n}{n-k}(-1)^k(1-x)^{n-k}(1+x)^k,
\end{aligned}$$

$$(3.31) \qquad P_n^{(\alpha,\beta)}(x)=\sum_{k=0}^{n}\binom{\alpha+n}{k}\binom{\beta+n}{n-k}\left(\frac{x-1}{2}\right)^{n-k}\left(\frac{x+1}{2}\right)^{k},$$

$$(3.32) \quad P_n^{(\alpha,\beta)}(1)=\binom{\alpha+n}{n}, \qquad P_n^{(\alpha,\beta)}(-1)=(-1)^n\binom{\beta+n}{n}, \qquad P_0^{(\alpha,\beta)}(x)=1.$$

Demnach ist $P_n^{(\alpha,\beta)}$ für beliebige α, β ein Polynom vom Grade $\leqq n$ (wenn $\alpha \leqq -1$ oder $\beta \leqq -1$ zugelassen werden, spricht man von *verallgemeinerten Jacobi-Polynomen*), und für $\alpha > -1$ ist $P_n^{(\alpha,\beta)}$ wegen (3.32) nicht das Nullpolynom.

Mit (3.30) für $n-1, \alpha+1, \beta+1$ statt n, α, β und (3.29) folgt

$$(3.33)\quad \left(w_{\alpha+1,\beta+1}(x)\, P_{n-1}^{(\alpha+1,\beta+1)}(x)\right)' = -2n\, w_{\alpha,\beta}(x)\, P_n^{(\alpha,\beta)}(x) \qquad (|x|<1, n \geqq 1)$$

und mittels partieller Integration (für $\alpha, \beta > -1$)

$$(3.34)\quad \begin{aligned}&\int_{-1}^{+1} w_{\alpha,\beta}(x)\, P_n^{(\alpha,\beta)}(x)\, P_k^{(\alpha,\beta)}(x)\, dx \\ &= \frac{1}{2n} \int_{-1}^{+1} w_{\alpha+1,\beta+1}(x)\, P_{n-1}^{(\alpha+1,\beta+1)}(x) \left(P_k^{(\alpha,\beta)}(x)\right)' dx \qquad (n \geqq 1),\end{aligned}$$

denn der ausintegrierte Teil verschwindet wegen $w_{\alpha+1,\beta+1}(\pm 1) = 0$.

Bei n-facher Anwendung dieses Schrittes ergibt sich vermöge $P_0^{(\alpha+n,\beta+n)}(x) = 1$

$$(3.35)\quad \begin{aligned}&\int_{-1}^{+1} w_{\alpha,\beta}(x)\, P_n^{(\alpha,\beta)}(x)\, P_k^{(\alpha,\beta)}(x)\, dx \\ &= \frac{1}{2^n n!} \int_{-1}^{+1} w_{\alpha+n,\beta+n}(x) \left(P_k^{(\alpha,\beta)}(x)\right)^{(n)} dx \qquad (n \geqq 0).\end{aligned}$$

Daraus folgt die Orthogonalität von $P_n^{(\alpha,\beta)}$ und $P_k^{(\alpha,\beta)}$ bezüglich $w_{\alpha,\beta}$ wegen $\left(P_k^{(\alpha,\beta)}(x)\right)^{(n)} = 0$ für $k < n$.

Nachdem so die $P_n^{(\alpha,\beta)}$ als Orthogonalpolynome zu $w_{\alpha,\beta}$ erkannt sind, ist der Zusammenhang mit den e_n und $\tilde{e}_n$ zu untersuchen. Weil in (3.34) die linke Seite für alle $n < k$ verschwindet, ist $P_k^{(\alpha,\beta)\prime}$ als Polynom vom Grade $k-1$ orthogonal zu allen $P_j^{(\alpha+1,\beta+1)}$ bezüglich $w_{\alpha+1,\beta+1}$ für $j < k-1$ und somit skalares Vielfaches von $P_{k-1}^{(\alpha+1,\beta+1)}$. Der dabei auftretende Faktor wird an der Stelle $x = 1$ bestimmt (jetzt n statt k): Nach (3.31) berechnet man

$$(3.36)\quad P_n^{(\alpha,\beta)\prime}(1) = \tfrac{1}{2}(\alpha+\beta+n+1) \binom{\alpha+n}{n-1} \qquad (n \geqq 1)$$

und erhält durch Vergleich mit $P_{n-1}^{(\alpha+1,\beta+1)}(1) = \binom{\alpha+n}{n-1}$ gemäß (3.32)

$$(3.37)\quad P_n^{(\alpha,\beta)\prime}(x) = \tfrac{1}{2}(\alpha+\beta+n+1)\, P_{n-1}^{(\alpha+1,\beta+1)}(x) \qquad (n \geqq 1).$$

Wiederholte Anwendung dieser Regel ergibt für den Hauptkoeffizienten in $P_n^{(\alpha,\beta)}(x)=c_n(\alpha,\beta)\,x^n+\cdots$

$$\left(P_n^{(\alpha,\beta)}(x)\right)^{(n)}=n!\,c_n(\alpha,\beta)=\frac{1}{2^n}\prod_{j=0}^{n-1}(\alpha+j+\beta+j+n-j+1)\,P_0^{(\alpha+n,\,\beta+n)}(x),$$

$$c_n(\alpha,\beta)=\frac{1}{2^n}\binom{\alpha+\beta+2n}{n}. \tag{3.38}$$

Weiter folgt aus (3.35) mit $k=n$

$$\int_{-1}^{+1} w_{\alpha,\beta}(x)\left(P_n^{(\alpha,\beta)}(x)\right)^2 dx=\frac{1}{4^n}\binom{\alpha+\beta+2n}{n}\int_{-1}^{+1}(1-x)^{\alpha+n}(1+x)^{\beta+n}\,dx;$$

bei Substitution $x=2t-1$ geht das Integral auf der rechten Seite in das mittels der Γ-Funktion darstellbare EULERsche Integral

$$\int_0^1 (1-t)^{\alpha+n}(1+t)^{\beta+n}\,dt=\frac{\Gamma(\alpha+n+1)\,\Gamma(\beta+n+1)}{\Gamma(\alpha+\beta+2n+2)}$$

über, und unter Berücksichtigung des zusätzlich auftretenden Faktors $2^{\alpha+n+\beta+n+1}$ erhält man

$$\int_{-1}^{+1} w_{\alpha,\beta}(x)\left(P_n^{(\alpha,\beta)}(x)\right)^2 dx=2^{\alpha+\beta+1}\,\frac{\Gamma(\alpha+n+1)\,\Gamma(\beta+n+1)}{\Gamma(\alpha+\beta+2n+2)}\binom{\alpha+\beta+2n}{n}. \tag{3.39}$$

Mit (3.38) und (3.39) ist die Umrechnung auf $\tilde{e}_n$ und e_n gegeben.

Für die *Rekursionsformel* der Jacobi-Polynome sind die Größen $\sigma_n(\alpha,\beta)$ und $\tau_n(\alpha,\beta)$ zu berechnen. Nach (3.10) ist

$$\tau_n^2(\alpha,\beta)=\frac{\int w_{\alpha,\beta}(x)\,\tilde{e}_n^2(x,\alpha,\beta)\,dx}{\int w_{\alpha,\beta}(x)\,\tilde{e}_{n-1}^2(x,\alpha,\beta)\,dx}=\frac{\dfrac{1}{c_n^2(\alpha,\beta)}\displaystyle\int_{-1}^{+1} w_{\alpha,\beta}(x)\left(P_n^{(\alpha,\beta)}(x)\right)^2 dx}{\dfrac{1}{c_{n-1}^2(\alpha,\beta)}\displaystyle\int_{-1}^{+1} w_{\alpha,\beta}(x)\left(P_{n-1}^{(\alpha,\beta)}(x)\right)^2 dx}\qquad (n\geqq 1),$$

und Einsetzen der obigen Ausdrücke liefert nach einiger Rechnung

$$\begin{aligned}
&\tau_1^2(\alpha,\beta)=\frac{4(\alpha+1)(\beta+1)}{(\alpha+\beta+3)(\alpha+\beta+2)^2}, && (\tau_0=0)\\
&\tau_n^2(\alpha,\beta)=\frac{4(\alpha+n)(\beta+n)\,n(\alpha+\beta+n)}{(\alpha+\beta+2n+1)(\alpha+\beta+2n)^2(\alpha+\beta+2n-1)} && \text{für } n\geqq 2.
\end{aligned} \tag{3.40}$$

Die letzte Zeile gilt auch für $n=1$, wenn $\alpha+\beta\neq-1$ ist.
Schwieriger ist die Bestimmung der $\sigma_n(\alpha,\beta)$. Zunächst folgt aus (3.31)

$$P_1^{(\alpha,\beta)}(x)=\tfrac{1}{2}\big((\alpha+\beta+2)\,x-(\beta-\alpha)\big), \tag{3.41}$$

wegen $\dfrac{P_1^{(\alpha,\beta)}(x)}{c_1(\alpha,\beta)}=\tilde{e}_1(x,\alpha,\beta)=x-\sigma_0(\alpha,\beta)$ also

$$\sigma_0(\alpha,\beta)=\frac{\beta-\alpha}{\alpha+\beta+2}. \tag{3.42a}$$

Für $n\geqq 1$ benutzen wir die nach (3.11) zu $w_{\alpha,\beta}$ gehörende Matrix $A_n(\alpha,\beta)$, deren charakteristisches Polynom durch $\tilde{e}_n(x,\alpha,\beta)$ gegeben ist. Dafür gilt

$$\sum_{\nu=0}^{n-1}\sigma_\nu(\alpha,\beta)=\operatorname{spur}A_n(\alpha,\beta)=-\frac{1}{(n-1)!}\,\frac{d^{n-1}}{dx^{n-1}}\,\tilde{e}_n(x,\alpha,\beta)\Big|_{x=0}.$$

(3.37) lautet, auf die $\tilde{e}_n$ umgeschrieben,

$$\frac{d}{dx}\,\tilde{e}_n(x,\alpha,\beta)=n\,\tilde{e}_{n-1}(x,\alpha+1,\beta+1),$$

weil sich bei Differentiation der Hauptkoeffizient n ergibt.
Wiederholte Anwendung dieser Regel liefert somit

$$\operatorname{spur}A_n(\alpha,\beta)=-\frac{n!}{(n-1)!}\,\tilde{e}_1(0,\alpha+n-1,\beta+n-1)=n\,\sigma_0(\alpha+n-1,\beta+n-1),$$

und aus

$$\begin{aligned}\sigma_n(\alpha,\beta)&=\operatorname{spur}A_{n+1}(\alpha,\beta)-\operatorname{spur}A_n(\alpha,\beta)\\&=(n+1)\,\sigma_0(\alpha+n,\beta+n)-n\,\sigma_0(\alpha+n-1,\beta+n-1)\end{aligned}$$

folgt mittels (3.42a) schließlich

$$\sigma_n(\alpha,\beta)=\frac{\beta^2-\alpha^2}{(\alpha+\beta+2n+2)(\alpha+\beta+2n)}\qquad(n\geqq 1). \tag{3.42b}$$

Die vorangehenden expliziten Entwicklungen geben ein instruktives Beispiel für die allgemeinen Aussagen in 3.1 und 3.2. Jetzt sollen noch einige spezielle Eigenschaften der Jacobi-Polynome behandelt werden, die wir an späterer Stelle benötigen. Weitere Einzelheiten findet der interessierte Leser in der Monographie von SZEGÖ [27].

Satz 3.7: *Die Jacobi-Polynome $P_n^{(\alpha,\beta)}$ genügen der* **Differentialgleichung**

$$(1-x^2)\,y''+\big((\beta-\alpha)-(\alpha+\beta+2)\,x\big)\,y'+n(n+\alpha+\beta+1)\,y=0. \tag{3.43}$$

Beweis: Wegen (3.37) und (3.33) gilt einerseits

$$u=\left(w_{\alpha+1,\beta+1}(x)\,P_n^{(\alpha,\beta)\prime}(x)\right)'=\tfrac{1}{2}(\alpha+\beta+n+1)\left(w_{\alpha+1,\beta+1}(x)\,P_{n-1}^{(\alpha+1,\beta+1)}(x)\right)'$$
$$=-n(\alpha+\beta+n+1)\,w_{\alpha,\beta}(x)\,P_n^{(\alpha,\beta)}(x),$$

wegen

$$w'_{\alpha+1,\beta+1}(x)=\left((1-x)^{\alpha+1}(1+x)^{\beta+1}\right)'=-2\,w_{\alpha,\beta}(x)\,P_1^{(\alpha,\beta)}(x)$$

nach (3.30) andererseits

$$u=w_{\alpha,\beta}(x)\left((1-x^2)\,P_n^{(\alpha,\beta)\prime\prime}(x)-2P_1^{(\alpha,\beta)}(x)\,P_n^{(\alpha,\beta)\prime}(x)\right).$$

Einsetzen von (3.41) und Division durch $w_{\alpha,\beta}(x)$ ergibt (3.43).

Die *ultrasphärischen* Polynome $P_{2n}^{(\alpha,\alpha)}$ sind gerade, die $P_{2n+1}^{(\alpha,\alpha)}$ ungerade Funktionen, wie man aus (3.31) entnimmt (vgl. auch Aufgabe 3.1). Deshalb gibt es Polynome $\varphi_n^{(\alpha)}, \psi_n^{(\alpha)}$ vom Grade n mit

$$P_{2n}^{(\alpha,\alpha)}(x)=\varphi_n^{(\alpha)}(x^2),\qquad P_{2n+1}^{(\alpha,\alpha)}(x)=x\,\psi_n^{(\alpha)}(x^2).$$

Mittels der Substitution $t=2x^2-1$ folgt für beliebige $g\in U_{n-1}$

$$\int_{-1}^{+1}(1-t)^\alpha(1+t)^{-\frac{1}{2}}\,\varphi_n^{(\alpha)}\left(\frac{1+t}{2}\right)g(t)\,dt$$
$$=\int_0^1(2-2x^2)^\alpha(2x^2)^{-\frac{1}{2}}\,\varphi_n^{(\alpha)}(x^2)\,g(2x^2-1)\,4x\,dx$$
$$=2^{\alpha+\frac{1}{2}}\int_{-1}^{+1}w_{\alpha,\alpha}(x)\,P_{2n}^{(\alpha,\alpha)}(x)\,g(2x^2-1)\,dx=0,$$

$$\int_{-1}^{+1}(1-t)^\alpha(1+t)^{\frac{1}{2}}\,\psi_n^{(\alpha)}\left(\frac{1+t}{2}\right)g(t)\,dt$$
$$=2^{\alpha+\frac{3}{2}}\int_{-1}^{+1}w_{\alpha,\alpha}(x)\,P_{2n+1}^{(\alpha,\alpha)}(x)\,x\,g(2x^2-1)\,dx=0,$$

denn die durch $g(2x^2-1)$ und $x\,g(2x^2-1)$ dargestellten Polynome sind höchstens vom Grade $2n-1$. Mit $\varphi_n^{(\alpha)}\left(\frac{1+t}{2}\right)$ ist demnach ein bezüglich $w_{\alpha,-\frac{1}{2}}$ zu allen $g\in U_{n-1}$ orthogonales Polynom vom Grade n gegeben, so daß bei geeigneter Wahl von c

$$\varphi_n^{(\alpha)}\left(\frac{1+t}{2}\right)=c\,P_n^{(\alpha,-\frac{1}{2})}(t)$$

gilt; entsprechend ergibt sich auch

$$\psi_n^{(\alpha)}\left(\frac{1+t}{2}\right)=c'\,P_n^{(\alpha,\,+\frac{1}{2})}(t).$$

So erhält man

$$P_{2n}^{(\alpha,\,\alpha)}(x)=\left(\prod_{j=1}^{n}\frac{\alpha+n+j}{n+j}\right)P_n^{(\alpha,\,-\frac{1}{2})}(2x^2-1), \tag{3.44a}$$

$$P_{2n+1}^{(\alpha,\,\alpha)}(x)=\left(\prod_{j=1}^{n+1}\frac{\alpha+n+j}{n+j}\right)x\,P_n^{(\alpha,\,\frac{1}{2})}(2x^2-1), \tag{3.44b}$$

indem man die Skalarfaktoren durch Vergleich der Funktionswerte an der Stelle $x=1$ nach (3.32) ermittelt.

Die Nullstellen $\lambda_\nu^{(n)}(\alpha,\beta)$ von $P_n^{(\alpha,\,\beta)}$ (aufsteigend numeriert) liegen in $(-1,+1)$. Mit Satz 3.5 folgt

Satz 3.8: *Die $\lambda_\nu^{(n)}(\alpha,\beta)$ sind nach α und β differenzierbar, und es gilt*

$$\frac{\partial}{\partial\alpha}\lambda_\nu^{(n)}(\alpha,\beta)<0,\qquad \frac{\partial}{\partial\beta}\lambda_\nu^{(n)}(\alpha,\beta)>0\qquad (1\leqq\nu\leqq n), \tag{3.45}$$

$$\frac{\partial}{\partial\alpha}\lambda_\nu^{(n)}(\alpha,\alpha)<0\qquad \text{für }\frac{n+1}{2}<\nu\leqq n. \tag{3.46}$$

Beweis: Für $-1<\alpha_0\leqq\alpha\leqq\alpha_1<\infty$ existieren wegen

$$\left|\frac{\partial}{\partial\alpha}w_{\alpha,\,\beta}(x)\right|=(1-x)^\alpha(1+x)^\beta\,|\lg(1-x)|\leqq\text{const}\,(1-x)^{\alpha_0}(1+x)^\beta\,|\lg(1-x)|$$

die Integrale $\int_{-1}^{+1}\frac{\partial}{\partial\alpha}w_{\alpha,\,\beta}(x)\,x^k\,dx$ $(k\leqq 2n)$ gleichmäßig konvergent bezüglich α, und $\frac{\partial}{\partial\alpha}w_{\alpha,\,\beta}(x)\big/w_{\alpha,\,\beta}(x)=\lg(1-x)$ stellt eine monoton fallende Funktion dar. Bei Variation von β ergibt sich entsprechend $\frac{\partial}{\partial\beta}w_{\alpha,\,\beta}(x)\big/w_{\alpha,\,\beta}(x)=\lg(1+x)$ monoton wachsend in x. So folgt (3.45) nach Satz 3.5.

Zum Nachweis von (3.46) wird (3.44) benutzt. Für $n=2m$, $m\geqq 1$, $m+\frac{1}{2}<\nu\leqq 2m$ gilt, wie man aus (3.44a) entnimmt,

$$2\big(\lambda_\nu^{(2m)}(\alpha,\alpha)\big)^2-1=\lambda_{\nu-m}^{(m)}(\alpha,-\tfrac{1}{2}),$$

mittels Differentiation nach α also

$$\frac{\partial}{\partial\alpha}\lambda_\nu^{(2m)}(\alpha,\alpha)=\frac{\frac{\partial}{\partial\alpha}\lambda_{\nu-m}^{(m)}(\alpha,-\frac{1}{2})}{4\lambda_\nu^{(2m)}(\alpha,\alpha)}<0$$

wegen (3.45) und $\lambda_\nu^{(2m)}(\alpha,\alpha)>0$. Für $n=2m+1$, $m\geqq 1$, $m+1<\nu\leqq 2m+1$ erhält man aus (3.44b) entsprechend

$$\frac{\partial}{\partial\alpha}\,\lambda_\nu^{(2m+1)}(\alpha,\alpha)=\frac{\frac{\partial}{\partial\alpha}\,\lambda_{\nu-m-1}^{(m)}(\alpha,+\frac{1}{2})}{4\,\lambda_\nu^{(2m+1)}(\alpha,\alpha)}<0.$$

3.5 Die Tschebyscheff-Polynome

Besonders einfache Darstellungen gibt es für die ultrasphärischen Polynome zu $\alpha=\beta=-\frac{1}{2}$ und $\alpha=\beta=+\frac{1}{2}$. Die $P_n^{(-\frac{1}{2},-\frac{1}{2})}$ werden dabei zweckmäßigerweise so mit Skalarfaktoren versehen, daß die zu $w(x)=\dfrac{1}{\sqrt{1-x^2}}$ gehörenden Orthogonalpolynome an der Stelle $x=1$ den Wert 1 haben, nach (3.32) also

$$T_n(x)=\frac{1}{\binom{n-\frac{1}{2}}{n}}\,P_n^{(-\frac{1}{2},-\frac{1}{2})}(x),\qquad T_n(1)=1.$$

Diese T_n heißen *Tschebyscheff-Polynome (erster Art)*.
Es gilt $T_0(x)=1$, und für $n\geqq 1$ hat T_n den *Hauptkoeffizienten*

$$\frac{c_n(-\frac{1}{2},-\frac{1}{2})}{\binom{n-\frac{1}{2}}{n}}=\frac{1}{2^n}\prod_{j=0}^{n-1}\frac{2n-1-j}{n-\frac{1}{2}-j}=2^{n-1}\qquad(\text{vgl. (3.38)}).$$

Mit $\sigma_\nu(-\frac{1}{2},-\frac{1}{2})=0$, $\tau_1^2(-\frac{1}{2},-\frac{1}{2})=\frac{1}{2}$ und $\tau_n^2(-\frac{1}{2},-\frac{1}{2})=\frac{1}{4}$ für $n\geqq 2$ nach (3.40) folgt $T_1(x)=x$, $\frac{1}{2}T_2(x)=x\,T_1(x)-\frac{1}{2}T_0(x)$ und

$$\frac{1}{2^n}\,T_{n+1}(x)=x\,\frac{1}{2^{n-1}}\,T_n(x)-\frac{1}{4}\,\frac{1}{2^{n-2}}\,T_{n-1}(x)\qquad\text{für } n\geqq 2.$$

Man erhält demnach die *Rekursionsformel*

(3.47) $$T_{n+1}(x)=2x\,T_n(x)-T_{n-1}(x)\qquad(n\geqq 1)$$

und speziell

(3.48) $$\begin{aligned}&T_0(x)=1,\quad T_1(x)=x,\quad T_2(x)=2x^2-1,\\&T_3(x)=4x^3-3x,\quad T_4(x)=8x^4-8x^2+1\quad\text{usw.}\end{aligned}$$

Daraus ergibt sich die *trigonometrische Darstellung*

(3.49) $\cos(n\varphi)=T_n(\cos\varphi), \quad T_n(x)=\cos(n\arccos x) \qquad (|x|\leqq 1)$

zunächst für $n=0$ und $n=1$, dann induktiv aufgrund der zu (3.47) korrespondierenden Identität

$$\cos((n+1)\varphi)+\cos((n-1)\varphi)=2\cos\varphi\cos(n\varphi)$$

auch für alle $n\geqq 2$.

Hier begegnet uns erneut der schon beim Beweise von Satz 2.2 benutzte Zusammenhang zwischen Polynomen in x und geraden trigonometrischen Polynomen in φ, der durch die Substitution $x=\cos\varphi$ vermittelt wird. Unmittelbar erkennt man

$$|T_n(x)|\leqq 1 \qquad \text{für } |x|\leqq 1,$$

$$T_n(\xi_\nu)=(-1)^\nu \qquad \text{für } \xi_\nu=\cos\left(\frac{\nu}{n}\pi\right),\ 0\leqq\nu\leqq n.$$

Man sagt, daß T_n über diesen Punkten *alterniert*. Aufgrund dieser Eigenschaft sind die Tschebyscheff-Polynome auch bei der Approximation in $C[-1,+1]$ von grundlegender Bedeutung, wie wir in Kapitel 6.3 noch sehen werden.

Weiter ergeben sich aus (3.49) die *Nullstellen* von T_n als

(3.50) $$\lambda_\nu^{(n)}(-\tfrac{1}{2},-\tfrac{1}{2})=-\cos\left(\frac{2\nu-1}{2n}\pi\right) \qquad (1\leqq\nu\leqq n).$$

Als Normierungsintegral berechnet man mittels der Substitution $x=\cos\varphi$

$$\int_{-1}^{+1}\frac{T_n^2(x)}{\sqrt{1-x^2}}\,dx=\int_0^\pi\cos^2(n\varphi)\,d\varphi=\tfrac{1}{2}\int_0^\pi(\cos(2n\varphi)+1)\,d\varphi=\begin{cases}\pi & \text{für } n=0,\\ \dfrac{\pi}{2} & \text{für } n\geqq 1,\end{cases}$$

so daß die normierten Orthogonalpolynome $e_1, e_2, \ldots$ durch

(3.51) $$e_n(x)=\sqrt{\frac{2}{\pi}}\,T_n(x) \qquad (n\geqq 1)$$

gegeben sind. Im Hinblick auf Satz 3.6 hat man also die Beschränktheit

$$|e_n(x)|\leqq\sqrt{\frac{2}{\pi}} \qquad \text{für alle } x\in[-1,+1],\ n\geqq 1.$$

Schließlich notieren wir gemäß (3.43) noch die *Differentialgleichung*

$$(1-x^2)\,T_n''(x)-x\,T_n'(x)+n^2\,T_n(x)=0 \tag{3.52}$$

und als direkte Folgerung

$$T_n'(1)=n^2. \tag{3.53}$$

Die Jacobi-Polynome zu $\alpha=\beta=\frac{1}{2}$ ergeben sich nach (3.37) bis auf Proportionalitätsfaktoren einfach durch Differentiation der Tschebyscheff-Polynome. Als Orthogonalpolynome zu $w(x)=\sqrt{1-x^2}$ verwendet man die durch

$$V_n(x)=\frac{1}{n+1}\,T_{n+1}'(x) \qquad (n\geqq 0) \tag{3.54}$$

definierten *Tschebyscheff-Polynome zweiter Art*. Nach (3.53) gilt $V_n(1)=n+1$, und der *Hauptkoeffizient* von V_n ist 2^n.

Mittels $x=\cos\varphi$ folgt aus (3.49) die *trigonometrische Darstellung*

$$V_n(\cos\varphi)=\frac{1}{n+1}\,\frac{d}{dx}\cos\big((n+1)\,\varphi\big)=-\sin\big((n+1)\,\varphi\big)\frac{d\varphi}{dx},$$

$$V_n(\cos\varphi)=\frac{\sin\big((n+1)\,\varphi\big)}{\sin\varphi} \qquad (0<\varphi<\pi). \tag{3.55}$$

Die Identität

$$\sin\big((n+2)\,\varphi\big)+\sin(n\,\varphi)=2\cos\varphi\,\sin\big((n+1)\,\varphi\big)$$

liefert nach Division durch $\sin\varphi$ die mit (3.47) übereinstimmende *Rekursionsformel*

$$V_{n+1}(x)=2x\,V_n(x)-V_{n-1}(x), \tag{3.56}$$

und aus

$$\sin\big((n+1)\,\varphi\big)=\sin(n\,\varphi)\cos\varphi+\cos(n\,\varphi)\sin\varphi$$

ergibt sich ebenso

$$V_n(x)=x\,V_{n-1}(x)+T_n(x).$$

Danach berechnet man

$$\begin{aligned} &V_0(x)=1, \quad V_1(x)=2x, \quad V_2(x)=4x^2-1,\\ &V_3(x)=8x^3-4x, \quad V_4(x)=16x^4-12x^2+1 \quad \text{usw.} \end{aligned} \tag{3.57}$$

Bei wiederholter Anwendung der letzten Regel entsteht

$$V_n(x)=\sum_{\nu=0}^{n} x^\nu T_{n-\nu}(x),$$

und mittels $|T_{n-\nu}(x)|\leqq 1$ für $|x|\leqq 1$ folgt

$$(3.58)\qquad |V_n(x)|\leqq \sum_{\nu=0}^{n} |x|^\nu \leqq n+1 \qquad \text{für } |x|\leqq 1.$$

Im Innern von $[-1, +1]$ ist, wenn $|x|$ nicht zu nahe bei 1 liegt, die aus (3.55) mittels $\sin\varphi=\sqrt{1-x^2}$ abzulesende Ungleichung

$$(3.59)\qquad |V_n(x)|\leqq \frac{1}{\sqrt{1-x^2}} \qquad (|x|<1)$$

noch günstiger. Damit lassen sich unter Berücksichtigung von

$$\int_{-1}^{+1} V_n^2(x)\sqrt{1-x^2}\,dx=\int_0^\pi \sin^2((n+1)\varphi)\,d\varphi=\frac{\pi}{2}$$

auch die normierten e_n abschätzen; sie sind wegen

$$|e_n(x)|\leqq\sqrt{\frac{2}{\pi}}\,\frac{1}{\sqrt{1-x^2}}$$

für jedes $x\in(-1, +1)$ gleichmäßig bezüglich n beschränkt, so daß hier wieder Satz 3.6 anwendbar ist.

Die *Nullstellen* der V_n kann man (3.55) entnehmen:

$$(3.60)\qquad \lambda_\nu^{(n)}(\tfrac{1}{2},\tfrac{1}{2})=-\cos\left(\frac{\nu}{n+1}\pi\right) \qquad (1\leqq\nu\leqq n).$$

Abschließend sei noch darauf hingewiesen, daß auch die Jacobi-Polynome zu $\alpha=\frac{1}{2}$, $\beta=-\frac{1}{2}$ (bzw. $\alpha=-\frac{1}{2}$, $\beta=+\frac{1}{2}$) sich trigonometrisch darstellen lassen (vgl. Aufgabe 3.8).

3.6 Die Legendre-Polynome

Grundlage für die polynomische Approximation in $L^2(-1, +1)$ sind die Orthogonalpolynome zu der mit $\alpha=\beta=0$ gegebenen konstanten Belegung $w_{0,0}$ über $(-1, +1)$. So erhält man als Spezialfall der Jacobi-Polynome die

in der abkürzenden Schreibweise $P_n(x) = P_n^{(0,0)}(x)$ notierten *Legendre-Polynome* P_n, das Urbeispiel all der vorangehenden allgemeineren Entwicklungen.
Hier lautet die *Formel von* RODRIGUES (vgl. (3.30))

$$P_n(x) = \frac{1}{2^n n!}\left((x^2-1)^n\right)^{(n)}, \tag{3.61}$$

und aus (3.32) ergibt sich $P_n(1) = 1$, $P_n(-1) = (-1)^n$. Der *Hauptkoeffizient* von P_n ist $c_n = \frac{1}{2^n}\binom{2n}{n}$, nach (3.40) gilt $\tau_n^2 = \frac{n^2}{4n^2-1}$, und mittels $\sigma_n = 0$ erhält man so die *Rekursionsformel*

$$P_{n+1}(x) = \frac{2n+1}{n+1}\, x\, P_n(x) - \frac{n}{n+1} P_{n-1}(x) \qquad (n \geqq 0,\ P_{-1} = 0). \tag{3.62}$$

Daraus berechnet man sukzessiv

$$\begin{aligned} &P_0(x) = 1, \quad P_1(x) = x, \quad P_2(x) = \tfrac{3}{2}x^2 - \tfrac{1}{2}, \\ &P_3(x) = \tfrac{5}{2}x^3 - \tfrac{3}{2}x, \quad P_4(x) = \tfrac{1}{8}(35x^4 - 30x^2 + 3) \quad \text{usw.} \end{aligned} \tag{3.63}$$

Von besonderem Interesse sind die *Nullstellen* der Legendre-Polynome. Man kann sie zwar nicht – wie die Nullstellen der Tschebyscheff-Polynome – elementar angeben, aber sie lassen sich bemerkenswert gut lokalisieren. Denn nach Satz 3.8 bewegen sich die Nullstellen von $P_n^{(\alpha,\alpha)}$ mit wachsendem α auf 0 zu, und aus den bekannten Fällen (3.50) für $\alpha = -\frac{1}{2}$, (3.60) für $\alpha = +\frac{1}{2}$ folgt so

Satz 3.9: *Für die Nullstellen* $\lambda_1 < \cdots < \lambda_n$ *von* P_n *gilt*

$$\cos\left(\frac{\nu}{n+1}\pi\right) < -\lambda_\nu = \lambda_{n+1-\nu} < \cos\left(\frac{2\nu-1}{2n}\pi\right) \qquad \left(1 \leqq \nu < \frac{n+1}{2}\right). \tag{3.64}$$

In trigonometrischer Parametrisierung sind die einschließenden Intervalle wegen

$$\frac{\nu}{n+1}\pi - \frac{2\nu-1}{2n}\pi = \frac{n+1-2\nu}{2n(n+1)}\pi, \qquad \frac{2\nu+1}{2n}\pi - \frac{\nu}{n+1}\pi = \frac{n+1+2\nu}{2n(n+1)}\pi$$

kleiner als die ausgeschlossenen Intervalle; besonders günstig wird dieses Verhältnis für ν nahe $\frac{n+1}{2}$ bzw. λ_ν nahe 0.

Nach Satz 3.7 genügt $y = P_n(x)$ der *Differentialgleichung*

$$(1-x^2)\,y'' - 2x\,y' + n(n+1)\,y = 0. \tag{3.65}$$

Hier zeigt sich eine enge Beziehung zur Theorie der *speziellen Funktionen*: Die Legendre-Polynome sind *Kugelfunktionen.* Aus diesem Zusammenhang ergeben sich weitere fruchtbare Methoden zur Untersuchung der P_n. Wir beschränken uns darauf, aus (3.65) Abschätzungen für $|P_n(x)|$ zu gewinnen.

Satz 3.10: Für die Legendre-Polynome gelten die Ungleichungen

$$|P_n(x)| \leqq 1 \qquad (|x| \leqq 1), \tag{3.66}$$

$$|P_n(x)| \leqq \frac{\sqrt{\frac{2}{\pi n}}}{\sqrt[4]{1-x^2}} \qquad (|x|<1,\, n \geqq 1). \tag{3.67}$$

Beweis: Mit $y=P_n(x)$ setzt man (wegen $P_0(x)=1$ kann $n \geqq 1$ vorausgesetzt werden)

$$f(x)=y^2+\frac{1}{n(n+1)}(1-x^2)\,y'^2$$

und berechnet vermöge der Differentialgleichung

$$f'(x)=2y\,y'+\frac{1}{n(n+1)}\big(-2x\,y'^2+2y'\,y''(1-x^2)\big)=\frac{2x\,y'^2}{n(n+1)}.$$

Für $x \geqq 0$ ist also $f'(x) \geqq 0$ und f monoton wachsend. Deshalb gilt

$$P_n^2(\pm x)=y^2 \leqq f(x) \leqq f(1)=P_n^2(1)=1 \qquad \text{für } 0 \leqq x \leqq 1.$$

Genauer erkennt man, daß die lokalen Extrema von P_n über $[0, 1]$ betraglich monoton zunehmen, weil an den Extremalstellen $(1-x^2)\,y'^2=0$, also $y^2=f(x)$ gilt. Weiter folgt aus den obigen Beziehungen

$$f'(x) \leqq \frac{2x}{1-x^2} f(x) \qquad (0 \leqq x < 1),$$

woraus man mittels Integration

$$\lg\left(\frac{f(x)}{f(0)}\right) \leqq -\lg(1-x^2), \qquad f(x) \leqq \frac{f(0)}{1-x^2},$$

$$|P_n(x)| \leqq \sqrt{f(x)} \leqq \frac{\sqrt{f(0)}}{\sqrt{1-x^2}}$$

erhält. Man kann $f(0) \leqq \frac{2}{\pi n}$ zeigen und hat damit schon eine brauchbare lokale Schranke für $|P_n(x)|$ gefunden.

Zum Nachweis der schärferen Abschätzung (3.67) transformiert man zweckmäßigerweise auf die Größe $z=y\sqrt[4]{1-x^2}$. Mittels der aus (3.65) nach einigen Umformungen entstehenden Differentialgleichung

$$(1-x^2)\,z''-x\,z'+\gamma(x)\,z=0, \qquad \gamma(x)=(n+\tfrac{1}{2})^2+\frac{\frac{1}{4}}{1-x^2}$$

läßt sich für die in Analogie zu obigem f durch

$$g(x)=z^2+\frac{1-x^2}{\gamma(x)}\,z'^2$$

definierte Hilfsfunktion g ein Monotonieverhalten zeigen: wegen

$$g'(x)=-\frac{(1-x^2)\,\gamma'(x)}{\gamma^2(x)}\,z'^2=-\frac{x}{2(1-x^2)\,\gamma^2(x)}\,z'^2$$

gilt $g'(x)\leqq 0$ und somit

$$\left(|P_n(\pm x)|\sqrt[4]{1-x^2}\right)^2=z^2\leqq g(x)\leqq g(0) \qquad \text{für } 0\leqq x<1.$$

Daraus folgt

$$|P_n(x)|\leqq\frac{\sqrt{g(0)}}{\sqrt[4]{1-x^2}} \qquad (|x|<1),$$

so daß nur noch $g(0)\leqq\dfrac{2}{\pi n}$ zu beweisen ist.

Für $x=0$ ist $z=P_n(0)$, $z'=P_n'(0)$ und $\gamma(0)\geqq n(n+1)$, also

$$g(0)\leqq P_n^2(0)+\frac{(P_n'(0))^2}{n(n+1)}.$$

Weil die P_n als ultrasphärische Polynome für $n=2m$ gerade sind, gilt $P_{2m}'(0)=0$, und nach (3.44a), (3.32) dann

$$g(0)\leqq(P_{2m}^{(0,0)}(0))^2=(P_m^{(0,-\frac{1}{2})}(-1))^2=\binom{-\frac{1}{2}+m}{m}^2=\left(\frac{\Gamma(m+\frac{1}{2})}{\Gamma(m+1)\,\Gamma(\frac{1}{2})}\right)^2$$

$$=\frac{1}{\pi m}\,\frac{(\Gamma(m+\frac{1}{2}))^2}{\Gamma(m)\,\Gamma(m+1)}$$

wegen $\Gamma(\frac{1}{2})=\sqrt{\pi}$, $\Gamma(m+1)=m\,\Gamma(m)$. Weiter ist

$$\lg\left(\frac{(\Gamma(m+\frac{1}{2}))^2}{\Gamma(m)\,\Gamma(m+1)}\right)=2\lg\Gamma(m+\tfrac{1}{2})-(\lg\Gamma(m)+\lg\Gamma(m+1))\leqq 0,$$

denn $\lg \Gamma(t)$ stellt eine konvexe Funktion dar, so daß

$$\frac{(\Gamma(m+\frac{1}{2}))^2}{\Gamma(m)\,\Gamma(m+1)} \leqq 1, \qquad g(0) \leqq \frac{1}{\pi m} = \frac{2}{\pi n}.$$

Im Falle $n=2m+1$ ist $P_n(0)=0$ und nach (3.37), (3.44a), (3.32) entsprechend dem vorangehenden

$$\begin{aligned} g(0) &\leqq \frac{1}{(2m+1)(2m+2)} (P_{2m+1}^{(0,0)\prime}(0))^2 = \frac{(m+1)^2}{(2m+1)(2m+2)} (P_{2m}^{(1,1)}(0))^2 \\ &= \frac{(2m+1)^2}{(2m+1)(2m+2)} (P_m^{(1,-\frac{1}{2})}(-1))^2 = \frac{m+\frac{1}{2}}{m+1} \binom{-\frac{1}{2}+m}{m}^2 \\ &= \frac{1}{\pi(m+\frac{1}{2})} \frac{(\Gamma(m+\frac{3}{2}))^2}{\Gamma(m+1)\,\Gamma(m+2)} \leqq \frac{2}{\pi n}. \end{aligned}$$

Damit ist Satz 3.10 vollständig bewiesen.

In analoger Weise lassen sich allgemeiner die Jacobi-Polynome abschätzen, aber wir wollen nicht näher darauf eingehen.

Als Spezialfall von (3.39) ergibt sich

(3.68)
$$\int_{-1}^{+1} P_n^2(x)\,dx = \frac{2}{2n+1}.$$

Die zugehörigen normierten Orthogonalpolynome sind demnach mit

$$e_n(x) = \sqrt{\frac{2n+1}{2}}\, P_n(x)$$

gegeben. Sie genügen nach (3.67) der Ungleichung

$$|e_n(x)| \leqq \frac{\sqrt{\dfrac{2n+1}{\pi n}}}{\sqrt[4]{1-x^2}} \qquad (|x|<1,\ n \geqq 1)$$

und sind deshalb für jedes $x \in (-1, +1)$ bezüglich n gleichmäßig beschränkt (vgl. Satz 3.6).

3.7 Die Laguerre- und Hermite-Polynome

Nach der Behandlung der Jacobi-Polynome und der Spezialfälle in 3.5 und 3.6 sollen jetzt weitere klassische Orthogonalpolynome zu gewissen Belegungen über unendlichem Intervall vorgestellt werden. Die expliziten Entwicklungen

zeigen eine weitgehende Analogie zu den jeweils entsprechenden Ausführungen über Jacobi-Polynome und sind deshalb im folgenden kurz gehalten.
Zu den durch

(3.69) $$w_\alpha(x) = x^\alpha e^{-x} \quad \text{für } 0 < x < \infty \quad (w_\alpha(x) = 0 \text{ sonst})$$

definierten Belegungen existieren für $\alpha > -1$ die Momente

(3.70) $$\mu_k = \int_0^\infty x^{\alpha+k} e^{-x} dx = \Gamma(\alpha+k+1) \quad (k = 0, 1, 2, \ldots).$$

Zugehörige Orthogonalpolynome erhält man aus der *Rodrigues-Darstellung*

(3.71) $$L_n^{(\alpha)}(x) = \frac{1}{n!} e^x x^{-\alpha} (e^{-x} x^{\alpha+n})^{(n)} \quad (x > 0),$$

nämlich die sogenannten *Laguerre-Polynome*

(3.72) $$L_n^{(\alpha)}(x) = \sum_{k=0}^{n} \binom{\alpha+n}{n-k} \frac{(-x)^k}{k!}.$$

Speziell gilt

(3.73) $$L_n^{(\alpha)}(0) = \binom{\alpha+n}{n},$$

und der Hauptkoeffizient hat (unabhängig von α) den Wert $\dfrac{(-1)^n}{n!}$.

Zu zeigen bleibt die paarweise Orthogonalität der $L_n^{(\alpha)}$ bezüglich w_α. Aus (3.71) folgt

(3.74) $$\left(w_{\alpha+1}(x) L_{n-1}^{(\alpha+1)}(x)\right)' = n\, w_\alpha(x) L_n^{(\alpha)}(x)$$

und mittels partieller Integration (für $\alpha > -1$)

(3.75) $$\int_0^\infty w_\alpha(x) L_n^{(\alpha)}(x) L_k^{(\alpha)}(x)\, dx = -\frac{1}{n} \int_0^\infty w_{\alpha+1}(x) L_{n-1}^{(\alpha+1)}(x) L_k^{(\alpha)\prime}(x)\, dx \quad (n \geqq 1),$$

denn der ausintegrierte Teil entfällt wegen $w_{\alpha+1}(0) = 0$ und $\lim_{x\to\infty} \left(w_{\alpha+1}(x)\, g(x)\right) = 0$ für jedes Polynom g. Für $k < n$ ergibt sich bei n-facher Anwendung dieses Schrittes

$$\int_0^\infty w_\alpha(x) L_n^{(\alpha)}(x) L_k^{(\alpha)}(x)\, dx = \frac{(-1)^n}{n!} \int_0^\infty w_{\alpha+n}(x) L_0^{(\alpha+n)}(x) \left(L_k^{(\alpha)}(x)\right)^{(n)} dx = 0,$$

d.h. $L_k^{(\alpha)}$ und $L_n^{(\alpha)}$ sind orthogonal bezüglich w_α.

Weil demnach die linke Seite von (3.75) auch für alle $n<k$ verschwindet, ist $L_k^{(\alpha)\prime}$ als Polynom vom Grade $k-1$ orthogonal zu $L_j^{(\alpha+1)}$ bezüglich $w_{\alpha+1}$ für $j<k-1$ und damit skalares Vielfaches von $L_{k-1}^{(\alpha+1)}$. Vergleich der Hauptkoeffizienten ergibt so

(3.76) $$L_k^{(\alpha)\prime}(x)=-L_{k-1}^{(\alpha+1)}(x) \qquad (k\geqq 1).$$

Setzt man das für $k=n$ in (3.75) ein, dann entsteht

$$\int_0^\infty w_\alpha(x)\big(L_n^{(\alpha)}(x)\big)^2\,dx=\frac{1}{n}\int_0^\infty w_{\alpha+1}(x)\big(L_{n-1}^{(\alpha+1)}(x)\big)^2\,dx,$$

und n-fache Anwendung dieses Schrittes liefert wegen

$$L_0^{(\alpha+n)}(x)=1 \quad \text{und} \quad \int_0^\infty w_{\alpha+n}(x)\,dx=\int_0^\infty e^{-x}x^{\alpha+n}\,dx=\Gamma(\alpha+n+1)$$

als Wert des Normierungsintegrals

(3.77) $$\int_0^\infty w_\alpha(x)\big(L_n^{(\alpha)}(x)\big)^2\,dx=\frac{\Gamma(\alpha+n+1)}{n!}.$$

Jetzt können auch die Größen $\sigma_n(\alpha)$ und $\tau_n(\alpha)$ für die *Rekursionsformel* bestimmt werden. Bei Berücksichtigung der Hauptkoeffizienten von $L_n^{(\alpha)}$ und $L_{n-1}^{(\alpha)}$ erhält man nach (3.10)

$$\tau_n^2(\alpha)=\frac{\int w_\alpha(x)\,\tilde e_n^2(x,\alpha)\,dx}{\int w_\alpha(x)\,\tilde e_{n-1}^2(x,\alpha)\,dx}=\frac{n!^2\int_0^\infty w_\alpha(x)\big(L_n^{(\alpha)}(x)\big)^2\,dx}{(n-1)!^2\int_0^\infty w_\alpha(x)\big(L_{n-1}^{(\alpha)}(x)\big)^2\,dx} \qquad (n\geqq 1),$$

mittels (3.77) also

(3.78) $$\tau_n^2(\alpha)=n(n+\alpha).$$

Weiter hat man an der Stelle $x=0$ gemäß (3.73) für $n\geqq 1$

$$\tilde e_{n+1}(0,\alpha)=-\sigma_n(\alpha)\,\tilde e_n(0,\alpha)-\tau_n^2(\alpha)\,\tilde e_{n-1}(0,\alpha),$$

$$(-1)^{n+1}(n+1)!\binom{\alpha+n+1}{n+1}=-\sigma_n(\alpha)(-1)^n\,n!\binom{\alpha+n}{n}$$
$$-n(n+\alpha)(-1)^{n-1}(n-1)!\binom{\alpha+n-1}{n-1}$$

und daraus – auch für $n=0$ gültig –

(3.79) $$\sigma_n(\alpha)=2n+1+\alpha.$$

Nach Satz 3.4 liegen die *Nullstellen* $\lambda_1^{(n)}(\alpha) < \cdots < \lambda_n^{(n)}(\alpha)$ von $L_n^{(\alpha)}$ in $(0, \infty)$. Für die kleinste hat man nach Satz 3.3 die genauere Abschätzung $0 < \lambda_1^{(n)}(\alpha) \leqq \lambda_1^{(1)}(\alpha) = \sigma_0(\alpha) = 1 + \alpha$. Es soll nun auch für die größte Nullstelle eine von n abhängige obere Schranke bestimmt werden. $\lambda_n^{(n)}(\alpha)$ ist der betraglich größte Eigenwert der gemäß (3.11) aus (3.78) und (3.79) entstehenden Tridiagonalmatrix

(3.80) $A_n(\alpha) =$

$$\begin{pmatrix} 1+\alpha & \sqrt{1(1+\alpha)} & & & & 0 \\ \sqrt{1(1+\alpha)} & 3+\alpha & \sqrt{2(2+\alpha)} & & & \\ & \sqrt{2(2+\alpha)} & 5+\alpha & \ddots & & \\ & & \ddots & \ddots & & \\ & & & & 2n-3+\alpha & \sqrt{(n-1)(n-1+\alpha)} \\ & 0 & & & \sqrt{(n-1)(n-1+\alpha)} & 2n-1+\alpha \end{pmatrix}.$$

Die euklidische Abbildungsnorm des Diagonalanteils ist $2n-1+\alpha$, die Norm des außerhalb der Diagonale stehenden Teiles abschätzbar durch

$$2\sqrt{(n-1)(n-1+\alpha)} \leqq (n-1) + (n-1+\alpha) \qquad (n \geqq 2).$$

Mittels der Norm von $A_n(\alpha)$ folgt so

$$\lambda_n^{(n)}(\alpha) \leqq |A_n(\alpha)| \leqq 4n - 3 + 2\alpha \qquad (n \geqq 2). \tag{3.81}$$

Diese Ungleichung kann hinsichtlich des Anteils $4n$ nicht wesentlich verschärft werden, denn (vgl. Aufgabe 3.11) es gilt

$$\lambda_n^{(n)}(\alpha) \sim 4n \qquad \text{für } n \to \infty.$$

Bezüglich der Abhängigkeit vom Parameter α sind die Voraussetzungen von Satz 3.5 erfüllt. Weil

$$\frac{\frac{\partial}{\partial \alpha} w_\alpha(x)}{w_\alpha(x)} = \lg x$$

mit x monoton wächst, gilt also

$$\frac{\partial}{\partial \alpha} \lambda_\nu^{(n)}(\alpha) > 0 \qquad (1 \leqq \nu \leqq n). \tag{3.82}$$

Auch die Laguerre-Polynome genügen einer *Differentialgleichung* zweiter Ordnung. Man erhält nämlich wegen (3.76) und (3.74) einerseits

$$u = \left(w_{\alpha+1}(x)\, L_n^{(\alpha)\prime}(x)\right)' = -\left(w_{\alpha+1}(x)\, L_{n-1}^{(\alpha+1)}(x)\right)' = -n\, w_\alpha(x)\, L_n^{(\alpha)}(x),$$

wegen $w'_{\alpha+1}(x)=(e^{-x}x^{\alpha+1})'=w_\alpha(x)(\alpha+1-x)$ andererseits

$$u=w_\alpha(x)\big((\alpha+1-x)\,L_n^{(\alpha)\prime}(x)+x\,L_n^{(\alpha)\prime\prime}(x)\big).$$

Für $y=L_n^{(\alpha)}(x)$ ergibt sich so nach Division durch $w_\alpha(x)$

$$x\,y''+(\alpha+1-x)\,y'+n\,y=0. \tag{3.83}$$

Soviel sei über die Laguerre-Polynome gesagt. Weitere Einzelheiten findet der interessierte Leser bei Szegö [27].

Als Orthogonalpolynome zu der durch

$$w(x)=e^{-x^2} \qquad \text{über } (-\infty,+\infty)$$

gegebenen Belegung erhält man in der Rodrigues-Darstellung

$$H_n(x)=(-1)^n\,e^{x^2}(e^{-x^2})^{(n)} \tag{3.84}$$

die Hermite-Polynome $H_0, H_1, \ldots$. Daß die so definierten Funktionen H_n wirklich Polynome sind, folgt aus $H_0(x)=1$ und dem Induktionsschritt von $(e^{-x^2})^{(n)}=(-1)^n H_n(x)\,e^{-x^2}$ zu

$$(e^{-x^2})^{(n+1)}=(-1)^n\big(H_n'(x)-2x\,H_n(x)\big)\,e^{-x^2}=(-1)^{n+1}\,H_{n+1}(x)\,e^{-x^2},$$

wonach

$$H_{n+1}(x)=2x\,H_n(x)-H_n'(x) \tag{3.85}$$

gilt. Insbesondere ist H_n vom Grade n mit dem Hauptkoeffizienten 2^n. Partielle Integration liefert wegen

$$(e^{-x^2}H_{n-1}(x))'=-e^{-x^2}H_n(x) \qquad (n\geqq 1)$$

gemäß (3.84) die Identität

$$\int_{-\infty}^{+\infty} e^{-x^2}H_n(x)\,H_k(x)\,dx=\int_{-\infty}^{+\infty} e^{-x^2}H_{n-1}(x)\,H_k'(x)\,dx \qquad (n\geqq 1). \tag{3.86}$$

Deren wiederholte Anwendung zeigt für $k<n$, daß H_k und H_n bezüglich w zueinander orthogonal sind; für $k=n$ folgt

$$\int_{-\infty}^{+\infty} e^{-x^2}H_n^2(x)\,dx=\int_{-\infty}^{+\infty} e^{-x^2}H_0(x)\,H_n^{(n)}(x)\,dx=2^n n!\int_{-\infty}^{+\infty} e^{-x^2}\,dx=2^n n!\,\sqrt{\pi}. \tag{3.87}$$

Für alle $n<k$ verschwindet mit der linken auch die rechte Seite von (3.86), so daß H_k' proportional zu H_{k-1} ist (man vgl. den entsprechenden Schluß bei den Laguerre-Polynomen). Durch Vergleich der Hauptkoeffizienten folgt so

$$H_k'(x)=2k\,H_{k-1}(x). \tag{3.88}$$

Das liefert in Verbindung mit (3.85) die *Rekursionsformel*

(3.89) $$H_{n+1}(x)=2x\,H_n(x)-2n\,H_{n-1}(x)$$

und speziell

(3.90) $$H_0(x)=1, \quad H_1(x)=2x, \quad H_2(x)=4x^2-2, \quad H_3(x)=8x^3-12x, \dots .$$

Die Transformation auf Hauptkoeffizienten 1 in (3.89) lehrt

(3.91) $$\sigma_n=0, \quad \tau_n^2=\frac{n}{2}.$$

Schließlich ergibt sich durch Differentiation von (3.85) und $H'_{n+1}(x)=(2n+2)\,H_n(x)$ gemäß (3.88) für $y=H_n(x)$ die *Differentialgleichung*

(3.92) $$y''-2x\,y'+2n\,y=0.$$

Die Hermite-Polynome können in gewisser Weise als Spezialfall der Laguerre-Polynome aufgefaßt werden. In Analogie zu (3.44) gilt nämlich

(3.93a) $$H_{2n}(x)=(-1)^n\,2^{2n}\,n!\,L_n^{(-\frac{1}{2})}(x^2),$$

(3.93b) $$H_{2n+1}(x)=(-1)^n\,2^{2n+1}\,n!\,x\,L_n^{(+\frac{1}{2})}(x^2).$$

B e w e i s: $L_n^{(-\frac{1}{2})}(x^2)$ stellt ein g e r a d e s Polynom vom Grade $2n$ dar, $x\,L_n^{(+\frac{1}{2})}(x^2)$ ein u n g e r a d e s Polynom vom Grade $2n+1$. Nach (3.84) (oder auch nach Aufgabe 3.1) ist H_{2k+1} ungerade und H_{2k} gerade; somit gibt es Polynome φ_k und ψ_k vom Grade k, so daß

$$H_{2k}(x)=\varphi_k(x^2), \qquad H_{2k+1}(x)=x\,\psi_k(x^2).$$

Aus

$$\int_{-\infty}^{+\infty} e^{-x^2}\,L_n^{(-\frac{1}{2})}(x^2)\,H_{2k+1}(x)\,dx=0$$

und

$$\int_{-\infty}^{+\infty} e^{-x^2}\,L_n^{(-\frac{1}{2})}(x^2)\,H_{2k}(x)\,dx=2\int_0^{\infty} e^{-x^2}\,L_n^{(-\frac{1}{2})}(x^2)\,\varphi_k(x^2)\,dx$$

$$=\int_0^{\infty} e^{-t}\,t^{-\frac{1}{2}}\,L_n^{(-\frac{1}{2})}(t)\,\varphi_k(t)\,dt=0$$

für $k<n$ folgt $\beta_n\,L_n^{(-\frac{1}{2})}(x^2)=H_{2n}(x)$, aus

$$\int_{-\infty}^{+\infty} e^{-x^2}\,x\,L_n^{(\frac{1}{2})}(x^2)\,H_{2k}(x)\,dx=0$$

und
$$\int_{-\infty}^{+\infty} e^{-x^2} x\, L_n^{(\frac{1}{2})}(x^2)\, H_{2k+1}(x)\, dx = 2\int_0^{\infty} e^{-x^2} x^2\, L_n^{(\frac{1}{2})}(x^2)\, \psi_k(x^2)\, dx$$
$$= \int_0^{\infty} e^{-t}\, t^{\frac{1}{2}}\, L_n^{(\frac{1}{2})}(t)\, \psi_k(t)\, dt = 0$$

für $k<n$ entsprechend $\gamma_n x\, L_n^{(\frac{1}{2})}(x^2) = H_{2n+1}(x)$.

Die Bestimmung der Konstanten β_n, γ_n durch Vergleich der Hauptkoeffizienten führt zu (3.93).

Mit den vorstehenden Aussagen über Laguerre- und Hermite-Polynome beherrscht man die polynomische Approximation in den Räumen $L^2_{w_\alpha}(0,\infty)$ und $L^2_w(-\infty,+\infty)$ (wie zuvor sei $w_\alpha(x)=x^\alpha e^{-x}$ und $w(x)=e^{-x^2}$), soweit es sich um Proximumfragen handelt. Wie aber steht es mit der Approximierbarkeit? – Wir kommen damit zurück auf die schon im Anschluß an Satz 2.10 diskutierte Frage nach der Dichtheit der Polynome in L^p_w. Diese war für Belegungen über endlichen Intervallen nach dem Satz von WEIERSTRASS gesichert. Speziell für die hier behandelten „unendlichen" Belegungen beweisen wir jetzt

Satz 3.11: *Die Menge der Polynome liegt dicht in den Räumen* $L^2_{w_\alpha}(0,\infty)$ *und* $L^2_w(-\infty,\infty)$, *wobei* $w_\alpha(x)=x^\alpha e^{-x}$ *und* $w(x)=e^{-x^2}$.

Wir betrachten zunächst $L^2_{w_\alpha}(0,\infty)$. Nach Satz 2.10 genügt es, darin die Approximierbarkeit der reellwertigen stetigen Funktionen mit kompaktem Träger zu zeigen. Ein solches f mit $f(x)=0$ für $x \geqq x_0 > 0$ geht bei der Substitution $e^{-x}=t$ in $f_1 \in C[0,1]$ über, wobei

$$f_1(t) = \begin{cases} f(-\lg t) & \text{für } e^{-x_0} \leqq t \leqq 1, \\ 0 & \text{für } 0 \leqq t \leqq e^{-x_0}. \end{cases}$$

Nach dem Satz von WEIERSTRASS gibt es zu jedem $\varepsilon>0$ ein Polynom p,

$$p(t) = \sum_{k=0}^{m} \gamma_k t^k, \quad \text{mit} \quad |f_1(t)-p(t)|<\varepsilon \qquad \text{für } 0 \leqq t \leqq 1,$$

so daß
$$\left| f(x) - \sum_{k=0}^{m} \gamma_k e^{-kx} \right| < \varepsilon \qquad \text{für } x \geqq 0$$

und
$$\int_0^{\infty} e^{-x} x^\alpha \left(f(x) - \sum_{k=0}^{m} \gamma_k e^{-kx} \right)^2 dx < \Gamma(\alpha+1)\,\varepsilon^2.$$

Demnach ist die lineare Hülle der durch $g_k(x)=e^{-kx}$ gegebenen Funktionen $g_0, g_1, g_2, \ldots$ dicht in $L^2_{w_\alpha}(0,\infty)$. Nach Satz 1.12 genügt es also, die polynomische Approximierbarkeit der g_k durch Nachweis der PARSEVALschen Gleichung (1.27) zu zeigen. g_0 ist als Konstante selbst schon ein Polynom. Für $k \geqq 1$ ist

$$|g_k|^2 = \int_0^\infty e^{-x} x^\alpha g_k^2(x)\,dx = \int_0^\infty e^{-(2k+1)x} x^\alpha\,dx = \frac{\Gamma(1+\alpha)}{(2k+1)^{1+\alpha}}. \tag{3.94}$$

Andererseits berechnet man mittels Umrechnung von den $L_n^{(\alpha)}$ auf die normierten Orthogonalpolynome e_n gemäß (3.77)

$$(g_k, e_n) = \sqrt{\frac{n!}{\Gamma(\alpha+n+1)}} \int_0^\infty e^{-x} x^\alpha L_n^{(\alpha)}(x)\, e^{-kx}\,dx$$

und mittels n-facher partieller Integration vermöge (3.74) weiter

$$(g_k, e_n) = \sqrt{\frac{n!}{\Gamma(\alpha+n+1)}}\, \frac{k}{n} \int_0^\infty e^{-x} x^{\alpha+1} L_{n-1}^{(\alpha+1)}(x)\, e^{-kx}\,dx = \cdots$$

$$= \sqrt{\frac{n!}{\Gamma(\alpha+n+1)}}\, \frac{k^n}{n!} \int_0^\infty e^{-x} x^{\alpha+n} e^{-kx}\,dx = \frac{k^n}{(k+1)^{\alpha+n+1}} \sqrt{\frac{\Gamma(\alpha+n+1)}{n!}}.$$

Der Wert der rechten Seite von (1.27) läßt sich als Binomische Reihe in geschlossener Form darstellen, nämlich

$$\sum_{n=0}^\infty (g_k, e_n)^2 = \sum_{n=0}^\infty \frac{k^{2n}\,\Gamma(\alpha+n+1)}{(k+1)^{2\alpha+2n+2}\, n!} = \frac{\Gamma(\alpha+1)}{(k+1)^{2+2\alpha}} \sum_{n=0}^\infty \binom{-1-\alpha}{n} (-1)^n \left(\frac{k}{k+1}\right)^{2n}$$

$$= \frac{\Gamma(\alpha+1)}{(k+1)^{2+2\alpha}} \left(1 - \frac{k^2}{(k+1)^2}\right)^{-1-\alpha} = \frac{\Gamma(\alpha+1)}{(2k+1)^{\alpha+1}}$$

in Übereinstimmung mit (3.94). Damit gilt für die g_k die PARSEVALsche Gleichung, und Satz 3.11 ist für die Belegungen w_α bewiesen.

Der Fall $w(x) = e^{-x^2}$ über $(-\infty, +\infty)$ kann auf das bisher Bewiesene zurückgeführt werden. Mit $f \in L_w^2$ sind auch der gerade und der ungerade Anteil $f_0(x) = \frac{1}{2}(f(x) + f(-x))$, $f_1(x) = \frac{1}{2}(f(x) - f(-x))$ von f in L_w^2, weil w gerade ist, und für die durch $g_0(x^2) = f_0(x)$, $x\,g_1(x^2) = f_1(x)$ über $(0, \infty)$ definierten Funktionen gilt wegen

$$\int_0^\infty e^{-t} t^{-\frac{1}{2}} |g_0(t)|^2\,dt = 2\int_0^\infty e^{-x^2} |f_0(x)|^2\,dx < \infty$$

und

$$\int_0^\infty e^{-t} t^{\frac{1}{2}} |g_1(t)|^2\,dt = 2\int_0^\infty e^{-x^2} |f_1(x)|^2\,dx < \infty$$

$g_0 \in L^2_{w_{-\frac{1}{2}}}(0, \infty)$ und $g_1 \in L^2_{w_{\frac{1}{2}}}(0, \infty)$. Zu $\varepsilon > 0$ gibt es approximierende Linearkombinationen der $L_n^{(-\frac{1}{2})}$ bzw. der $L_n^{(+\frac{1}{2})}$, so daß

$$\frac{\varepsilon^2}{4} > \int_0^\infty e^{-t} t^{-\frac{1}{2}} \left| g_0(t) - \sum_{n=0}^m \beta_n L_n^{(-\frac{1}{2})}(t) \right|^2 dt = 2 \int_0^\infty e^{-x^2} \left| f_0(x) - \sum_{n=0}^m \beta'_n H_{2n}(x) \right|^2 dx$$

und

$$\frac{\varepsilon^2}{4} > \int_0^\infty e^{-t} t^{\frac{1}{2}} \left| g_1(t) - \sum_{n=0}^k \gamma_n L_n^{(\frac{1}{2})}(t) \right|^2 dt = 2 \int_0^\infty e^{-x^2} \left| f_1(x) - \sum_{n=0}^k \gamma'_n H_{2n+1}(x) \right|^2 dx,$$

wobei sich die Koeffizienten β_n, γ_n durch Beachtung der Faktoren in (3.93) zu β'_n, γ'_n ändern. So folgt in der Norm von $L^2_w(-\infty, \infty)$

$$\left| f - \sum_{n=0}^m \beta'_n H_{2n} - \sum_{n=0}^k \gamma'_n H_{2n+1} \right| < \varepsilon,$$

und damit ist Satz 3.11 vollständig bewiesen.

In 8.2 werden wir übrigens für Belegungen, die für $|x| \to \infty$ hinreichend schnell abnehmen, ein noch allgemeineres Resultat dieser Art erhalten. Daß der vorstehende Satz nicht auf beliebige Belegungen verallgemeinert werden kann, zeigt das folgende *Gegenbeispiel*:

Zu der mit $v(x) = e^{-\lg^2 x}$ über $(0, \infty)$ gegebenen Belegung existieren die Momente

$$\mu_n = \int_0^\infty e^{-\lg^2 x} x^n \, dx \qquad (n = 0, 1, 2, \ldots),$$

denn für $x \geqq e^{n+2}$ gilt $v(x) \leqq \frac{1}{x^{n+2}}$. $f(x) = \sin(4\pi \lg x)$ gibt eine beschränkte meßbare Funktion $f \in L^2_v(0, \infty)$. Mit der Substitution $\lg x = t + \frac{n+1}{2}$ folgt, weil der Sinus eine ungerade Funktion ist,

$$\int_0^\infty v(x) x^n f(x) \, dx = e^{\frac{(n+1)^2}{4}} \int_{-\infty}^{+\infty} e^{-t^2} \sin(4\pi t) \, dt = 0 \qquad (n = 0, 1, 2, \ldots).$$

Demnach ist f zu allen Polynomen orthogonal und genügt nicht der PARSEVALschen Gleichung. Die Menge der Polynome ist also nicht dicht in $L^2_v(0, \infty)$.

Aufgaben

3.1. Wenn die Belegung w eine gerade Funktion ist, dann sind die zugehörigen Orthogonalpolynome $e_0, e_2, e_4, \ldots$ gerade, $e_1, e_3, e_5, \ldots$ ungerade; in der Rekursionsformel gilt $\sigma_n = 0$.

3.2. Für die normierten Orthogonalpolynome lautet die Rekursionsformel

$$\tau_{n+1}\, e_{n+1}(x) + \tau_n\, e_{n-1}(x) = (x - \sigma_n)\, e_n(x).$$

3.3. w_0 und $\hat{w}_0$ seien positive stetige Belegungen über (a, b); $\lambda_n^{(n)}$ bzw. $\hat{\lambda}_\nu^{(n)}$ bezeichne die Nullstellen der zugehörigen Orthogonalpolynome. Mittels Satz 3.5 beweise man:

Wenn $\dfrac{\hat{w}_0(x)}{w_0(x)}$ *mit x monoton wächst, dann gilt* $\lambda_\nu^{(n)} < \hat{\lambda}_\nu^{(n)}$.

3.4. Mittels $\left(\dfrac{e_{n+1}(x)}{e_n(x)}\right)' > 0$ beweise man, daß die Nullstellen von e_n die von e_{n+1} trennen.

3.5. Die Konstanten in der Partialbruchzerlegung

$$\frac{e_{n-1}(x)}{e_n(x)} = \sum_{\nu=1}^{n} \frac{\gamma_\nu^{(n)}}{x - \lambda_\nu^{(n)}} \quad \text{sind} \quad \gamma_\nu^{(n)} = \frac{e_{n-1}(\lambda_\nu^{(n)})}{e_n'(\lambda_\nu^{(n)})} > 0.$$

3.6 Mittels der Größen $P_n^{(\alpha,\beta)}(1)$, $P_n^{(\alpha,\beta)\prime}(1)$ beweise man für die maximale Nullstelle von $P_n^{(\alpha,\beta)}$

$$\lambda_n^{(n)}(\alpha, \beta) \leqq 1 - \frac{2(\alpha+1)}{n(\alpha+\beta+n+1)}.$$

3.7. Die Tschebyscheff-Polynome $y_n = T_n$ und $y_n = V_n$ genügen der Rekursionsformel

$$y_{n+2}(x) = (4x^2 - 2)\, y_n(x) - y_{n-2}(x).$$

3.8. Mittels (3.44a) und der Substitution $x = \cos(\varphi/2)$ beweise man

$$P_n^{(\frac{1}{2}, -\frac{1}{2})}(\cos\varphi) = \beta_n \frac{\sin\left((2n+1)\dfrac{\varphi}{2}\right)}{\sin\left(\dfrac{\varphi}{2}\right)}$$

nebst Bestimmung der β_n und der Nullstellen $\lambda_\nu^{(n)}(\frac{1}{2}, -\frac{1}{2})$.

3.9. Die Nullstellen der Jacobi-Polynome sind annähernd trigonometrisch gleichverteilt. Setzt man $\lambda_\nu^{(n)}(\alpha, \beta) = -\cos\vartheta_\nu^{(n)}(\alpha, \beta)$ mit $0 < \vartheta_\nu^{(n)} < \pi$, dann gilt

$$(*) \qquad \left|\vartheta_\nu^{(n)}(\alpha, \beta) - \frac{2\nu-1}{2n}\pi\right| < \frac{\max\{\alpha, \beta\}+3}{n}\pi \qquad (\alpha, \beta > -1,\ 1 \leqq \nu \leqq n).$$

Anleitung: $\lambda_\nu^{(n)}(\beta, \alpha) = \lambda_{n+1-\nu}^{(n)}(\alpha, \beta)$ reduziert auf $\alpha \geqq \beta$; wie bei Satz 3.9 folgt (∗) für $\alpha = \beta \in [-\frac{1}{2}, \frac{1}{2}]$; für $\alpha = \beta > \frac{1}{2}$ wende man wiederholt (3.37) an; mit (3.44a) gelangt man zu $\alpha \geqq -\frac{1}{2}$, $\beta = -\frac{1}{2}$ und erhält (∗) nach Satz 3.8 für $\alpha \geqq \beta \geqq -\frac{1}{2}$; mit (3.33) wird schließlich auch $\beta < -\frac{1}{2}$ erledigt.

3.10. Die Laguerre-Polynome genügen der Identität

$$L_n^{(\alpha+1)}(x)=\sum_{\nu=0}^{n} L_\nu^{(\alpha)}(x).$$

3.11. Für die maximale Nullstelle von $L_n^{(\alpha)}$ gilt

$$(**)\qquad \lambda_n^{(n)}(\alpha)\geqq 4n-O(\sqrt[3]{n}) \qquad (n\to\infty).$$

Anleitung: Durch Fortlassen der Zeilen und Spalten $1,\dots,n-k$ entsteht aus $A_n(\alpha)$ in (3.80) eine Teilmatrix $B_{n,k}(\alpha)$ mit maximalem Eigenwert $\psi_k\leqq\lambda_n^{(n)}(\alpha)$ (wiederholte Anwendung von (3.13)!). $B_{n,k}(\alpha)$ ist annähernd von der Form

$$\begin{pmatrix} 2n & & 0 \\ & \ddots & \\ 0 & & 2n \end{pmatrix} + 2n \begin{pmatrix} 0 & \frac{1}{2} & & 0 \\ \frac{1}{2} & 0 & \ddots & \\ & \ddots & \ddots & \frac{1}{2} \\ 0 & & \frac{1}{2} & 0 \end{pmatrix},$$

wobei sich die Eigenwerte der letzten Matrix aus ihrem engen Zusammenhang mit (3.56) ergeben. Abschätzung der Störungen und geschickte Wahl von k (in Abhängigkeit von n) liefert (**).

3.12. *Erzeugende Funktion* der Hermite-Polynome:

$$e^{2tx-t^2}=\sum_{n=0}^{\infty}\frac{H_n(x)}{n!}\,t^n.$$

4 Fourier-Approximation

4.1 Trigonometrische Approximation im quadratischen Mittel

Die Approximation durch trigonometrische Polynome ist naturgemäß auf 2π-periodische Funktionen gerichtet. Mißt man die Abstände im quadratischen Mittel (mit Belegung $w(x)=1$), dann ist der Raum

$$L^2_{2\pi}=\left\{f \mid f \text{ meßbar, } 2\pi\text{-periodisch und } \int_0^{2\pi} |f(x)|^2\,dx<\infty\right\}$$

mit der durch

$$(4.1) \qquad |f|=\sqrt{\int_a^{a+2\pi} |f(x)|^2\,dx} \qquad (a\in\mathbb{R} \text{ beliebig})$$

definierten Pseudonorm bzw. der durch Klassenbildung daraus entstehende Hilbertraum $\hat{L}^2_{2\pi}$ (vgl. 2.4) zu betrachten. Dabei sind zwei 2π-periodische Funktionen genau dann äquivalent, wenn sie fast überall übereinstimmen. Weil in jeder Klasse von $\hat{L}^2_{2\pi}$ höchstens ein trigonometrisches Polynom liegt, kann man jedoch – wie auch schon in 3. – von der Klassenbildung absehen und vereinfachend $L^2_{2\pi}$ behandeln.

Wegen der Isomorphie von $\hat{L}^2_{2\pi}$ zu $\hat{L}^2(0, 2\pi)$ ergibt sich nach Satz 2.10, daß die 2π-periodischen Treppenfunktionen und ebenso die 2π-periodischen stetigen Funktionen in $L^2_{2\pi}$ dicht liegen. Letztere sind nach Satz 2.2 durch trigonometrische Polynome gleichmäßig, also erst recht in der Metrik von $L^2_{2\pi}$ approximierbar. Die trigonometrischen Polynome liegen demnach dicht in $L^2_{2\pi}$.

Als Darstellungselemente für die trigonometrische Approximation verwendet man die mit

$$(4.2) \qquad h_0(x)=1, \qquad c_k(x)=\cos(kx), \qquad s_k(x)=\sin(kx) \qquad (k=1, 2, \ldots)$$

gegebenen *reellwertigen* Funktionen oder in *komplexer* Schreibweise die mit

$$(4.3) \qquad h_k(x)=e^{ikx} \qquad (k=0, \pm 1, \pm 2, \ldots)$$

definierte Folge. Der Zusammenhang zwischen (4.2) und (4.3) wird durch

$$(4.4) \qquad \cos(kx)=\tfrac{1}{2}(e^{ikx}+e^{-ikx}), \qquad \sin(kx)=\frac{1}{2i}(e^{ikx}-e^{-ikx})$$

hergestellt. Im Sinne von 2.3 sind h_k, h_{-k}, c_k, s_k ganze Funktionen vom Grade k. Die trigonometrischen Polynome vom Grade $\leqq n$ bilden demnach den Unterraum

$$\tilde{P}_n=\text{lin}\{h_0, c_1, \ldots, c_n, s_1, \ldots, s_n\}=\text{lin}\{h_{-n}, \ldots, h_0, \ldots, h_n\} \qquad (n\geqq 1)$$

bzw. $\tilde{P}_0 = \operatorname{lin}\{h_0\}$ für $n=0$. Setzt man formal noch $\tilde{P}_{-1} = \{0\}$, dann hat man in Analogie zu den U_n in 1.4 als Grundlage der trigonometrischen Approximation die aufsteigende Folge der Unterräume $\tilde{P}_{-1} \subsetneqq \tilde{P}_0 \subsetneqq \tilde{P}_1 \subsetneqq \cdots$ mit $\tilde{P} = \bigcup_n \tilde{P}_n$.

$$(4.5) \qquad (h_k, h_m) = \int_0^{2\pi} e^{ikx}\, \overline{e^{imx}}\, dx = \int_0^{2\pi} e^{i(k-m)x}\, dx = \begin{cases} 2\pi & \text{für } k=m, \\ 0 & \text{für } k \neq m \end{cases}$$

zeigt die paarweise Orthogonalität der h_k und ihre lineare Unabhängigkeit. Demnach gilt $\dim \tilde{P}_n = 2n+1$ für $n \geqq 0$, und die zugehörigen *normierten* Basiselemente sind $e_k = \frac{1}{\sqrt{2\pi}} h_k$ $(k=0, \pm 1, \ldots)$.

Auch die reellen Basiselemente aus (4.2) sind paarweise orthogonal, denn mit (4.4) gilt

$$(h_0, c_k) = (h_0, s_k) = 0 \qquad (k \geqq 1),$$

und für $k, m \geqq 1$

$$(c_k, s_m) = \frac{i}{4}(h_k + h_{-k}, h_m - h_{-m}) = \frac{i}{4}((h_k, h_m) - (h_{-k}, h_{-m})) = 0,$$

$$(c_k, c_m) = \tfrac{1}{4}(h_k + h_{-k}, h_m + h_{-m}) = \begin{cases} \pi & \text{für } k=m, \\ 0 & \text{für } k \neq m, \end{cases}$$

$$(s_k, s_m) = \tfrac{1}{4}(h_k - h_{-k}, h_m - h_{-m}) = \begin{cases} \pi & \text{für } k=m, \\ 0 & \text{für } k \neq m. \end{cases}$$

Die zugehörigen *normierten* Basiselemente sind also

$$(4.6) \qquad \frac{1}{\sqrt{2\pi}} h_0, \quad \frac{1}{\sqrt{\pi}} c_k, \quad \frac{1}{\sqrt{\pi}} s_k \qquad (k=1, 2, \ldots).$$

Jetzt kommen die allgemeinen Überlegungen aus 1.5 zum Zuge. Sinngemäße Anwendung von (1.25) liefert zu $f \in L^2_{2\pi}$ in $\tilde{P}_n$ das *eindeutige Proximum*

$$f_n = \sum_{|k| \leq n} (f, e_k)\, e_k = \sum_{|k| \leq n} \frac{1}{2\pi}(f, h_k)\, h_k,$$

$$(4.7) \qquad f_n(x) = \sum_{|k| \leq n} \gamma_k\, e^{ikx} \quad \text{mit} \quad \gamma_k = \frac{1}{2\pi} \int_0^{2\pi} f(t)\, e^{-ikt}\, dt,$$

oder in reeller Schreibweise

$$f_n = \frac{1}{2\pi}(f, h_0)\, h_0 + \sum_{k=1}^{n} \left(\frac{1}{\pi}(f, c_k)\, c_k + \frac{1}{\pi}(f, s_k)\, s_k \right),$$

$$(4.8) \qquad f_n(x) = \gamma_0 + \sum_{k=1}^{n} (\alpha_k \cos(kx) + \beta_k \sin(kx))$$

mit

$$(4.9)\quad \gamma_0=\frac{1}{2\pi}\int_0^{2\pi} f(t)\,dt,\qquad \alpha_k=\frac{1}{\pi}\int_0^{2\pi} f(t)\cos(kt)\,dt,\qquad \beta_k=\frac{1}{\pi}\int_0^{2\pi} f(t)\sin(kt)\,dt.$$

Die γ_k bzw. α_k, β_k heißen *Fourierkoeffizienten* von f, und

$$\sum_{k=-\infty}^{+\infty} \gamma_k e^{ikx} \quad \text{bzw.} \quad \gamma_0+\sum_{k=1}^{\infty}(\alpha_k\cos(kx)+\beta_k\sin(kx))$$

nennt man die *Fourierreihe* von f. Deren punktweise Konvergenz ist nicht allgemein gesichert, nicht einmal für stetiges f (vgl. 4.3). Weil $\tilde{P}$ in $L^2_{2\pi}$ dicht ist, hat man aber für jedes $f\in L^2_{2\pi}$ die Konvergenz im quadratischen Mittel $|f-f_n|\to 0$. Nach Satz 1.12 gilt also die PARSEVALsche Gleichung, hier in der Form

$$(4.10)\qquad \frac{1}{2\pi}\int_0^{2\pi}|f(x)|^2\,dx=\sum_{k=-\infty}^{+\infty}|\gamma_k|^2=|\gamma_0|^2+\tfrac{1}{2}\sum_{k=1}^{\infty}(|\alpha_k|^2+|\beta_k|^2).$$

Aus der Konvergenz dieser Reihen folgt insbesondere

$$(4.11)\qquad \gamma_k\to 0,\ \alpha_k\to 0,\ \beta_k\to 0 \qquad \text{für } k\to\infty.$$

Wie in 3.3 läßt sich auch hier das Proximum durch einen *Integraloperator* darstellen. Vertauscht man in (4.7) die Summation mit der bei den γ_k auftretenden Integration, dann entsteht

$$f_n(x)=\frac{1}{2\pi}\int_0^{2\pi} f(t)\sum_{|k|\leq n} e^{ik(x-t)}\,dt.$$

Für den Ausdruck $D_n(u)=\sum_{|k|\leq n} e^{iku}$ erhält man mittels $e^{iku}+e^{-iku}=2\cos(ku)$ die reelle Darstellung

$$(4.12)\qquad D_n(u)=1+2\sum_{k=1}^{n}\cos(ku).$$

Demnach ist D_n ein *gerades* trigonometrisches Polynom vom Grade n, d.h. es gilt $D_n(-u)=D_n(u)$. Durch Summation der geometrischen Reihe ergibt sich weiter (für $e^{iu}\neq 1$)

$$D_n(u)=e^{-inu}\,\frac{e^{i(2n+1)u}-1}{e^{iu}-1}=\frac{e^{i(2n+1)\frac{u}{2}}-e^{-i(2n+1)\frac{u}{2}}}{e^{i\frac{u}{2}}-e^{-i\frac{u}{2}}},$$

$$(4.13)\qquad D_n(u)=\frac{\sin\left((2n+1)\dfrac{u}{2}\right)}{\sin\dfrac{u}{2}}\qquad (u\neq 2m\pi)$$

mit der stetigen Ergänzung $D_n(2m\pi)=2n+1$.

Diese Beziehung steht in völliger Analogie zu der Formel von CHRISTOFFEL-DARBOUX (vgl. (3.24)). Für das *Fourierproximum* f_n hat man so die DIRICHLETsche *Integraldarstellung*

$$f_n(x)=\frac{1}{2\pi}\int_0^{2\pi} f(t)\,D_n(x-t)\,dt=\frac{1}{2\pi}\int_0^{2\pi} f(t)\frac{\sin\left((2n+1)\frac{x-t}{2}\right)}{\sin\frac{x-t}{2}}\,dt \tag{4.14}$$

mit dem in x und t symmetrischen Dirichlet-Kern $D_n(x-t)=D_n(t-x)$. Der dadurch bestimmte Integraloperator Φ_n mit $\Phi_n f=f_n$ ist ein linearer Projektor auf den Unterraum $\tilde{P}_n$.

Die Substitutionen $x-t=u$ und $x-t=-u$ verwandeln (4.14) in

$$f_n(x)=\frac{1}{2\pi}\int_{x-2\pi}^{x} f(x-u)\,D_n(u)\,du=\frac{1}{2\pi}\int_{-\pi}^{\pi} f(x-u)\,D_n(u)\,du$$

bzw.

$$f_n(x)=\frac{1}{2\pi}\int_{-x}^{2\pi-x} f(x+u)\,D_n(-u)\,du=\frac{1}{2\pi}\int_{-\pi}^{\pi} f(x+u)\,D_n(u)\,du.$$

Wenn man das arithmetische Mittel dieser Ausdrücke bildet und beachtet, daß $\frac{1}{2}\big(f(x-u)+f(x+u)\big)\,D_n(u)$ eine bezüglich u gerade Funktion darstellt, dann erhält man als weitere Integralformel

$$f_n(x)=\frac{1}{\pi}\int_0^{\pi}\frac{f(x-u)+f(x+u)}{2}\,D_n(u)\,du. \tag{4.15}$$

Für $f(x)=1$ gilt $f_n=f$, und so folgt speziell

$$1=\frac{1}{\pi}\int_0^{\pi} D_n(u)\,du. \tag{4.16}$$

Nach den bisherigen allgemeinen Entwicklungen soll jetzt noch einiges zur trigonometrischen Approximation der *geraden* Funktionen $f\in L^2_{2\pi}$ gesagt werden. Diese bilden den Unterraum

$$L^2_\pi=\{f\in L^2_{2\pi}\,|\,f(x)=f(-x) \text{ für alle } x\in\mathbb{R}\},$$

und darin enthalten sind die Unterräume $\tilde{P}^0_n$ der jeweils *geraden* trigonometrischen Polynome vom Grade $\leqq n$ und $\tilde{P}^0=\bigcup_n \tilde{P}^0_n$. Gemäß (4.9) erhält man für $f \in L^2_\pi$, indem man über $(-\pi, \pi)$ statt über $(0, 2\pi)$ integriert, die Fourierkoeffizienten

$$(4.17)\qquad \gamma_0 = \frac{1}{\pi} \int_0^\pi f(t)\,dt, \qquad \alpha_k = \frac{2}{\pi} \int_0^\pi f(t) \cos(kt)\,dt, \qquad \beta_k = 0 \quad (k \geqq 1),$$

d.h. neben der Konstanten γ_0 erscheinen in (4.8) nur die Cosinus-Terme, f_n ist also ebenfalls gerade. Φ_n projiziert demnach L^2_π auf $\tilde{P}^0_n$, denn für $f \in \tilde{P}^0_n \subseteqq \tilde{P}_n$ gilt $\Phi_n f = f_n = f$. Man erkennt so $\tilde{P}^0_n = \operatorname{lin}\{h_0, c_1, \ldots, c_n\}$ und $\dim \tilde{P}^0_n = n+1$. $\tilde{P}^0$ ist dicht in L^2_π.

Die Substitution $z = \cos x$ vermittelt einen engen Zusammenhang zwischen L^2_π und $L^2_w(-1, 1)$, wobei $w(x) = \dfrac{1}{\sqrt{1-x^2}}$ (vgl. 3.5). Mittels $\tilde{f}(x) = f(\cos x)$ wird jedem $f \in L^2_w(-1, 1)$ eindeutig ein $\tilde{f} \in L^2_\pi$ zugeordnet, mit

$$|f|^2 = \int_{-1}^{1} \frac{|f(z)|^2}{\sqrt{1-z^2}}\,dz = \int_0^\pi |\tilde{f}(x)|^2\,dx = \tfrac{1}{2}|\tilde{f}|^2.$$

Weil sich auch jedes $\tilde{f} \in L^2_\pi$ so darstellen läßt, ergibt sich nach Klassenbildung bei Berücksichtigung der Normänderung um den Faktor $\sqrt{2}$ die Isomorphie der Hilberträume $\hat{L}^2_w(-1, 1)$ und $\hat{L}^2_\pi$. Insbesondere korrespondieren die Polynome in z zu den geraden trigonometrischen Polynomen und speziell die Tschebyscheffpolynome zu den Basiselementen $h_0, c_1, c_2, \ldots$.

4.2 Punktweise Konvergenz

Die Folge der Fourier-Proxima f_n zu $f \in L^2_{2\pi}$ enthält nach Satz 2.8 eine Teilfolge f_{n_k} mit

$$f_{n_k}(x) \to f(x) \qquad \text{fast überall.}$$

So läßt sich die Fourierreihe zu f auch als Quelle trigonometrischer Polynome für *punktweise* Konvergenz verwenden. Bei dieser Betrachtungsweise ist statt $f \in L^2_{2\pi}$ zunächst nur

$$f \in L^1_{2\pi} = \{f \mid f\ 2\pi\text{-periodisch und } L\text{-integrabel über } (0, 2\pi)\}$$

zu fordern, damit die Fourierkoeffizienten gemäß (4.7) oder (4.9) überhaupt gebildet werden können. Daß der Versuch, f durch eine trigonometrische Reihe darzustellen, in gewissem Sinne *zwingend* auf die Fourierreihe führt, zeigt

Satz 4.1: *Wenn die Partialsummen* $g_n(x)=\sum_{|k|\leqq n}\rho_k e^{ikx}$ *der trigonometrischen Reihe* $\sum_{k=-\infty}^{+\infty}\rho_k e^{ikx}$ *im Sinne von* LEBESGUE *gegen* $f(x)$ *konvergieren, dann ist diese die Fourierreihe zu* f.

Beweis: Als Limes der integrablen, 2π-periodischen g_n ist $f\in L^1_{2\pi}$. Für $n\geqq k$, $n\to\infty$ gilt

$$\rho_k=\frac{1}{2\pi}\int_0^{2\pi} g_n(t)\,e^{-ikt}\,dt\to\frac{1}{2\pi}\int_0^{2\pi} f(t)\,e^{-ikt}\,dt=\gamma_k,$$

die ρ_k sind also die Fourierkoeffizienten von f.

In Verallgemeinerung von (4.11) für $f\in L^2_{2\pi}$ gilt das

Lemma von Riemann-Lebesgue:

(4.18) $$\int_a^b f(t)\,e^{-i\kappa t}\,dt\to 0,\qquad \int_a^b f(t)\frac{\sin}{\cos}(\kappa t)\,dt\to 0\qquad\text{für } \kappa\to\infty,\ f\in L^1(a,b).$$

Beweis: Die Tatsache, daß zu $f\in L^1(a,b)$ und jedem $\varepsilon>0$ eine Treppenfunktion g mit

$$\left|\int_a^b f(t)\,e^{-i\kappa t}\,dt-\int_a^b g(t)\,e^{-i\kappa t}\,dt\right|\leqq\int_a^b |f(t)-g(t)|\,dt<\varepsilon$$

existiert, reduziert die Behauptung auf Treppenfunktionen. Diese sind endliche Linearkombinationen charakteristischer Funktionen $\chi_{\alpha,\beta}$ zu Intervallen $[\alpha,\beta]$, für die ($\alpha,\beta\in[a,b]$ genügt)

$$\left|\int_a^b \chi_{\alpha,\beta}(t)\,e^{-i\kappa t}\,dt\right|=\left|\int_\alpha^\beta e^{-i\kappa t}\,dt\right|\leqq\frac{2}{\kappa}\to 0\qquad(\kappa\to\infty).$$

Damit soll jetzt gezeigt werden, daß die Konvergenz der f_n an einer Stelle x nur von den Funktionswerten von f in beliebig kleiner Umgebung $(x-\delta,x+\delta)$ beeinflußt wird.

Satz 4.2 *(Lokalisationsprinzip): Wenn* $f\in L^1_{2\pi}$, $0<\delta<\pi$,

$$f^*(t)=\begin{cases} f(t) & \text{für } |x+2m\pi-t|<\delta,\ m=0,\pm 1,\pm 2,\dots\\ 0 & \text{sonst,}\end{cases}$$

dann gilt für die gemäß (4.7) *gebildeten* f_n, f_n^*

(4.19) $$f_n(x)-f_n^*(x)\to 0\qquad(n\to\infty).$$

Die Folgen $f_n(x)$ *und* $f_n^*(x)$ *sind also entweder beide divergent oder beide konvergent gegen den gleichen Grenzwert.*

Beweis: Mittels (4.15) für $f_n(x)$ und $f_n^*(x)$ sowie (4.13) folgt

$$f_n(x)-f_n^*(x)=\frac{1}{\pi}\int_0^{\pi}\left(\frac{f(x+u)+f(x-u)}{2}-\frac{f^*(x+u)+f^*(x-u)}{2}\right)D_n(u)\,du$$
$$=\frac{1}{\pi}\int_\delta^{\pi}\left(\frac{f(x+u)+f(x-u)}{2\sin\frac{u}{2}}\right)\sin\left((2n+1)\frac{u}{2}\right)du\to 0$$

für $\kappa=\dfrac{2n+1}{2}\to\infty$ nach (4.18), denn $g(u)=\dfrac{f(x+u)+f(x-u)}{2\sin\frac{u}{2}}$ stellt ein $g\in L^1(\delta,\pi)$ dar.

In 4.3 wird gezeigt, daß die Folge $f_n(x)$ selbst für stetiges f nicht immer konvergiert. Damit ist die Frage nach Konvergenzbedingungen gestellt. Es gibt eine Vielzahl hinreichender Kriterien, die der interessierte Leser z.B. in der Monographie von ZYGMUND [32] findet. Wir beschränken uns hier (siehe auch Aufgabe 4.4) auf den

Satz 4.3: *f sei reell, 2π-periodisch und von beschränkter Variation über $[0,2\pi]$. Dann gilt*

$$f_n(x)\to\frac{f(x-0)+f(x+0)}{2}\qquad \Big(f(x\pm 0)=\lim_{\substack{u\to 0\\ u>0}} f(x\pm u)\Big),\tag{4.20}$$

$$\left|f_n(x)-\frac{f(x-0)+f(x+0)}{2}\right|\leqq c\int_0^{2\pi}|df(t)|\qquad \textit{(beschränkte Konvergenz)},\tag{4.21}$$

und falls f außerdem stetig über $[a,b]$ ist, gleichmäßige Konvergenz

$$f_n(x)\Rightarrow f(x)\qquad \textit{über }[a,b].\tag{4.22}$$

Auf Grund des Lokalisationsprinzips folgt (4.20) dann auch schon, wenn $f\in L^1_{2\pi}$ über $[x-\delta,x+\delta]$ von beschränkter Variation ist.

Beweis: Zu festem x sei g_x definiert durch

$$g_x(0)=\tfrac{1}{2}\big(f(x+0)+f(x-0)\big),\qquad g_x(t)=\tfrac{1}{2}\big(f(x+t)+f(x-t)\big)\qquad \text{für } t\neq 0.\tag{4.23}$$

Die abzuschätzende Differenz hat nach (4.15), (4.16) die Form

$$f_n(x)-g_x(0)=\frac{1}{\pi}\int_0^{\pi}g_x(t)\,D_n(t)\,dt-g_x(0)=\frac{1}{\pi}\int_0^{\pi}\big(g_x(t)-g_x(0)\big)\,D_n(t)\,dt.\tag{4.24}$$

g_x ist stetig an der Stelle $t=0$ und von beschränkter Variation, nämlich

(4.25) $$\int_0^{\pi} |dg_x(t)| \leqq \tfrac{1}{2} \int_{t=0}^{\pi} |df(x+t)| + \tfrac{1}{2} \int_{t=0}^{\pi} |df(x-t)| = \tfrac{1}{2} \int_{x-\pi}^{x+\pi} |df(t)| = \tfrac{1}{2} \int_0^{2\pi} |df(t)|.$$

Weil auch die totale Variation von g_x dann stetig in 0 ist, gibt es zu jedem $\varepsilon > 0$ ein $\delta > 0$, so daß

(4.26) $$\int_0^{\delta} |dg_x(t)| < \varepsilon \qquad (\delta \text{ abhängig von } x \text{ und } \varepsilon).$$

Wenn außerdem f stetig über $[a, b]$ ist, dann existiert wegen der gleichmäßigen Stetigkeit der totalen Variation von f über $[a, b]$ zu jedem $\varepsilon > 0$ ein $\delta > 0$, so daß (vgl. (4.25))

(4.27) $$\int_0^{\delta} |dg_x(t)| \leqq \tfrac{1}{2} \int_{x-\delta}^{x+\delta} |df(t)| < \varepsilon \qquad \text{für alle } x \in [a, b] \;\; (\delta \text{ nur von } \varepsilon \text{ abhängig}).$$

Die weitere Beweisführung beruht wesentlich auf einem genauen Studium der Funktion D_n. Nach (4.13) wechselt sie das Vorzeichen an den Stellen

$$t_k = \frac{2k\pi}{2n+1} \qquad (1 \leqq k \leqq n).$$

Setzt man außerdem noch $t_0 = 0$, $t_{n+1} = \pi$, dann hat in den Teilintegralen

(4.28) $$d_k = \frac{1}{\pi} \int_{t_k}^{t_{k+1}} D_n(t)\, dt = \frac{1}{\pi} \int_{t_k}^{t_{k+1}} \frac{\sin\left((2n+1)\frac{t}{2}\right)}{\sin\frac{t}{2}}\, dt \qquad (0 \leqq k \leqq n)$$

der Integrand jeweils einheitliches Vorzeichen. Weil $\left|\sin\left((2n+1)\frac{t}{2}\right)\right|$ die Periode $\frac{2\pi}{2n+1}$ hat und $\frac{1}{\sin\frac{t}{2}}$ in $(0, \pi]$ monoton fällt, folgt so $|d_0| > |d_1| > \cdots > |d_n|$ und wegen $\operatorname{sign} d_k = (-1)^k$ weiter (vgl. auch Aufgabe 4.5)

(4.29) $$\left|\sum_{i=k}^{n} d_i\right| \leqq |d_k| \qquad (0 \leqq k \leqq n).$$

Für $k=0$ ergibt sich vermöge (4.16) genauer

(4.30) $$\sum_{i=0}^{n} d_i = \frac{1}{\pi} \int_0^{\pi} D_n(t)\, dt = 1.$$

Mit geeigneten Konstanten $\rho_1, \rho_2, \ldots$ hat man die Abschätzungen

$$0 \leqq \frac{1}{\sin\frac{t}{2}} - \frac{1}{\frac{t}{2}} \leqq \rho_1 \qquad \text{für } 0 < t \leqq \pi,$$

$$|d_k| = \frac{1}{\pi} \int_{t_k}^{t_{k+1}} \frac{\left|\sin\left((2n+1)\frac{t}{2}\right)\right|}{\frac{t}{2}}\, dt$$

$$(4.31) \qquad + \frac{1}{\pi} \int_{t_k}^{t_{k+1}} \left|\sin\left((2n+1)\frac{t}{2}\right)\right| \left(\frac{1}{\sin\frac{t}{2}} - \frac{1}{\frac{t}{2}}\right) dt$$

$$\leqq \left(\frac{2}{\pi t_k} + \frac{\rho_1}{\pi}\right) \int_{t_k}^{t_{k+1}} \left|\sin\left((2n+1)\frac{t}{2}\right)\right| dt \leqq \frac{4}{\pi^2 k} + \frac{\rho_2}{n} \qquad \text{für } 1 \leqq k \leqq n,$$

$$(4.32) \qquad d_0 = \frac{1}{\pi} \int_0^{\frac{2\pi}{2n+1}} D_n(t)\, dt \leqq 2$$

wegen $D_n(t) \leqq 2n+1$, wie man aus (4.12) entnimmt, und

$$(4.33) \qquad \frac{1}{\pi} \int_0^{\pi} |D_n(t)|\, dt = \sum_{k=0}^{n} |d_k| \leqq 2 + \sum_{k=1}^{n} \left(\frac{4}{\pi^2 k} + \frac{\rho_2}{n}\right) \leqq \frac{4}{\pi^2} \lg n + \rho_3 .$$

Entsprechend erhält man die unteren Schranken

$$|d_k| \geqq \frac{2}{\pi t_{k+1}} \int_{t_k}^{t_{k+1}} \left|\sin\left((2n+1)\frac{t}{2}\right)\right| dt = \frac{4}{\pi^2 (k+1)} \qquad \text{für } 0 \leqq k \leqq n-1,$$

$$(4.34) \qquad \frac{1}{\pi} \int_0^{\pi} |D_n(t)|\, dt \geqq \sum_{k=0}^{n-1} \frac{4}{\pi^2 (k+1)} \geqq \frac{4}{\pi^2} \lg n .$$

Die damit gewonnene asymptotische Aussage, daß $\frac{1}{\pi} \int_0^{\pi} |D_n(t)|\, dt$ mit $n \to \infty$ in der Größenordnung von $\lg n$ wächst, ist eine wichtige Grundlage für allgemeine Betrachtungen in 4.3 und 4.4.

Nach diesem Exkurs über die d_k kann jetzt der Beweis von Satz 4.3 fortgesetzt werden. Aus (4.24) folgt nach Aufspaltung in Teilintegrale über die Intervalle (t_k, t_{k+1}) und Anwendung des ersten Mittelwertsatzes

$$f_n(x) - g_x(0) = \sum_{k=0}^{n} \mu_k \frac{1}{\pi} \int_{t_k}^{t_{k+1}} D_n(t)\, dt - g_x(0) = \sum_{k=0}^{n} \mu_k d_k - g_x(0),$$

wobei

$$\inf\{g_x(t)|t_k<t<t_{k+1}\}\leqq\mu_k\leqq\sup\{g_x(t)|t_k<t<t_{k+1}\}, \tag{4.35}$$

und partielle Summation ergibt

$$f_n(x)-g_x(0)=\sum_{k=1}^{n}(\mu_k-\mu_{k-1})\sum_{i=k}^{n}d_i+\mu_0\sum_{i=0}^{n}d_i-g_x(0).$$

Vermöge (4.29) in Verbindung mit (4.31) und wegen (4.30) erhält man so die wichtige Abschätzung

$$|f_n(x)-g_x(0)|\leqq\sum_{k=1}^{n}|\mu_k-\mu_{k-1}|\,\frac{\rho_4}{k}+|\mu_0-g_x(0)|, \tag{4.36}$$

auf die wir auch in 4.3 noch zurückkommen werden. Hier ist g_x von beschränkter Variation, also

$$|\mu_k-\mu_{k-1}|\leqq\sup\{|g_x(t)-g_x(t')|\,|t_{k-1}<t'<t_k<t<t_{k+1}\}\leqq\int_{t_{k-1}}^{t_{k+1}}|dg_x(t)|$$

für $1\leqq k\leqq n$ und

$$|\mu_0-g_x(0)|\leqq\int_{t_0}^{t_1}|dg_x(t)|.$$

Mit (4.25) folgt so unmittelbar

$$|f_n(x)-g_x(0)|\leqq\sum_{k=1}^{n}\frac{\rho_4}{k}\int_{t_{k-1}}^{t_{k+1}}|dg_x(t)|+\int_{t_0}^{t_1}|dg_x(t)|\leqq 2c\int_0^{\pi}|dg_x(t)|\leqq c\int_0^{2\pi}|df(t)|,$$

d.h. (4.21) mit $c=\max\{1,\rho_4\}$.

Für $k<k_0=\left[\frac{2n+1}{2\pi}\,\delta\right]$ mit δ gemäß (4.26) bzw. (4.27) zu gegebenem $\varepsilon>0$ gilt $t_{k+1}\leqq t_{k_0}=\frac{2k_0\pi}{2n+1}\leqq\delta$,

$$\sum_{k=1}^{k_0-1}|\mu_k-\mu_{k-1}|\,\frac{\rho_4}{k}+|\mu_0-g_x(0)|\leqq 2c\int_0^{\delta}|dg_x(t)|<2c\,\varepsilon$$

und

$$\sum_{k=k_0}^{n}|\mu_k-\mu_{k-1}|\,\frac{\rho_4}{k}\leqq\frac{2\rho_4}{k_0}\int_0^{\pi}|dg_x(t)|\leqq\frac{\rho_5}{n\delta}\int_0^{2\pi}|df(t)|<\varepsilon$$

für hinreichend großes n, also $|f_n(x)-g_x(0)|<(2c+1)\,\varepsilon$. Damit ist (4.20) bzw. (4.22) bewiesen.

Ein besonders illustratives Beispiel für Satz 4.3 ist mit $f(x) = \operatorname{sign}(\sin x)$ gegeben. Diese als „Rechtecksinus“ bezeichnete ungerade Funktion f hat nach (4.9) die Fourierkoeffizienten

$$\gamma_0 = \frac{1}{2\pi} \int_{-\pi}^{\pi} f(t)\, dt = 0, \qquad \alpha_k = \frac{1}{\pi} \int_{-\pi}^{\pi} f(t) \cos(k t)\, dt = 0,$$

$$\beta_k = \frac{1}{\pi} \int_{-\pi}^{\pi} f(t) \sin(k t)\, dt = \frac{2}{\pi} \int_0^{\pi} \sin(k t)\, dt = \frac{2}{\pi} \frac{1 - \cos(k\pi)}{k} \qquad (k \geqq 1);$$

weil f von beschränkter Variation ist und

$$\frac{f(x+0) + f(x-0)}{2} = f(x)$$

erfüllt, gilt also

$$f(x) = \operatorname{sign}(\sin x) = \frac{4}{\pi} \left(\frac{\sin x}{1} + \frac{\sin(3x)}{3} + \frac{\sin(5x)}{5} + \cdots \right). \tag{4.37}$$

Nach (4.21) sind die Partialsummen f_n dieser Reihe gleichmäßig bezüglich n beschränkt und nach (4.22) in abgeschlossenen Teilintervallen von $(0, \pi)$ und $(-\pi, 0)$ gleichmäßig konvergent. Für $x = 0$ gilt $f_n(0) = 0 = f(0)$. Wie aber verhalten sich die f_n in der Nähe der Sprungstelle $x = 0$?

Mittels (4.15) hat man für $0 \leqq x \leqq \pi/2$ die Darstellung

$$f_n(x) = \frac{1}{\pi} \int_0^{\pi} \frac{f(x+t) + f(x-t)}{2} D_n(t)\, dt = \frac{1}{\pi} \int_0^{x} D_n(t)\, dt - \frac{1}{\pi} \int_{\pi - x}^{\pi} D_n(t)\, dt.$$

Besonders groß wird dieser Ausdruck an der ersten Nullstelle $x_n = \dfrac{2\pi}{2n+1}$ von D_n, nämlich

$$f_n(x_n) = \frac{1}{\pi} \int_0^{x_n} \frac{\sin\left((2n+1)\frac{t}{2}\right)}{\sin\frac{t}{2}}\, dt - \frac{1}{\pi} \int_{\pi - x_n}^{\pi} \frac{\sin\left((2n+1)\frac{t}{2}\right)}{\sin\frac{t}{2}}\, dt$$

$$\geqq \frac{2}{\pi} \int_0^{x_n} \frac{\sin\left((2n+1)\frac{t}{2}\right)}{t}\, dt - \frac{\rho_6}{n} = \frac{2}{\pi} \int_0^{\pi} \frac{\sin u}{u}\, du - \frac{\rho_6}{n}.$$

Damit folgt

$$\lim_{n \to \infty} f_n(x_n) \geqq \frac{2}{\pi} \int_0^{\pi} \frac{\sin u}{u}\, du > 1 = \lim_{\substack{x \to 0 \\ x > 0}} f(x),$$

denn

$$\int_0^\pi \frac{\sin u}{u}\,du > \int_0^\infty \frac{\sin u}{u}\,du = \frac{\pi}{2},$$

d.h. die f_n schießen nahe 0 um einen Mindestbetrag über das Ziel hinaus. Dieses Verhalten in der Nähe von Sprungstellen bezeichnet man als GIBBS*sches Phänomen.*

Setzt man in (4.37) $\frac{\pi}{2}+x$ statt x, dann ergibt sich die an späterer Stelle noch anzuwendende Beziehung

(4.38) $$\operatorname{sign}(\cos x) = \frac{4}{\pi}\left(\frac{\cos x}{1} - \frac{\cos(3x)}{3} + \frac{\cos(5x)}{5} - \cdots\right).$$

Nach Satz 4.1 ist das die Fourierreihe zu der links geschlossen dargestellten Funktion. Mit $x=0$ folgt speziell

$$\frac{\pi}{4} = 1 - \frac{1}{3} + \frac{1}{5} - \frac{1}{7} + \cdots.$$

4.3 Fourier-Approximation in $\tilde{C}_{2\pi}$

Wenn die Fourier-Proxima f_n gleichmäßig gegen f konvergieren, dann gehört f notwendig zum Raume $\tilde{C}_{2\pi}$ der stetigen, 2π-periodischen Funktionen. Die gleichmäßige Konvergenz ist nach Satz 4.3 gesichert, wenn $f \in \tilde{C}_{2\pi}$ von beschränkter Variation ist. Das trifft insbesondere auf die in $\tilde{C}_{2\pi}$ dicht liegenden Polygonzüge zu. So hat man einen neuen Beweis für Satz 2.2.

Im folgenden soll das Verhalten der f_n für $f \in \tilde{C}_{2\pi}$ allgemein untersucht werden. Dazu sind einige funktionalanalytische Vorbetrachtungen erforderlich.

(4.39) $$\int_a^b f(t)\,k(x,t)\,dt = (Kf)(x) = \psi_x f$$

beschreibt, sofern der *Kern* $k(x,t)$ stetig für $(x,t) \in [a,b] \times [a,b]$ ist, einen Integraloperator K, der jedem $f \in C[a,b]$ ein $Kf \in C[a,b]$ zuordnet, und die linearen Funktionale $\psi_x (a \leqq x \leqq b)$.

Mit $q_x(u) = \int_a^u k(x,t)\,dt$ erhält man für ψ_x die kanonische Darstellung linearer Funktionale über $C[a,b]$ durch Stieltjesintegrale, nämlich $\psi_x f = \int_a^b f(t)\,dq_x(t)$, und somit

(4.40) $$|\psi_x| = \sup_{\substack{f \in C[a,b] \\ |f|=1}} |\psi_x f| = \int_a^b |dq_x(t)| = \int_a^b |k(x,t)|\,dt, \qquad \text{stetig in } x.$$

Wegen

$$|\psi_x f| \leqq |Kf| = \max_{x\in[a,b]} |\psi_x f| \leqq \max_{x\in[a,b]} |\psi_x| \qquad \text{für } |f|=1$$

hat K die *Abbildungsnorm*

$$(4.41)\qquad |K| = \sup_{|f|=1} |Kf| = \max_{x\in[a,b]} |\psi_x| = \max_{x\in[a,b]} \int_a^b |k(x,t)|\,dt.$$

An (4.14) anknüpfend sind in dieser Weise die linearen Projektoren Φ_n von $\tilde{C}_{2\pi}$ auf $\tilde{P}_n$ und die mit

$$(4.42)\qquad f_n(x) = \frac{1}{2\pi}\int_0^{2\pi} f(t)\,D_n(x-t)\,dt = (\Phi_n f)(x) = \varphi_{n,x} f$$

definierten Funktionale $\varphi_{n,x}$ zu behandeln. Nach (4.40) gilt, weil D_n gerade und 2π-periodisch ist,

$$|\varphi_{n,x}| = \frac{1}{2\pi}\int_0^{2\pi} |D_n(x-t)|\,dt = \frac{1}{2\pi}\int_{x-2\pi}^{x} |D_n(u)|\,du = \frac{1}{2\pi}\int_{-\pi}^{\pi} |D_n(u)|\,du$$

$$= \frac{1}{\pi}\int_0^{\pi} |D_n(u)|\,du$$

für alle x, nach (4.41), (4.33) und (4.34) also

$$(4.43)\qquad |\Phi_n| = |\varphi_{n,x}| = \frac{1}{\pi}\int_0^{\pi} |D_n(u)|\,du \sim \frac{4}{\pi^2}\lg n \quad (\text{bezüglich der Norm von } \tilde{C}_{2\pi}).$$

Diese Normbestimmung ist korrekt, obwohl $\tilde{C}_{2\pi}$ gegenüber $C[0,2\pi]$ durch die Nebenbedingung $f(0)=f(2\pi)$ eingeschränkt ist, denn zu jedem $f\in C[0,2\pi]$, $\varepsilon>0$ existiert ein $\delta>0$, so daß für die durch

$$\tilde{f}_\delta(x) = \begin{cases} f(x)\min\left\{\dfrac{x}{\delta}, 1, \dfrac{2\pi-x}{\delta}\right\} & \text{für } 0\leqq x<2\pi \\ \tilde{f}_\delta(x-2k\pi) & \text{für } 2k\pi\leqq x<2k\pi+2\pi,\ k=\pm1,\pm2,\dots \end{cases}$$

definierte Funktion $\tilde{f}_\delta\in\tilde{C}_{2\pi}$

$$\left|\frac{1}{2\pi}\int_0^{2\pi}\big(f(t)-\tilde{f}_\delta(t)\big)\,D_n(x-t)\,dt\right| < \varepsilon \quad \text{und} \quad \big||f|-|\tilde{f}_\delta|\big| < \varepsilon \text{ gilt}.$$

Die Einschränkung Φ_n^0 von Φ_n auf den Unterraum $\tilde{C}_{2\pi}^0$ der *geraden* stetigen 2π-periodischen Funktionen ist nach den Überlegungen in 4.1 ein linearer Projektor auf den Unterraum $\tilde{P}_n^0 \subseteq \tilde{C}_{2\pi}^0$ der geraden trigonometrischen

Polynome. Die entsprechend eingeschränkten linearen Funktionale $\varphi_{n,x}^0$ haben (vgl. Aufgabe 4.3) die Darstellung

$$(4.44)\qquad \frac{1}{\pi}\int_0^\pi f(t)\frac{D_n(x+t)+D_n(x-t)}{2}\,dt=(\Phi_n^0 f)(x)=\varphi_{n,x}^0 f \qquad (f\in\tilde{C}_{2\pi}^0).$$

Nach (4.40) gilt also

$$(4.45)\qquad |\varphi_{n,x}^0|=\frac{1}{2\pi}\int_0^\pi |D_n(x-t)+D_n(x+t)|\,dt\leqq|\varphi_{n,x}|=|\varphi_{n,0}|$$

und an der Stelle $x=0$ speziell

$$(4.46)\qquad |\varphi_{n,0}^0|=\frac{1}{2\pi}\int_0^\pi |D_n(-t)+D_n(t)|\,dt=\frac{1}{\pi}\int_0^\pi |D_n(t)|\,dt=|\varphi_{n,0}|.$$

Mit (4.41) erkennt man

$$|\Phi_n^0|=\max_{x\in[0,\pi]}|\varphi_{n,x}^0|=|\varphi_{n,0}^0|=|\varphi_{n,0}|=|\Phi_n|,$$

d.h. Φ_n hat schon über $\tilde{C}_{2\pi}^0$ die Abbildungsnorm (4.43).

Nach diesen Vorbereitungen läßt sich jetzt die schon mehrfach erwähnte negative Aussage beweisen, daß allein aus der Stetigkeit von f nicht generell die punktweise (also erst recht nicht die gleichmäßige) Konvergenz der Fourierreihe folgt.

Satz 4.4: *Zu jedem x gibt es ein $f\in\tilde{C}_{2\pi}$, dessen Fourierreihe an der Stelle x divergiert; ebenso existiert $f\in\tilde{C}_{2\pi}^0$, so daß die Folge $f_0(0), f_1(0), \ldots$ unbeschränkt ist.*

Wäre nämlich für jedes $f\in\tilde{C}_{2\pi}$ die Folge der $(\Phi_n f)(x)=\varphi_{n,x} f$ konvergent und damit beschränkt, d.h. $|\varphi_{n,x} f|\leqq\sigma(f)$ für alle n, dann gäbe es nach dem Satz von Banach-Steinhaus (principle of uniform boundedness) ein von f unabhängiges ρ mit $|\varphi_{n,x}|\leqq\rho$ für alle n – im Widerspruch zu (4.43). Entsprechend folgt aus (4.46), daß nicht für jedes $f\in\tilde{C}_{2\pi}^0$ die Folge der Partialsummen der Fourierreihe an der Stelle 0 beschränkt sein kann.

Im Gegensatz zu Satz 4.4 hat man andererseits als positive Aussage den

Satz 4.5: *Wenn es zu f eine Folge trigonometrischer Polynome $g_n\in\tilde{P}_n$ $(n=2,3,\ldots)$ mit*

$$(4.47)\qquad |g_n-f|=\max_x|g_n(x)-f(x)|=o\left(\frac{1}{\lg n}\right)$$

gibt, dann konvergiert die Fourierreihe von f gleichmäßig gegen f.

Beweis: Aus (4.43) und (4.47) folgt, weil Φ_n über $\tilde{P}_n$ identisch abbildet,

$$|f-f_n| \leqq |f-g_n| + |g_n-f_n| = |f-g_n| + |\Phi_n g_n - \Phi_n f|$$

$$\leqq |f-g_n| + |\Phi_n|\,|g_n-f| = (1+O(\lg n))\, o\left(\frac{1}{\lg n}\right) = o(1),$$

d.h. $|f-f_n| \to 0$.

Man erkennt, daß die Approximation von f durch die f_n gegenüber der (besten) Approximierbarkeit von f durch trigonometrische Polynome höchstens um einen Faktor der Größe $\lg n$ verschlechtert ist.

In 8.2 wird gezeigt, daß die Voraussetzung in Satz 4.5 mit

$$\omega\left(f, \frac{1}{n}\right) = \max_{|u-v| \leqq 1/n} |f(u)-f(v)| = o\left(\frac{1}{\lg n}\right)$$

erfüllt ist; eine solche „Mindeststetigkeit" von f sichert also die gleichmäßige Konvergenz der Fourierreihe. Aber auch ohne jeden Vorgriff auf spätere Ergebnisse erhält man mittels der Abschätzungen in 4.2 diese Aussage in der quantitativen Formulierung von

Satz 4.6: *Für die Abschnitte f_n der Fourierreihe zu $f \in \tilde{C}_{2\pi}$ gilt*

$$|f-f_n| \leqq c\,\omega\left(f, \frac{1}{n}\right)(\lg n + 1). \tag{4.48}$$

Beweis: Wenn f stetig ist, dann sind die μ_k in (4.35) Zwischenwerte der in (4.23) definierten Funktion g_x, d.h. es gibt $\tau_k \in [t_k, t_{k+1}]$ mit

$$\mu_k = \tfrac{1}{2}\big(f(x+\tau_k) + f(x-\tau_k)\big).$$

Über Intervallen der Länge

$$\tau_k - \tau_{k-1} \leqq t_{k+1} - t_{k-1} \leqq \frac{4\pi}{2n+1} < \frac{7}{n} \quad (1 \leqq k \leqq n) \quad \text{bzw.} \quad \tau_0 - 0 \leqq \frac{2\pi}{2n+1} < \frac{4}{n}$$

kann f um höchsten $7\,\omega(f, 1/n)$ schwanken, so daß

$$|\mu_k - \mu_{k-1}| \leqq \tfrac{1}{2}|f(x+\tau_k) - f(x+\tau_{k-1})| + \tfrac{1}{2}|f(x-\tau_k) - f(x-\tau_{k-1})| \leqq 7\,\omega\left(f, \frac{1}{n}\right)$$

$$(1 \leqq k \leqq n)$$

und $|\mu_0 - g_x(0)| \leqq 7\,\omega(f, 1/n)$ gilt. Daraus folgt wegen $g_x(0) = f(x)$ in Verbindung mit (4.36) die Abschätzung (4.48).

Für Funktionen mit beschränktem Differenzenquotienten, insbesondere also für stetig differenzierbare Funktionen f gilt z.B. $\omega(f, 1/n) = O(1/n)$ und deshalb

$$|f - f_n| = O\left(\frac{\lg n}{n}\right).$$

4.4 Verallgemeinerung auf polynomtreue Operatoren

Die Folge der Fourieroperatoren $\Phi_n: \tilde{C}_{2\pi} \to \tilde{P}_n$ ist nach Satz 4.4 kein geeignetes konstruktives Hilfsmittel, jedes $f \in \tilde{C}_{2\pi}$ gleichmäßig durch trigonometrische Polynome zu approximieren. Es stellt sich die Frage, ob andere Folgen beschränkter linearer Operatoren $L_n: \tilde{C}_{2\pi} \to \tilde{P}_n$ (sogenannter *Polynomoperatoren*) dieses in dem Sinne leisten, daß $|L_n f - f| \to 0$ für jedes $f \in \tilde{C}_{2\pi}$ gilt. In 4.5 werden wir solche Folgen kennenlernen; die Antwort ist aber negativ, wenn man zusätzlich fordert, daß die L_n *polynomtreu* sind, d.h. $L_n f = f$ für $f \in \tilde{P}_n$ erfüllen, also wie die Φ_n lineare Projektoren auf $\tilde{P}_n$ sind.
Im folgenden werden die durch $(T_u f)(x) = f(x+u)$ definierten *Translationsoperatoren* $T_u: \tilde{C}_{2\pi} \to \tilde{C}_{2\pi}$ benötigt. Wegen $|T_u f| = |f|$ für alle $f \in \tilde{C}_{2\pi}$ gilt $|T_u| = 1$. $(L_n T_u f)(v)$ ist (zweidimensional) stetig in u, v, denn wegen

$$|T_u f - T_{u_0} f| = \max_x |f(u+x) - f(u_0+x)| \to 0 \qquad \text{für } |u-u_0| \to 0$$

und der Stetigkeit von $L_n T_{u_0} f$ folgt

$$\begin{aligned}
&|(L_n T_u f)(v) - (L_n T_{u_0} f)(v_0)| \\
&\qquad \leqq |(L_n T_u f)(v) - (L_n T_{u_0} f)(v)| + |(L_n T_{u_0} f)(v) - (L_n T_{u_0} f)(v_0)| \\
&\qquad \leqq |L_n|\,|T_u f - T_{u_0} f| + |(L_n T_{u_0} f)(v) - (L_n T_{u_0} f)(v_0)| \to 0
\end{aligned}$$

für $|u-u_0| + |v-v_0| \to 0$. Nachdem so die Integrabilität solcher Terme gesichert ist, kommen wir jetzt zu dem von BERMAN [2] stammenden

Satz 4.7: *Für beschränkte lineare Projektoren L_n von $\tilde{C}_{2\pi}$ auf $\tilde{P}_n$ gilt*

$$(4.49) \qquad \frac{1}{2\pi} \int_0^{2\pi} (L_n T_u f)(x-u)\, du = (\Phi_n f)(x) \qquad \text{für alle } f \in \tilde{C}_{2\pi},$$

$$(4.50) \qquad |L_n| \geqq |\Phi_n| \geqq \frac{4}{\pi^2} \lg n.$$

Beweis: Mittels trigonometrischer Additionstheoreme folgt für die Basiselemente aus (4.2) $T_u h_0 = h_0$,

$$(4.51) \qquad T_u c_k = \cos(ku)\, c_k - \sin(ku)\, s_k, \qquad T_u s_k = \cos(ku)\, s_k + \sin(ku)\, c_k \quad (k \geqq 1),$$

für $f \in \tilde{P}_n$ also $T_u f \in \tilde{P}_n$ und

$$\frac{1}{2\pi} \int_0^{2\pi} (L_n T_u f)(x-u)\, du = \frac{1}{2\pi} \int_0^{2\pi} (T_u f)(x-u)\, du = \frac{1}{2\pi} \int_0^{2\pi} f(x)\, du = (\Phi_n f)(x).$$

Für $k > n$ ergibt sich vermöge (4.51)

$$\frac{1}{2\pi} \int_0^{2\pi} (L_n T_u c_k)(x-u)\, du$$
$$= \frac{1}{2\pi} \int_0^{2\pi} \big(\cos(ku)(L_n c_k)(x-u) - \sin(ku)(L_n s_k)(x-u)\big)\, du = 0,$$

weil $L_n c_k \in \tilde{P}_n$, $L_n s_k \in \tilde{P}_n$ und deshalb $(L_n c_k)(x-u)$, $(L_n s_k)(x-u)$ bezüglich u trigonometrische Polynome vom Grade $\leqq n < k$ darstellen, orthogonal zu $\cos(ku)$ bzw. zu $\sin(ku)$. Wegen $(\Phi_n c_k)(x) = 0$ gilt also (4.49) für $f = c_k$; den Fall $f = s_k$ $(k > n)$ behandelt man analog.

Damit ist (4.49) für alle trigonometrischen Polynome $f \in \tilde{P}$ bewiesen, denn beide Seiten sind linear in f. Weil sie außerdem stetig in f sind und $\tilde{P}$ nach Satz 2.2 dicht in $\tilde{C}_{2\pi}$ ist, folgt (4.49) schließlich für alle $f \in \tilde{C}_{2\pi}$ durch Grenzübergang.

Die Ungleichung (4.50) ergibt sich unmittelbar aus (4.34), (4.43) und

$$|(\Phi_n f)(x)| \leqq \frac{1}{2\pi} \int_0^{2\pi} |(L_n T_u f)(x-u)|\, du$$
$$\leqq \frac{1}{2\pi} \int_0^{2\pi} |L_n|\, |T_u f|\, du = |L_n|\, |f| \qquad \text{für alle } x \text{ und } f.$$

Demnach haben die Fourieroperatoren Φ_n die bemerkenswerte Extremaleigenschaft, jeweils unter allen linearen Projektoren von $\tilde{C}_{2\pi}$ auf $\tilde{P}_n$ von minimaler Norm zu sein.

Jetzt folgt der schon angekündigte

Satz 4.8: *Es gibt keine Folge beschränkter linearer Projektoren* $L_n\colon \tilde{C}_{2\pi} \to \tilde{P}_n$ *mit* $|L_n f - f| \to 0$ *für alle* $f \in \tilde{C}_{2\pi}$.

Sonst wären nämlich alle Folgen $|L_n f|$ $(n = 1, 2, \ldots)$, $f \in \tilde{C}_{2\pi}$ beschränkt und damit $|L_n| \leqq \rho$ für alle n entgegen (4.50).

Zu ähnlichen Ergebnissen gelangt man auch bei Einschränkung auf *gerade* Funktionen. Dabei sind allerdings die T_u anders zu verwenden, weil T_u nicht

$\tilde{C}^0_{2\pi}$ in sich abbildet. Mit $f \in \tilde{C}^0_{2\pi}$ gilt aber $(T_u + T_{-u}) f \in \tilde{C}^0_{2\pi}$, denn

$$\big((T_u + T_{-u}) f\big)(-x) = f(u-x) + f(-u-x) = f(x-u) + f(x+u) = \big((T_{-u} + T_u) f\big)(x).$$

Satz 4.9: *Für beschränkte lineare Projektoren L^0_n von $\tilde{C}^0_{2\pi}$ auf $\tilde{P}^0_n$ gilt*

$$(4.52)\quad \frac{1}{\pi} \int_0^\pi \big((T_u + T_{-u}) L^0_n (T_u + T_{-u}) f\big)(x)\, du = 2\big((\Phi^0_n + \Phi_0) f\big)(x) \quad \text{für alle } f \in \tilde{C}^0_{2\pi},$$

$$(4.53)\quad |L^0_n| \geqq \tfrac{1}{2} |\Phi^0_n + \Phi_0| \geqq \frac{2}{\pi^2} \lg n.$$

Beweis: Man hat $(T_u + T_{-u}) h_0 = 2 h_0$, $(T_u + T_{-u}) c_k = 2 \cos(ku)\, c_k$ $(k \geqq 1)$, für $f \in \tilde{P}^0_n = \operatorname{lin}\{h_0, c_1, \ldots, c_n\}$ also

$$(T_u + T_{-u}) f \in \tilde{P}^0_n \quad \text{und} \quad L^0_n (T_u + T_{-u}) f = (T_u + T_{-u}) f.$$

Damit folgt

$$\frac{1}{\pi} \int_0^\pi \big((T_u + T_{-u}) L^0_n (T_u + T_{-u}) f\big)(x)\, du = \frac{1}{\pi} \int_0^\pi \big((T_u + T_{-u})(T_u + T_{-u}) f\big)(x)\, du$$

$$= \frac{1}{\pi} \int_0^\pi \big(f(x+2u) + 2f(x) + f(x-2u)\big)\, du = 2f(x) + \frac{1}{2\pi} \int_{x-2\pi}^{x+2\pi} f(t)\, dt$$

$$= 2\big((\Phi^0_n + \Phi_0) f\big)(x).$$

Für $f = c_k$, $k > n$ ergibt sich

$$\frac{1}{\pi} \int_0^\pi \big((T_u + T_{-u}) L^0_n (T_u + T_{-u}) c_k\big)(x)\, du = \frac{1}{\pi} \int_0^\pi \big((T_u + T_{-u}) L^0_n (2\cos(ku)\, c_k)\big)(x)\, du$$

$$= \frac{2}{\pi} \int_0^\pi \cos(ku) \big((T_u + T_{-u}) L^0_n c_k\big)(x)\, du = 0 = 2\big((\Phi^0_n + \Phi_0) c_k\big)(x),$$

weil $\big((T_u + T_{-u}) L^0_n c_k\big)(x)$ wegen $L^0_n c_k \in \tilde{P}^0_n$ bezüglich u ein gerades trigonometrisches Polynom vom Grade $\leqq n < k$ darstellt.
Für beliebige $f \in \tilde{C}^0_{2\pi}$ folgt (4.52) wieder durch Grenzübergang, denn $\tilde{P}^0 = \bigcup_n \tilde{P}^0_n$ ist dicht in $\tilde{C}^0_{2\pi}$.
Die erste Ungleichung in (4.53) folgt aus

$$|2((\Phi^0_n + \Phi_0) f)(x)| \leqq \frac{1}{\pi} \int_0^\pi |T_u + T_{-u}|\, |L^0_n|\, |T_u + T_{-u}|\, |f|\, du \leqq 4 |L^0_n|\, |f| \quad \text{für alle } x \text{ und } f,$$

die zweite aus

$$|\Phi^0_n + \Phi_0| \geqq |\varphi^0_{n,0} + \varphi_{0,0}| = \frac{1}{\pi} \int_0^\pi |D_n(t) + D_0(t)|\, dt > \frac{4}{\pi^2} \lg n$$

(vgl. Aufgabe 4.10).

Damit gilt Satz 4.8 sinngemäß auch bei der Einschränkung auf gerade Funktionen. Wichtiger ist die Übertragung auf die polynomische Approximation in $C[a,b]$. Mittels der linearen Substitution $x=l(z)=a+\frac{z+1}{2}(b-a)$ wird jedem $f\in C[a,b]$ durch $f(l(z))=\hat{f}(z)$ ein $\hat{f}\in C[-1,+1]$ zugeordnet. Das liefert eine normtreue Isomorphie dieser Räume, bei der insbesondere jedes Polynom p jeweils in ein Polynom $\hat{p}$ von gleichem Grade übergeht. Weiter erhält man durch

$$z=\cos t, \qquad \hat{f}(\cos t)=\tilde{f}(t) \qquad (\tilde{f}\in \tilde{C}^0_{2\pi})$$

eine normtreue Isomorphie von $C[-1,+1]$ auf $\tilde{C}^0_{2\pi}$, die das Polynom $\hat{p}$ vermöge $\hat{p}(\cos t)=\tilde{p}(t)$ in das gerade trigonometrische Polynom $\tilde{p}$ mit $\operatorname{grad}(\tilde{p})=\operatorname{grad}(\hat{p})=\operatorname{grad}(p)$ überführt.

Mit der Bezeichnung $P_n[a,b]$ für den Unterraum der Polynome vom Grade $\leqq n$ in der Normierung von $C[a,b]$ hat man also die eineindeutige Korrespondenz von $P_n[a,b]$ über $P_n[-1,1]$ zu $\tilde{P}^0_n$.

Ein beschränkter linearer Projektor A_n von $C[a,b]$ auf $P_n[a,b]$ wird mittels

$$(A_n f)(l(\cos t))=(L^0_n \tilde{f})(t)$$

in einen beschränkten linearen Projektor L^0_n von $\tilde{C}^0_{2\pi}$ auf $\tilde{P}^0_n$ übersetzt, denn für $\tilde{p}\in\tilde{P}^0_n$ mit zugehörigem $p\in P_n[a,b]$ gilt

$$(L^0_n\tilde{p})(t)=(A_n p)(l(\cos t))=p(l(\cos t))=\tilde{p}(t), \qquad \text{also } L^0_n\tilde{p}=\tilde{p}.$$

Aus $|f|=|\tilde{f}|$ und $|L^0_n\tilde{f}|=|A_n f|$ folgt $|L^0_n|=|A_n|$; so ergibt sich nach Satz 4.9 und der beim Beweise von Satz 4.8 angewandten indirekten Schlußweise

Satz 4.10: *Es gibt keine Folge beschränkter linearer Projektoren* $A_n\colon C[a,b]\to P_n[a,b]$ *mit* $|A_n f-f|\to 0$ *für alle* $f\in C[a,b]$, *denn für solche* A_n *gilt*

$$|A_n|\geqq\frac{2}{\pi^2}\lg n. \tag{4.54}$$

4.5 Die Fejérschen Summen

Mit der Folge der $f_n(x)=(\Phi_n f)(x)$ konvergiert auch die Folge der Mittelwerte $g_n(x)=\frac{1}{n}(f_0(x)+\cdots+f_{n-1}(x))$, und es gilt $\lim_{n\to\infty} g_n(x)=\lim_{n\to\infty} f_n(x)$. Diese FEJÉR-

schen Summen g_n konvergieren aber auch in Fällen divergenter Fourierreihe; insbesondere wird sich die gleichmäßige Konvergenz $g_n(x) \Rightarrow f(x)$ für alle $f \in \tilde{C}_{2\pi}$ ergeben. Grundlage für derartige Aussagen ist wieder das Studium der zugehörigen Operatoren $\Psi_n = \frac{1}{n}(\Phi_0 + \cdots + \Phi_{n-1})$ mit $g_n = \Psi_n f$ $(n \geqq 1)$.

Aus (4.14) und (4.15) erhält man die Darstellungen

$$(4.55)\quad g_n(x) = (\Psi_n f)(x) = \frac{1}{2\pi}\int_0^{2\pi} f(t)\, F_n(x-t)\, dt = \frac{1}{\pi}\int_0^{\pi} \frac{f(x+u)+f(x-u)}{2}\, F_n(u)\, du,$$

wobei $F_n = \frac{1}{n}(D_0 + \cdots + D_{n-1})$ ein gerades trigonometrisches Polynom vom Grade $n-1$ ist. Mittels (4.13) folgt

$$2\sin^2\left(\frac{u}{2}\right)\sum_{k=0}^{n-1} D_k(u) = \sum_{k=0}^{n-1} 2\sin\frac{u}{2}\sin\left((2k+1)\frac{u}{2}\right) = \sum_{k=0}^{n-1}\left(\cos(ku) - \cos((k+1)u)\right)$$

$$= 1 - \cos(nu) = 2\sin^2\left(\frac{nu}{2}\right),$$

also

$$(4.56)\qquad F_n(u) = \frac{1}{n}\left(\frac{\sin\left(\frac{nu}{2}\right)}{\sin\frac{u}{2}}\right)^2 \qquad (u \neq 2m\pi)$$

mit der stetigen Ergänzung $F_n(2m\pi) = n$.

Wegen (4.12) ergibt sich so auch die später noch benötigte Identität

$$(4.57)\qquad n\,F_n(u) = \left(\frac{\sin\left(n\frac{u}{2}\right)}{\sin\frac{u}{2}}\right)^2 = n + 2\sum_{k=1}^{n}(n-k)\cos(ku).$$

Als wichtige Konsequenz von (4.56) hat man $F_n(u) \geqq 0$ für alle u. Wegen der aus (4.16) folgenden Gleichung

$$(4.58)\qquad \frac{1}{2\pi}\int_0^{2\pi} F_n(t)\, dt = \frac{1}{\pi}\int_0^{\pi} F_n(t)\, dt = 1$$

erhält man deshalb für beschränkte f die Abschätzung

(4.59) $$|g_n(x)| \leqq \frac{1}{2\pi} \int_0^{2\pi} |f(t)|\, F_n(x-t)\, dt \leqq \sup_t |f(t)|.$$

Danach haben die Polynomoperatoren Ψ_n: $\tilde{C}_{2\pi} \to \tilde{P}_{n-1}$ die Norm $|\Psi_n| = 1$ ($|\Psi_n| < 1$ ist unmöglich, denn für die konstante Funktion h_0 gilt $\Psi_n h_0 = h_0$). An dieser Stelle benützt man ein auch später noch häufig anzuwendendes Prinzip:

(4.60) *Wenn M in dem linearen normierten Raum R dicht ist und eine Folge gleichmäßig beschränkter linearer Operatoren B_n: $R \to R$ die Bedingung $B_n f \to f$ für alle $f \in M$ erfüllt, dann gilt $B_n f \to f$ für alle $f \in R$.*

Beweis: Nach Voraussetzung gibt es eine Konstante ρ mit $|B_n| \leqq \rho$ für alle n. Zu $f \in R$ und $\varepsilon > 0$ existiert $f^* \in M$ mit $|f - f^*| < \varepsilon$. Wegen $B_n f^* \to f^*$ gilt für hinreichend große n also $|B_n f^* - f^*| < \varepsilon$ und

$$|B_n f - f| \leqq |B_n(f - f^*)| + |B_n f^* - f^*| + |f^* - f| < (|B_n| + 1)\,|f - f^*| + \varepsilon < (\rho + 2)\,\varepsilon.$$

In dem hier vorliegenden Falle $R = \tilde{C}_{2\pi}$, $B_n = \Psi_n$ mit $\rho = 1$ setzt man $M = \tilde{P} = \bigcup_m \tilde{P}_m$ und erhält für $f \in \tilde{P}_m$, $n > m$ wegen $\Phi_{m+k} f = f$ $(k \geqq 0)$ die verlangte Konvergenz

$$|\Psi_n f - f| = \left| \frac{1}{n} (\Phi_0 + \cdots + \Phi_{m-1}) f + \frac{n-m}{n} f - f \right| = O\left(\frac{1}{n}\right).$$

So ergibt sich

Satz 4.11: *Für $f \in \tilde{C}_{2\pi}$ konvergiert die Folge der* FEJÉR*schen Summen*

$$g_n(x) = \frac{1}{n} \big(f_0(x) + \cdots + f_{n-1}(x)\big) \qquad \textit{gleichmäßig gegen } f(x).$$

Daraus folgt nach dem eingangs Gesagten nunmehr auch

Satz 4.12: *Wenn die Fourierreihe einer Funktion $f \in \tilde{C}_{2\pi}$ an der Stelle x konvergiert, dann hat sie dort den Grenzwert $f(x)$.*

Ausgehend von (4.55) kann man Satz 4.11 auch direkt, d.h. ohne Benutzung der Dichtheit von $\tilde{P}$ in $\tilde{C}_{2\pi}$ beweisen, indem man die FEJÉRschen Kerne $F_n(x-t)$ genauer untersucht, analog zur Behandlung der D_n beim Beweise von Satz 4.3. Damit hat man dann auch einen konstruktiven Beweis für Satz 2.2.

Nun ist aber die mit den FEJÉRschen Summen erzielte Approximation im Vergleich zur besten Approximation äußerst ungünstig. Für $f(x) = \cos x$ z.B. gilt $g_n(x) = \frac{n-1}{n} \cos x$, also $|f - g_n| = \frac{1}{n}$, obwohl doch $f \in \tilde{P}_1$. Andererseits sind polynomtreue Projektoren nach Satz 4.8 nicht geeignet, diesen Mangel zu beheben. Ein günstiger Kompromiß zwischen diesen Extremfällen wird durch Mittelwerte

$$\frac{1}{n-m}(\Phi_m+\cdots+\Phi_{n-1})=\frac{n}{n-m}\,\Psi_n-\frac{m}{n-m}\,\Psi_m \qquad (m<n)$$

erzielt, wenn man m in Abhängigkeit von n geeignet wachsen läßt (formal sei $\Psi_0=0$ gesetzt). Wählt man nach Vorgabe einer Konstanten ϑ mit $0<\vartheta<1$ speziell $m=[\vartheta n]$, dann erhält man die Folge der Polynomoperatoren

$$(4.61)\quad H_{\vartheta,n}=\frac{1}{n-[\vartheta n]}\sum_{k=[\vartheta n]}^{n-1}\Phi_k=\frac{1}{n-[\vartheta n]}(n\Psi_n-[\vartheta n]\,\Psi_{[\vartheta n]}) \qquad (n=1,2,\ldots)$$

von $\tilde{C}_{2\pi}$ auf $\tilde{P}_{n-1}$, die jeweils $\tilde{P}_{[\vartheta n]}$ identisch abbilden. Wegen $|\Psi_n|=1$, $|\Psi_{[\vartheta n]}|\leqq 1$ haben sie gleichmäßig beschränkte Normen

$$(4.62)\qquad |H_{\vartheta,n}|\leqq\frac{1+\vartheta}{1-\vartheta} \qquad (n=1,2,\ldots).$$

Weil außerdem für $p\in\tilde{P}$ mit $\vartheta>0$, $[\vartheta n]\to\infty$ schließlich $H_{\vartheta,n}p=p$, also $H_{\vartheta,n}p\to p$ erfüllt ist, folgt nach (4.60)

$$H_{\vartheta,n}f\to f \qquad \text{für alle } f\in\tilde{C}_{2\pi}.$$

Die hier erzielte Konvergenzgüte ist mit der Approximierbarkeit von f quantitativ zu vergleichen. Bezeichnet $\tilde{E}_m(f)=\delta(f,\tilde{P}_m)$ den Abstand von f zu $\tilde{P}_m$ in der Norm von $\tilde{C}_{2\pi}$ und $p_m\in\tilde{P}_m$ ein Proximum zu f, dann folgt mit $|f-p_m|=\tilde{E}_m(f)$, $m=[\vartheta n]$, $H_{\vartheta,n}p_m=p_m$ die Abschätzung

$$|H_{\vartheta,n}f-f|\leqq|H_{\vartheta,n}(f-p_m)|+|p_m-f|\leqq(|H_{\vartheta,n}|+1)\,\tilde{E}_m(f),$$

nach (4.62) also

$$(4.63)\qquad |H_{\vartheta,n}f-f|\leqq\frac{2}{1-\vartheta}\,\tilde{E}_{[\vartheta n]}(f) \qquad \text{für alle } n \text{ und } f\in\tilde{C}_{2\pi}.$$

Mit Hilfe der $H_{\vartheta,n}$ erreicht man demnach die wahre Größenordnung der Approximierbarkeit von f, allerdings um den Preis, daß die $H_{\vartheta,n}f$ im allgemeinen gegenüber $m=[\vartheta n]$ einen etwa um den Faktor $1/\vartheta$ vergrößerten Grad haben.

Abschließend soll ein Beispiel die vorangehenden Überlegungen verdeutlichen. Die mit $f(x)=|\sin x|$ gegebene gerade Funktion hat nach (4.17) die Fourierkoeffizienten

$$\gamma_0 = \frac{1}{\pi}\int_0^\pi \sin t\,dt = \frac{2}{\pi}, \qquad \beta_k = 0,$$

$$\alpha_k = \frac{2}{\pi}\int_0^\pi \sin t\cos(k\,t)\,dt = \frac{1}{\pi}\int_0^\pi (\sin((k+1)\,t) - \sin((k-1)\,t))\,dt$$

$$= \begin{cases} 0 & (k \text{ ungerade}), \\ -\dfrac{4}{\pi(k^2-1)} & (k \text{ gerade}). \end{cases}$$

Weil f von beschränkter Variation ist, gilt nach Satz 4.3

$$f(x) = |\sin x| = \frac{2}{\pi} - \frac{4}{\pi}\sum_{k=1}^{\infty} \frac{\cos(2k\,x)}{4k^2-1}. \tag{4.64}$$

Daraus entnimmt man unmittelbar

$$|f(x) - f_m(x)| \leqq |f(0) - f_m(0)| = \frac{2}{\pi}\sum_{2k>m}\left(\frac{1}{2k-1} - \frac{1}{2k+1}\right) \leqq \frac{2}{\pi m} \tag{4.65}$$

sowie

$$f_j(0) = \frac{2}{\pi} - \frac{2}{\pi}\sum_{1\leqq k\leqq j/2}\left(\frac{1}{2k-1} - \frac{1}{2k+1}\right) \geqq \frac{1}{\pi m} \qquad \text{für } j \leqq 2m-1.$$

Mit $\vartheta = \frac{1}{2}$, $n = 2m$ $(m = [\vartheta n])$, $f(0) = 0$ folgt deshalb

$$|H_{\frac{1}{2},2m} f - f| \geqq |(H_{\frac{1}{2},2m} f)(0) - f(0)| = \left|\frac{1}{m}\sum_{j=m}^{2m-1} f_j(0)\right| \geqq \frac{1}{\pi m}$$

und mittels (4.63) schließlich

$$\tilde{E}_m(f) \geqq \frac{1}{4\pi m}. \tag{4.66}$$

Andererseits gilt nach (4.65)

$$\tilde{E}_m(f) \leqq |f - \Phi_m f| \leqq \frac{2}{\pi m}.$$

Hier wird also die Approximation an f in der Größenordnung $O(1/m)$ schon durch die $\Phi_m f$ geleistet. Die $H_{\frac{1}{2},2m}$ dienten nur dazu, aus (4.63) die Abschätzung (4.66) zu gewinnen, auf die wir in 8.4 noch zurückkommen werden.

Aufgaben

4.1. Man bestimme die Umrechnungsregeln zwischen den γ_k in (4.7) und den α_k, β_k in (4.9) und zeige $|\gamma_k|^2+|\gamma_{-k}|^2=\frac{1}{2}(|\alpha_k|^2+|\beta_k|^2)$ $(k \geqq 1)$.

4.2. Man bilde die Fourierreihe zu $f(x)=\frac{1}{2}+\left[\frac{x}{2\pi}\right]-\frac{x}{2\pi}$ und zeige mittels der PARSEVALschen Gleichung $\sum_{n=1}^{\infty}\frac{1}{n^2}=\frac{\pi^2}{6}$ sowie $\sum_{k=1}^{\infty}\frac{1}{(2k-1)^2}=\frac{\pi^2}{8}$.

4.3. Für gerade $f \in L^1_{2\pi}$ gilt $f_n(x)=\frac{1}{\pi}\int_0^{\pi} f(t)\frac{D_n(x+t)+D_n(x-t)}{2}\,dt$.

4.4. Man zeige $\int_0^{\pi} u\,|D_n(u)|\,du=O(1)$ und beweise:
Wenn $f \in L^1_{2\pi}$ an der Stelle x differenzierbar ist, dann gilt $f_n(x) \to f(x)$.

4.5. Für die d_k aus 4.2 gilt $\left|\sum_{i=k}^{n} d_i\right| \geqq \frac{1}{2}|d_k|$ $(k<n)$,
(4.29) ist also nicht wesentlich zu verschärfen.

Anleitung: Man zeige zunächst

$$d_k+d_{k+1}=\frac{1}{\pi}\int_{t_k}^{t_{k+1}} \sin\left((2n+1)\frac{t}{2}\right)\left(\frac{1}{\sin\frac{t}{2}}-\frac{1}{\sin\left(\frac{t}{2}+\frac{\pi}{2n+1}\right)}\right)dt$$

und damit $|d_k+d_{k+1}|>|d_{k+1}+d_{k+2}|>\cdots>|d_{n-2}+d_{n-1}|>|d_{n-1}+2d_n|$.

4.6. Wenn $f \in L^1_{2\pi}$ ungerade ist, dann sind auch die f_n ungerade, und die Fourierreihe von f enthält nur Sinusterme.

4.7. Mit $\lambda_1 \geqq \lambda_2 \geqq \cdots$ und $\lambda_n \to 0$ ist die trigonometrische Reihe $\sum_{k=1}^{\infty}\lambda_k \sin(kx)$ punktweise, in abgeschlossenen Teilintervallen von $(0, 2\pi)$ sogar gleichmäßig konvergent. (Partielle Summation!)

4.8. Anhand der Darstellung (4.45) zeige man

$$|\varphi^0_{n,x}| \geqq \lg(xn)-O(1) \qquad (0<x<2\pi,\ n\to\infty).$$

4.9. Mit den Fourierkoeffizienten $\gamma_0, \alpha_k, \beta_k$ zu $f \in L^1_{2\pi}$ gilt

$$f^*(x)=\int_0^x (f(t)-\gamma_0)\,dt=\gamma_0^*+\sum_{k=1}^{\infty}\frac{1}{k}(-\beta_k\cos(kx)+\alpha_k\sin(kx)), \qquad \gamma_0^*=\sum_{k=1}^{\infty}\frac{\beta_k}{k}.$$

(Man benutze, daß f^* von beschränkter Variation ist.)

4.10. Man zeige $\frac{1}{\pi}\int_0^\pi |D_n(t)+D_0(t)|\,dt > \frac{1}{\pi}\int_0^\pi |D_n(t)|\,dt$.

4.11. $f \in L^1_{2\pi}$ sei von beschränkter Variation. Dann gilt für die FEJÉRschen Summen g_n und beliebige gegen x konvergierende Folgen $\xi_1, \xi_2, \ldots$

$$\overline{\lim_{n\to\infty}}\, g_n(\xi_n) \leqq \max\{f(x+0), f(x-0)\}$$

(bei den g_n tritt das GIBBSsche Phänomen nicht auf!).
Man übertrage zunächst das Lokalisationsprinzip auf die g_n.

Anmerkung

In Satz 4.7 kann man aus (4.49) statt (4.50) die genauere Abschätzung

$$|\Phi_n| \leqq \frac{1}{2\pi}\int_0^{2\pi} |\lambda_{n,x}|\,dx$$

gewinnen, wobei die linearen Funktionale $\lambda_{n,x}$ in Analogie zu den $\varphi_{n,x}$ durch $\lambda_{n,x} f = (L_n f)(x)$ definiert sind. $|\lambda_{n,x}|$ variiert stetig mit x, und es gilt $|L_n| = \max_x |\lambda_{n,x}|$.

5 Interpolation

Polynome, trigonometrische Polynome und ganze Funktionen vom Exponentialtyp sind schon durch ihre Funktionswerte an jeweils hinreichend vielen *diskreten* Stellen bestimmt; die Funktionswerte zu beliebigem Argument erhält man daraus durch *Interpolation.* So entstehende Interpolationsformeln sind ein wichtiges konstruktives Hilfsmittel bei der Handhabung der oben genannten Funktionen. Allgemeiner führt die Interpolation bei hinreichend oft differenzierbaren Funktionen zu *näherungsweisen* Darstellungen mit Restgliedformeln. Wie bei der Fourier-Approximation ist wieder zu untersuchen, wie weit derartige Interpolationsverfahren zur polynomischen Approximation geeignet sind. Dabei werden sich bemerkenswerte Analogien zur Fourier-Approximation ergeben.

5.1 Lagrange-Interpolation

Wie in 3. bezeichne U_n den $(n+1)$-dimensionalen linearen Raum der Polynome vom Grade $\leqq n$. Zu $n+1$ *Stützstellen*

$$x_0 < x_1 < \cdots < x_{n-1} < x_n \tag{5.1}$$

und beliebigem $(n+1)$-Tupel $(y_0, \ldots, y_n) \in \mathbb{C}^{n+1}$ existiert genau ein $p \in U_n$ mit $p(x_k) = y_k$ für $0 \leqq k \leqq n$. Man findet p mit Hilfe der durch

$$l_k(x) = \prod_{\substack{j=0\\ j \neq k}}^{n} \frac{x - x_j}{x_k - x_j} \qquad (0 \leqq k \leqq n) \tag{5.2}$$

gegebenen *Grundpolynome* $l_k \in U_n$, die der Bedingung

$$l_k(x_i) = \delta_{i,k} \qquad (0 \leqq i \leqq n,\ 0 \leqq k \leqq n) \tag{5.3}$$

genügen, in der Form $p = \sum\limits_{k=0}^{n} y_k\, l_k$. Die Eindeutigkeit ergibt sich aus dem Umstand, daß von 0 verschiedene Elemente aus U_n höchstens n Nullstellen haben: Mit $p \in U_n$, $q \in U_n$ und $p(x_k) = q(x_k) = y_k$ für $0 \leqq k \leqq n$ folgt $p - q = 0$, $p = q$. So erhält man die **Lagrangesche Interpolationsformel**

$$p(x) = \sum_{k=0}^{n} p(x_k)\, l_k(x) \qquad \text{für alle } p \in U_n \tag{5.4}$$

und mit konstantem p speziell

$$\sum_{k=0}^{n} l_k(x)=1 \qquad \text{für alle } x. \tag{5.5}$$

Bei Verwendung von

$$w(x)=\prod_{j=0}^{n}(x-x_j), \qquad w'(x_k)=\prod_{\substack{j=0\\ j\neq k}}^{n}(x_k-x_j) \tag{5.6}$$

ergibt sich für die l_k als weitere wichtige Darstellung

$$l_k(x)=\frac{w(x)}{w'(x_k)(x-x_k)} \qquad (x\neq x_k) \tag{5.7}$$

mit der stetigen Ergänzung $l_k(x_k)=1$.

Jeder beliebigen an den Stützstellen (5.1) definierten Funktion f wird durch die Forderungen $p(x_k)=f(x_k)$ $(0\leqq k\leqq n)$, $p\in U_n$ eindeutig das LAGRANGE*sche Interpolationspolynom*

$$p=L_n f=\sum_{k=0}^{n} f(x_k)\, l_k$$

zugeordnet. Der damit definierte lineare Operator L_n ist nach (5.4) polynomtreu, d.h. Projektor auf U_n.

Im folgenden soll unter der Voraussetzung, daß f über $[a,b]$ reellwertig und $(n+1)$-fach stetig differenzierbar ist, das Restglied $f(x)-p(x)$ genauer untersucht werden, wobei $[a,b]$ die Stützstellen x_k und x enthält. Mit

$$q(x)=\sum_{\nu=0}^{n}\frac{f^{(\nu)}(a)}{\nu!}(x-a)^{\nu}, \qquad q\in U_n,$$

$$\eta_n(x,t)=\begin{cases} 0 & \text{für } x<t,\\ \dfrac{(x-t)^n}{n!} & \text{für } x\geqq t\end{cases} \tag{5.8}$$

gilt nach dem TAYLORschen Satz

$$f(x)-q(x)=\int_a^x \frac{(x-t)^n}{n!} f^{(n+1)}(t)\,dt=\int_a^b \eta_n(x,t)\, f^{(n+1)}(t)\,dt,$$

$$f(x)-\sum_{i=0}^{n} f(x_i)\, l_i(x)=q(x)-\sum_{i=0}^{n} q(x_i)\, l_i(x)$$

$$+\int_a^b f^{(n+1)}(t)\left(\eta_n(x,t)-\sum_{i=0}^{n} l_i(x)\,\eta_n(x_i,t)\right)dt.$$

Wegen (5.4) für q hat das Restglied, wenn noch abkürzend

$$k(x,t)=\eta_n(x,t)-\sum_{i=0}^{n} l_i(x)\,\eta_n(x_i,t) \tag{5.9}$$

gesetzt wird, also die *Integraldarstellung*

$$f(x)-(L_n f)(x)=\int_a^b k(x,t)\,f^{(n+1)}(t)\,dt. \tag{5.10}$$

Für $t>\beta=\max\{x,x_n\}$ und für $t<\alpha=\min\{x,x_0\}$ gilt $k(x,t)=0$, wie man an der ersten Zeile in (5.8) bzw. daran erkennen kann, daß $\frac{(x-t)^n}{n!}$ bei festem $t<\alpha$ bezüglich x ein Polynom darstellt, das nach (5.4) exakt interpoliert wird. So können in (5.10) die Integrationsgrenzen a, b durch α, β ersetzt werden. Speziell für $f(x)=\frac{w(x)}{(n+1)!}$ gilt $L_n f=0$, $f^{(n+1)}(t)=1$ und deshalb

$$\int_\alpha^\beta k(x,t)\,dt=\frac{w(x)}{(n+1)!}. \tag{5.11}$$

Es läßt sich zeigen, daß $k(x,t)$ bei festem x und Variation von t nicht das Zeichen wechselt. So folgt aus (5.10) und (5.11) nach dem ersten Mittelwertsatz die LAGRANGEsche Interpolationsformel *mit Restglied:*

$$f(x)=\sum_{i=0}^{n} f(x_i)\,l_i(x)+\frac{f^{(n+1)}(\tau)}{(n+1)!}\,w(x) \tag{5.12}$$

für $(n+1)$-fach stetig differenzierbares f mit geeignetem $\tau(x)$, $\alpha<\tau<\beta$.

Ein direkter Beweis von (5.12) ohne Rückgriff auf (5.10) gelingt durch folgenden Kunstgriff: Für $x\neq x_i$ $(0\leqq i\leqq n)$ – sonst ist die Gültigkeit von (5.12) unmittelbar zu erkennen – setzt man

$$\rho=\frac{f(x)-(L_n f)(x)}{w(x)}, \qquad g(u)=f(u)-(L_n f)(u)-\rho\,w(u).$$

Dann ist g $(n+1)$-fach differenzierbar und hat die $n+2$ Nullstellen $x, x_0, \ldots, x_n$. Nach ROLLE hat g' in den dazwischenliegenden Intervallen $n+1$ Nullstellen, und so weiter schließend erhält man für $g^{(n+1)}$ mindestens eine Nullstelle $\tau\in(\alpha,\beta)$. $0=g^{(n+1)}(\tau)=f^{(n+1)}(\tau)-\rho(n+1)!$ führt zu (5.12).

Bei *numerischer Differentiation* geht es um Approximationen für die erste oder auch höhere Ableitungen von f mittels einzelner Funktionswerte. Für $p\in U_n$

folgt aus (5.4) die exakte Darstellung

$$p^{(\mu)}(x) = \sum_{i=0}^{n} p(x_i)\, l_i^{(\mu)}(x) \qquad (\mu = 1, 2, \dots). \tag{5.13}$$

Deshalb liegt es nahe, auch im allgemeineren Fall $f^{(\mu)}(x)$ näherungsweise durch $(L_n f)^{(\mu)}(x)$ zu ersetzen. Für den dabei auftretenden Fehler ergibt sich nach (5.10), weil $k(x,t)$ gemäß (5.8), (5.9) bis auf die Ausnahme $x=t$ bezüglich x n-fach differenzierbar ist, die Darstellung

$$f^{(\mu)}(x) - \sum_{i=0}^{n} f(x_i)\, l_i^{(\mu)}(x) = \int_a^b \frac{\partial^\mu}{\partial x^\mu} k(x,t)\, f^{(n+1)}(t)\, dt \qquad (0 \leqq \mu \leqq n). \tag{5.14}$$

Die Frage, wann hier durch Anwendung des Mittelwertsatzes eine zu (5.12) analoge Formel gewonnen werden kann, für welche x also $\frac{\partial^\mu}{\partial x^\mu} k(x,t)$ bezüglich t nicht das Zeichen wechselt, kann an dieser Stelle nicht weiter behandelt werden. Es sei lediglich das Ergebnis mitgeteilt (vgl. SCHNEIDER [23], SCHÖNHAGE [24]):

Für beliebige $(n+1)$-fach stetig differenzierbare f gilt

$$f^{(\mu)}(x) = \sum_{i=0}^{n} f(x_i)\, l_i^{(\mu)}(x) + \frac{f^{(n+1)}(\tau)}{(n+1)!}\, w^{(\mu)}(x) \tag{5.15}$$

mit von f, μ und x abhängigem τ genau dann, wenn

$$\left(w^{(\mu)}(x) - \mu\left(\frac{w(x)}{x-x_0}\right)^{(\mu-1)}\right)\left(w^{(\mu)}(x) - \mu\left(\frac{w(x)}{x-x_n}\right)^{(\mu-1)}\right) \geqq 0. \tag{5.16}$$

Letztere Bedingung ist z.B. für alle $x \leqq x_0$ und alle $x \geqq x_n$, im Falle $\mu = 1$ insbesondere auch für die Stützstellen $x = x_1, \dots, x = x_{n-1}$ erfüllt.

5.2 Hermite-Interpolation

Wieder ausgehend von Stützstellen $x_0 < x_1 < \cdots < x_n$ wird bei der HERMITE*schen Interpolationsaufgabe* ein Polynom p von möglichst niedrigem Grad gesucht, das in den x_k neben den Funktionswerten evtl. vorgeschriebene Werte für die Ableitungen bis zu gegebener Ordnung annimmt. Mit Werten $y_{k,0}, \dots, y_{k,v_k-1}$, $v_k \geqq 1$ für $0 \leqq k \leqq n$ soll p also der Bedingung

$$p^{(j)}(x_k) = y_{k,j} \qquad \text{für } 0 \leqq k \leqq n,\ 0 \leqq j \leqq v_k - 1 \tag{5.17}$$

genügen. Die Zahl der vorgegebenen Parameter ist

$$m=\sum_{k=0}^{n} v_k, \tag{5.18}$$

und (5.17) repräsentiert ein System von m linearen Gleichungen für die Koeffizienten von p. Deren Zahl ist ebenfalls m, wenn $p\in U_{m-1}$ verlangt wird. Aus der allgemeinen Erfüllbarkeit von (5.17) durch $p\in U_{m-1}$ folgt so auch die Eindeutigkeit der jeweiligen Lösung.

Zu deren Auffindung dienen in Analogie zu den l_k der Lagrange-Interpolation gebildete Hilfspolynome $h_{k,j}$. Ausgehend von

$$q_{k,j}(x)=\frac{(x-x_k)^j}{j!}\prod_{\substack{i=0\\ i\neq k}}^{n}\left(\frac{x-x_i}{x_k-x_i}\right)^{v_i} \qquad \begin{pmatrix}0\leqq k\leqq n\\ 0\leqq j<v_k\end{pmatrix} \tag{5.19}$$

mit $q_{k,j}\in U_{m-1}$, $q_{k,j}^{(\nu)}(x_i)=0$ für $i\neq k$, $0\leqq \nu<v_i$ setzt man $h_{k,v_k-1}=q_{k,v_k-1}$ und rekursiv

$$h_{k,j}=q_{k,j}-\sum_{j<\nu<v_k} q_{k,j}^{(\nu)}(x_k)\,h_{k,\nu} \tag{5.20}$$

für $j=v_k-2,\dots,j=0$. Damit folgt $h_{k,j}\in U_{m-1}$ und

$$h_{k,j}^{(\nu)}(x_i)=\delta_{i,k}\,\delta_{\nu,j} \qquad \text{für } 0\leqq k\leqq n,\ 0\leqq i\leqq n,\ 0\leqq j<v_k,\ 0\leqq \nu<v_i. \tag{5.21}$$

Als eindeutige Lösung von (5.17) ergibt sich

$$p=\sum_{k=0}^{n}\sum_{j=0}^{v_k-1} y_{k,j}\,h_{k,j}, \quad p\in U_{m-1}.$$

So erhält man die **Hermitesche Interpolationsformel**

$$p(x)=\sum_{k=0}^{n}\sum_{j=0}^{v_k-1} p^{(j)}(x_k)\,h_{k,j}(x) \qquad \text{für alle } p\in U_{m-1}. \tag{5.22}$$

Allgemeiner wird jeder hinreichend oft differenzierbaren Funktion f mit

$$p=Hf=\sum_{k=0}^{n}\sum_{j=0}^{v_k-1} f^{(j)}(x_k)\,h_{k,j}$$

ihr Hermitesches Interpolationspolynom zugeordnet. Wenn f über $[a,b]$ m-fach stetig differenzierbar ist, dann gilt, wenn noch

$$\hat{w}(x)=\prod_{k=0}^{n}(x-x_k)^{v_k} \tag{5.23}$$

gesetzt wird, in Analogie zu (5.12) die *Restgliedformel*

$$f(x)-(Hf)(x)=\frac{f^{(m)}(\tau)}{m!}\,\hat{w}(x). \tag{5.24}$$

Der Beweis könnte wieder mit dem schon bei (5.12) benutzten Kunstgriff geführt werden. In gewissem Sinne instruktiver ist die folgende Überlegung, bei der (5.24) als Grenzfall von (5.12) erscheint.

Für hinreichend kleine $\varepsilon>0$ sind die Punkte

$$x_{0,j}=x_0+j\varepsilon \quad (0\leqq j<v_0), \qquad x_{k,j}=x_k-j\varepsilon \quad (1\leqq k\leqq n,\, 0\leqq j<v_k)$$

paarweise verschieden und liegen in $[a,b]$. Lagrange-Interpolation von f an diesen m Stützstellen liefert $p_\varepsilon\in U_{m-1}$ mit

$$f(x)-p_\varepsilon(x)=\frac{f^{(m)}(\tau_\varepsilon)}{m!}\,w_\varepsilon(x) \tag{5.25}$$

gemäß (5.12), wobei $w_\varepsilon(x)=\prod\limits_{k,j}(x-x_{k,j})$. Daraus folgt die Beschränktheit

$$|p_\varepsilon|=\max_{u\in[a,b]}|p_\varepsilon(u)|\leqq|f|+\frac{|f^{(m)}|}{m!}(b-a)^m \qquad \text{unabhängig von } \varepsilon.$$

Wegen der Lokalkompaktheit des endlichdimensionalen Raumes U_{m-1} existieren also $p\in U_{m-1}$ und eine Nullfolge $\varepsilon_1,\varepsilon_2,\ldots$ mit $|p_{\varepsilon_\nu}-p|\to 0$ für $\nu\to\infty$. Die zu festem x gehörigen τ_{ε_ν} aus (5.25) besitzen einen Häufungspunkt $\tau\in[a,b]$. Mit $w_{\varepsilon_\nu}(x)\to\hat{w}(x)$ und der Stetigkeit von $f^{(m)}$ folgt so aus (5.25) durch Grenzübergang $f(x)-p(x)=\frac{f^{(m)}(\tau)}{m!}\hat{w}(x)$. Danach hat $f-p$ die x_k als v_k-fache Nullstellen (vgl. (5.23));

$$f^{(j)}(x_k)-p^{(j)}(x_k)=0 \qquad \text{für } 0\leqq k\leqq n,\ 0\leqq j<v_k \text{ und } p\in U_{m-1}$$

ergibt $p=Hf$, womit (5.24) bewiesen ist. Gleichzeitig erkennt man, daß die p_ε für $\varepsilon\to 0$ keinen von Hf verschiedenen Häufungspunkt haben können, daß also $Hf=\lim\limits_{\varepsilon\to 0}p_\varepsilon$ gilt. In diesem Sinne ist die Hermite-Interpolation als Grenzfall der Lagrange-Interpolation zu verstehen.

Mit der vorstehenden Methode läßt sich auch (5.15) unmittelbar auf die Hermite-Interpolation übertragen: Es gilt

$$f^{(\mu)}(x)=(Hf)^{(\mu)}(x)+\frac{f^{(m)}(\tau)}{m!}\,\hat{w}^{(\mu)}(x) \qquad (\tau \text{ abhängig von } f, x, \mu), \tag{5.26}$$

sofern x der Bedingung (5.16) genügt, in der w durch $\hat{w}$ zu ersetzen ist.

Wenn $v_k = 1$ für alle k, dann ist Hf das LAGRANGEsche Interpolationspolynom zu f in den Stützstellen $x_0 < \cdots < x_n$. Im Falle $n=0$, $v_0 = m$ liefert die Hermite-Interpolation das Taylorpolynom der Ordnung $m-1$ in x_0. Weiter interessiert insbesondere der Spezialfall $v_k = 2$ für alle k, $m = 2n+2$. Mittels der LAGRANGE-schen Grundpolynome l_k zu $x_0 < \cdots < x_n$ berechnet man dafür nach (5.19), (5.2) zunächst

(5.27) $$h_{k,1}(x) = (x - x_k)\, l_k^2(x) \qquad (0 \leqq k \leqq n)$$

und nach (5.20) dann $h_{k,0} = l_k^2 - (l_k^2)'(x_k)\, h_{k,1}$.

Aus (5.7) ergibt sich bei Beachtung der L'HOSPITALschen Regel

(5.28) $$l_k'(x_k) = \lim_{x \to x_k} \left(\frac{w'(x)(x - x_k) - w(x)}{w'(x_k)(x - x_k)^2} \right) = \frac{1}{2} \frac{w''(x_k)}{w'(x_k)},$$

und mit $(l_k^2)'(x_k) = 2\, l_k(x_k)\, l_k'(x_k) = 2\, l_k'(x_k)$ erhält man

(5.29) $$h_{k,0}(x) = \left(1 - \frac{w''(x_k)}{w'(x_k)} (x - x_k) \right) l_k^2(x).$$

Für konstantes p liefert (5.22) wegen $p'(x_k) = 0$ die zu (5.5) analoge Beziehung

(5.30) $$\sum_{k=0}^{n} h_{k,0}(x) = 1 \qquad \text{für alle } x.$$

Ein spezielles Beispiel dieser Formeln ist mit Aufgabe 5.4 gegeben. In ähnlicher Weise kann der Fall $v_0 = v_n = 1$, $v_1 = \cdots = v_{n-1} = 2$ behandelt werden. Eine entsprechende Anwendung folgt am Schluß von Abschnitt 5.4.

5.3 Trigonometrische Interpolation

Ein trigonometrisches Polynom $g \in \tilde{P}_n$, $g \neq 0$ hat höchstens $2n$ Nullstellen innerhalb einer Periode $(-\pi, \pi]$, denn in komplexer Schreibweise gilt mit geeignetem Polynom $p \in U_{2n}$

$$g(t) = \sum_{|k| \leqq n} \gamma_k\, e^{ikt} = e^{-int}\, p(e^{it}),$$

und p hat höchstens $2n$ Nullstellen vom Betrage 1. Aus der Übereinstimmung von $g_1 \in \tilde{P}_n$ mit $g_2 \in \tilde{P}_n$ an $2n+1$ Stützstellen $x_{-n} < x_{-n+1} < \cdots < x_n < x_{-n} + 2\pi$ folgt also $g_1 = g_2$.

Wie bei der Lagrange-Interpolation ergibt sich die Existenz von $g \in \tilde{P}_n$ mit beliebig vorgeschriebenen Funktionswerten an diesen Stellen durch geeignete *trigonometrische Grundpolynome* $\tilde{l}_k \in \tilde{P}_n$, die mit

$$(5.31)\qquad \tilde{l}_k(x) = \prod_{\substack{|j| \leqq n \\ j \neq k}} \left(\frac{\sin\left(\frac{x-x_j}{2}\right)}{\sin\left(\frac{x_k-x_j}{2}\right)} \right) \qquad (-n \leqq k \leqq n)$$

explizit gegeben sind (vgl. Aufgabe 5.5). Wegen $\tilde{l}_k(x_j) = \delta_{j,k}$ und der Eindeutigkeit folgt so die Interpolationsformel

$$(5.32)\qquad g(x) = \sum_{|k| \leqq n} g(x_k)\, \tilde{l}_k(x) \qquad \text{für alle } g \in \tilde{P}_n.$$

Besonderes Interesse verdient der Fall *äquidistanter* Stützstellen

$$(5.33)\qquad x_k = x_0 + \frac{2k\pi}{2n+1} \qquad (|k| \leqq n).$$

Dafür können die $\tilde{l}_k$ mittels der in (4.12), (4.13) definierten Funktion $D_n \in \tilde{P}_n$ dargestellt werden: wegen

$$\frac{1}{2n+1} D_n\left(\frac{2k\pi}{2n+1}\right) = \delta_{0,k} \qquad \text{für } |k| \leqq 2n$$

gilt $\tilde{l}_k(x) = \frac{1}{2n+1} D_n(x-x_k)$ und somit

$$(5.34)\qquad g(x) = \frac{1}{2n+1} \sum_{|k| \leqq n} g(x_k)\, D_n(x-x_k) \qquad \text{für alle } g \in \tilde{P}_n.$$

Die bemerkenswerte Analogie dieser Formel zur DIRICHLETschen Integraldarstellung (4.14) für $g \in \tilde{P}_n$ ist nicht zufällig, sondern beruht auf dem engen Zusammenhang mit der *Quadraturformel*

$$(5.35)\qquad \frac{1}{2\pi} \int_{-\pi}^{\pi} f(x)\, dx = \frac{1}{2n+1} \sum_{|k| \leqq n} f(x_k) \qquad \text{für alle } f \in \tilde{P}_{2n}.$$

Deren Beweis läßt sich auf den Fall gerader trigonometrischer Polynome $f_0 \in \tilde{P}^0_{2n}$ und die Stützstellen $0, \pm\frac{2\pi}{2n+1}, \pm\frac{4\pi}{2n+1}, \ldots$ reduzieren. Setzt man nämlich bei gegebenem $f \in \tilde{P}_{2n}$

$$f_0(x) = \tfrac{1}{2}\big(f(x_0+x) + f(x_0-x)\big), \qquad f_1(x) = \tfrac{1}{2}\big(f(x_0+x) - f(x_0-x)\big),$$

dann ist f_1 ungerade, f_0 gerade, und (5.35) folgt aus

$$(5.35)'\qquad \frac{1}{2\pi} \int_{-\pi}^{\pi} f_0(x)\, dx = \frac{1}{2n+1} \sum_{|k| \leqq n} f_0\left(\frac{2k\pi}{2n+1}\right) \qquad \text{für } f_0 \in \tilde{P}^0_{2n}$$

wegen

$$\int_{-\pi}^{\pi} f(x)\,dx = \int_{-\pi}^{\pi} f(x_0+x)\,dx = \int_{-\pi}^{\pi} (f_0(x)+f_1(x))\,dx = \int_{-\pi}^{\pi} f_0(x)\,dx$$

und

$$\sum_{|k|\leqq n} f_0\left(\frac{2k\pi}{2n+1}\right) = \frac{1}{2}\sum_{|k|\leqq n} (f(x_k)+f(x_{-k})) = \sum_{|k|\leqq n} f(x_k).$$

Beim Beweise von (5.35)′ wird das durch

$$h(x) = 2\sin\frac{x}{2}\sin\left((2n+1)\frac{x}{2}\right) = \cos(nx) - \cos((n+1)x)$$

gegebene Polynom in $\cos x$ vom Grade $n+1$ mit den Nullstellen $\dfrac{2k\pi}{2n+1}$ benutzt. Weil $f_0 \in \tilde{P}_{2n}^0$ vom Grade $\leqq 2n$ in $\cos x$ ist, ergeben sich mittels Divisionsalgorithmus f_0/h trigonometrische Polynome $q \in \tilde{P}_{n-1}^0$ und $g \in \tilde{P}_n^0$, so daß $f_0 = qh+g$ und speziell $f_0\left(\dfrac{2k\pi}{2n+1}\right) = g\left(\dfrac{2k\pi}{2n+1}\right)$ gilt. Die Interpolationsformel (5.34) mit $\dfrac{2k\pi}{2n+1}$ statt x_k liefert für g also die Darstellung

$$g(x) = \frac{1}{2n+1}\sum_{|k|\leqq n} f_0\left(\frac{2k\pi}{2n+1}\right) D_n\left(x - \frac{2k\pi}{2n+1}\right).$$

Weil $q \in \tilde{P}_{n-1}^0$ orthogonal zu $h = c_n - c_{n+1}$ ist, folgt

$$\frac{1}{2\pi}\int_{-\pi}^{\pi} f_0(x)\,dx = \frac{1}{2\pi}\int_{-\pi}^{\pi} g(x)\,dx$$
$$= \frac{1}{2n+1}\sum_{|k|\leqq n}\left(f\left(\frac{2k\pi}{2n+1}\right)\frac{1}{2\pi}\int_{-\pi}^{\pi} D_n\left(x-\frac{2k\pi}{2n+1}\right)dx\right)$$

und mittels (4.16) schließlich (5.35)′.

Es ist eine wichtige Besonderheit der Quadraturformel (5.35), daß sie bei Verwendung von nur $2n+1$ Stützstellen den exakten Integralwert für alle f aus dem $(4n+1)$-dimensionalen Raum $\tilde{P}_{2n}$ liefert. Speziell lassen sich damit die Fourierkoeffizienten trigonometrischer Interpolationspolynome explizit angeben:

Das durch vorgeschriebene Werte y_k eindeutig bestimmte $g \in \tilde{P}_n$ mit $g\left(\dfrac{2k\pi}{2n+1}\right) = y_k$ $(|k| \leqq n)$ hat die Koeffizienten

$$\gamma_0 = \frac{1}{2\pi}\int_{-\pi}^{\pi} g(x)\,dx, \qquad \left.\begin{matrix}\alpha_m\\ \beta_m\end{matrix}\right\} = \frac{1}{\pi}\int_{-\pi}^{\pi} g(x)\,{\cos \atop \sin}(mx)\,dx \qquad (1 \leqq m \leqq n).$$

Die hier auftretenden Integranden sind vom Grade $\leqq 2n$; also gilt

$$(5.36)\quad \gamma_0=\frac{1}{2n+1}\sum_{|k|\leqq n} y_k,\quad \left.\begin{matrix}\alpha_m\\ \beta_m\end{matrix}\right\}=\frac{2}{2n+1}\sum_{|k|\leqq n} y_k \begin{matrix}\cos\\ \sin\end{matrix}\left(\frac{2km\pi}{2n+1}\right)\quad \text{für } 1\leqq m\leqq n.$$

Mit $y_k=f\left(\frac{2k\pi}{2n+1}\right)$ kann man diese Ausdrücke auch als RIEMANNsche Summen zur näherungsweisen Bestimmung der Fourierkoeffizienten von f interpretieren.

Bisher wurden jeweils $2n+1$ Stützstellen im Periodenintervall vorausgesetzt. Jetzt soll der Fall einer *geraden* Anzahl äquidistanter Stellen behandelt werden, und zwar speziell

$$(5.37)\qquad z_k=k\frac{\pi}{n}\qquad (k=0, \pm 1, \pm 2, \ldots)\quad \text{mit}\quad z_{k+2n}=z_k+2\pi.$$

In Analogie zu D_n in (5.34) definiert man hier $W_n\in\tilde{P}_n^0$ durch

$$(5.38)\qquad \begin{aligned} W_n(x)&=D_n(x)-\cos(nx)=1+2\cos x+\cdots+2\cos((n-1)x)+\cos(nx)\\ &=\sin(nx)\operatorname{ctg}\frac{x}{2}\qquad \text{(vgl. Aufgabe 5.6)}.\end{aligned}$$

Danach gilt $\frac{1}{2n}W_n(z_k)=\delta_{0,k}$ für $|k|<2n$, und zu gegebenen Werten y_k mit $y_{k+2n}=y_k$ erhält man durch

$$(5.39)\qquad g(x)=\frac{1}{2n}\sum_{k=-n+1}^{n} y_k W_n(x-z_k)$$

ein interpolierendes $g\in\tilde{P}_n$. Jede andere Lösung $g_1\in\tilde{P}_n$ mit $g_1(z_k)=y_k$ unterscheidet sich von g nur um ein skalares Vielfaches von s_n, denn

$$g(x)-g_1(x)-\left(g\left(\frac{\pi}{2n}\right)-g_1\left(\frac{\pi}{2n}\right)\right)\sin(nx)$$

hat in $(-\pi,\pi]$ die $2n+1$ Nullstellen $z_{1-n},\ldots,z_n,\frac{\pi}{2n}$ und ist deshalb $=0$ für alle x. Das g in (5.39) zeichnet sich dadurch aus, daß seine Fourierdarstellung nicht den Term $\sin(nx)$ enthält, denn

$$\int_0^{2\pi}\sin(nx)\,W_n(x-z_k)\,dx=(-1)^k\int_0^{2\pi}\sin(nx)\,W_n(x)\,dx=0\quad \text{wegen}\quad W_n\in\tilde{P}_n^0.$$

Aufgrund dieser Eindeutigkeit ergibt sich die *Interpolationsformel*

(5.40) $$g(x)=\frac{1}{2n}\sum_{k=1-n}^{n} g\left(\frac{k\pi}{n}\right) W_n\left(x-\frac{k\pi}{n}\right)$$

für alle $g \in \operatorname{lin}\{h_0, c_1, \dots, c_n, s_1, \dots, s_{n-1}\}$ und speziell

(5.41) $$g(x)=\frac{1}{2n}\left(g(0)\, W_n(x)+\sum_{k=1}^{n-1} g\left(\frac{k\pi}{n}\right)\left(W_n\left(x-\frac{k\pi}{n}\right)+W_n\left(x+\frac{k\pi}{n}\right)\right)+ + g(\pi)\, W_n(x-\pi)\right)$$

für alle $g \in \tilde{P}_n^0 = \operatorname{lin}\{h_0, c_1, \dots, c_n\}$.

Bei Verschiebung der Stützstellen z_k um $\pi/2n$ übernimmt c_n die Rolle von s_n. Aus (5.40) entsteht so

(5.42) $$g(x)=\frac{1}{2n}\sum_{k=1-n}^{n} g\left(\frac{2k-1}{2n}\pi\right) W_n\left(x-\frac{2k-1}{2n}\pi\right)$$

für alle $g \in \operatorname{lin}\{h_0, c_1, \dots, c_{n-1}, s_1, \dots, s_n\}$ und speziell

(5.43) $$g(x)=\frac{1}{2n}\sum_{k=1}^{n} g\left(\frac{2k-1}{2n}\pi\right)\left(W_n\left(x-\frac{2k-1}{2n}\pi\right)+W_n\left(x+\frac{2k-1}{2n}\pi\right)\right)$$

für alle $g \in \tilde{P}_{n-1}^0$.

Auch hier gibt es zugehörige Quadraturformeln, nämlich

(5.44) $$\frac{1}{\pi}\int_0^{\pi} f(x)\,dx=\frac{1}{n}\sum_{k=1}^{n} f\left(\frac{2k-1}{2n}\pi\right) \qquad \text{für alle } f \in \tilde{P}_{2n-1}^0$$

und allgemeiner

(5.45) $$\frac{1}{2\pi}\int_{-\pi}^{\pi} f(x)\,dx=\frac{1}{2n}\sum_{k=1-n}^{n} f\left(\frac{2k-1}{2n}\pi\right) \qquad \text{für alle } f \in \tilde{P}_{2n-1}.$$

Zum Beweise von (5.44) dient jetzt $h(x)=\cos(nx)$; zu $f \in \tilde{P}_{2n-1}^0$ gibt es $q \in \tilde{P}_{n-1}^0$ und $g \in \tilde{P}_{n-1}^0$ mit $f=qh+g$ und $g\left(\frac{2k-1}{2n}\pi\right)=f\left(\frac{2k-1}{2n}\pi\right)$. Wegen der Orthogonalität von q und h folgt mittels (5.43) also

$$\frac{1}{\pi}\int_0^{\pi} f(x)\,dx=\frac{1}{2\pi}\int_{-\pi}^{\pi} g(x)\,dx$$

$$=\frac{1}{2n}\sum_{k=1}^{n}\left(f\left(\frac{2k-1}{2n}\pi\right)\frac{1}{2\pi}\int_{-\pi}^{\pi}\left(W_n\left(x-\frac{2k-1}{2n}\pi\right)+W_n\left(x+\frac{2k-1}{2n}\pi\right)\right)dx\right)$$

und vermöge

$$\frac{1}{2\pi}\int_{-\pi}^{\pi} W_n(x)\,dx=\frac{1}{2\pi}\int_{-\pi}^{\pi}\bigl(D_n(x)-\cos(n\,x)\bigr)\,dx=1$$

dann (5.44). Daraus ergibt sich (5.45) durch Aufspaltung von $f\in\tilde{P}_{2n-1}$ in geraden und ungeraden Teil.

5.4 Approximation mittels Interpolation

Nachdem in den vorangehenden Abschnitten verschiedene Interpolationsarten vorgestellt worden sind, soll jetzt untersucht werden, wie weit sich Methoden der Interpolation als konstruktive Hilfsmittel zur Gewinnung polynomischer Approximationen verwenden lassen. Die zu f an einer Stelle x_0 gebildeten TAYLORschen Schmiegungspolynome konvergieren mit wachsendem Grad gegen f, wenn f um x_0 *holomorph* ist. Unter ähnlichen Voraussetzungen erhält man allgemeiner auch Konvergenz bei der Hermite-Interpolation mit wachsender Zahl der Stützstellen, die in einem beschränkten Intervall beliebig verteilt sein können (vgl. Aufgabe 5.1). Die dabei benutzten Restgliedformeln (5.12) bzw. (5.24) setzen mit $n\to\infty$ allerdings voraus, daß f zumindest beliebig oft differenzierbar ist.

Bei der Lagrange-Interpolation kann nun aber ganz auf Differenzierbarkeit von f verzichtet werden. Wenn f als Limes einer über $[a,b]$ gleichmäßig konvergenten Polynomfolge dargestellt werden soll, dann ist naturgemäß $f\in C[a,b]$ zu fordern. Für punktweise Konvergenz genügen eventuell noch schwächere Voraussetzungen über f.

Ein Approximationsverfahren mittels Lagrange-Interpolation ist durch die zu $n=0,1,2,\ldots$ jeweils gewählten Stützstellen

$$x_0^{(n)}<x_1^{(n)}<\cdots<x_n^{(n)},\qquad x_k^{(n)}\in[a,b] \tag{5.46}$$

völlig festgelegt. Mit den zugehörigen Grundpolynomen $l_{n,k}$ gemäß (5.2) erhält man zu $f\in C[a,b]$ die Folge der LAGRANGEschen Interpolationspolynome

$$L_n f=\sum_{k=0}^{n} f(x_k^{(n)})\,l_{n,k}\in U_n \qquad (n=0,1,2,\ldots). \tag{5.47}$$

In der Normierung von $C[a,b]$ sei U_n (wie bei Satz 4.10) durch die Bezeichnung $P_n[a,b]$ ersetzt. Dann sind die L_n lineare Projektoren von $C[a,b]$ auf $P_n[a,b]$. Jedes solche System von Stützstellen $x_k^{(n)}$ ($n=0,1,2,\ldots,0\leqq k\leqq n$), das auch als

Knotenmatrix bezeichnet wird, erzeugt eine derartige Folge $L_0, L_1, \ldots$ polynomtreuer Operatoren. Aufgrund von Satz 4.10 folgt so unmittelbar die negative Aussage von

Satz 5.1: *Es gibt keine Knotenmatrix mit*

$$L_n f \to f \qquad \text{für alle } f \in C[a, b].$$

Für jede Knotenmatrix gilt

$$|L_n| \geqq \frac{2}{\pi^2} \lg n \qquad (n = 1, 2, \ldots). \tag{5.48}$$

Im weiteren wird sich zeigen, daß dieses unvermeidbare Mindestwachstum der $|L_n|$ in der Größenordnung von lg n bei geeigneter Wahl der Stützstellen nicht wesentlich überschritten wird. Zunächst ist jedoch zu klären, wie $|L_n|$ von den in (5.46) genannten Stützstellen abhängt. Dazu werden analog den $\varphi_{n,x}$ bei der Fourierapproximation die mit

$$\lambda_{n,x} f = (L_n f)(x) = \sum_{k=0}^{n} f(x_k^{(n)})\, l_{n,k}(x) \tag{5.49}$$

gegebenen linearen Funktionale $\lambda_{n,x}$ herangezogen. Wegen

$$|\lambda_{n,x} f| \leqq \sum_{k=0}^{n} |f(x_k^{(n)})|\,|l_{n,k}(x)| \leqq \bigl(\max_{a \leqq t \leqq b} |f(t)|\bigr) \sum_{k=0}^{n} |l_{n,k}(x)|$$

mit Gleichheit für solche $f \in C[a, b]$, die

$$f(x_k^{(n)}) = |f| \operatorname{sign} l_{n,k}(x) \qquad (0 \leqq k \leqq n)$$

erfüllen, gilt

$$|\lambda_{n,x}| = \sum_{k=0}^{n} |l_{n,k}(x)|. \tag{5.50}$$

Weiter ergibt sich mit einer Extremalstelle $\xi \in [a, b]$ einerseits

$$|L_n f| = \max_{x \in [a, b]} |(L_n f)(x)| \leqq \max_{x \in [a, b]} |\lambda_{n,x}|\,|f| = |\lambda_{n,\xi}|\,|f|$$

und mit zu ξ passend gewähltem $\hat{f}$ andererseits

$$|\lambda_{n,\xi}|\,|\hat{f}| = |\lambda_{n,\xi} \hat{f}| = |(L_n \hat{f})(\xi)| \leqq |L_n \hat{f}| \leqq |L_n|\,|\hat{f}|,$$

also

$$|L_n| = \max_{x \in [a, b]} |\lambda_{n,x}| = \max_{x \in [a, b]} \sum_{k=0}^{n} |l_{n,k}(x)|. \tag{5.51}$$

Für äquidistante Stützstellen $x_k^{(n)} = k/n$ im Intervall $a=0$, $b=1$ erhält man so z.B. an der Stelle $x = 1/n\sigma_n$, wobei $n \geqq 2$ und $\sigma_n = \sum_{\nu=1}^{n} \frac{1}{\nu} \sim \lg n$, die Abschätzung

$$|L_n| \geqq |\lambda_{n,x}| \geqq \sum_{k=1}^{n} \left| l_{n,k}\left(\frac{1}{n\sigma_n}\right) \right| = \sum_{k=1}^{n} \prod_{\substack{j=0 \\ j \neq k}}^{n} \frac{\left|\frac{1}{n\sigma_n} - \frac{j}{n}\right|}{\left|\frac{k}{n} - \frac{j}{n}\right|},$$

$$|L_n| \geqq \frac{1}{\sigma_n} \prod_{j=1}^{n} \left(1 - \frac{1}{j\sigma_n}\right) \sum_{k=1}^{n} \binom{n}{k} \frac{1}{k - \frac{1}{\sigma_n}} \sim \frac{2^{n+1}}{e\, n \lg n} \qquad (n \to \infty).$$

Der Vergleich mit der Größenordnung $\lg n$ in (5.48) zeigt, daß bei Lagrange-Interpolation die Wahl äquidistanter Stützstellen für die Approximation im Sinne der gleichmäßigen Konvergenz ungünstig ist.

Die vorstehenden Überlegungen sind ohne wesentliche Modifikation auf die Approximation mittels *trigonometrischer* Interpolation zu übertragen. Zu Stützstellen $x_k^{(n)}$ $(n=0, 1, 2, \dots, |k| \leqq n)$ aus einem Periodenintervall der Länge 2π ergibt sich die Folge linearer Projektoren $\tilde{L}_n\colon \tilde{C}_{2\pi} \to \tilde{P}_n$, die bei Verwendung der gemäß (5.31) zu bildenden Grundpolynome $\tilde{l}_{n,k} \in \tilde{P}_n$ im Hinblick auf (5.32) zusammen mit den zugehörigen Funktionalen $\tilde{\lambda}_{n,x}$ durch

$$(5.52) \qquad (\tilde{L}_n f)(x) = \tilde{\lambda}_{n,x} f = \sum_{|k| \leqq n} f(x_k^{(n)})\, \tilde{l}_{n,k}(x) \qquad (f \in \tilde{C}_{2\pi})$$

definiert sind. In Analogie zu (5.50), (5.51) gilt

$$(5.53) \qquad |\tilde{\lambda}_{n,x}| = \sum_{|k| \leqq n} |\tilde{l}_{n,k}(x)|, \qquad |\tilde{L}_n| = \max_{|x| \leqq \pi} |\tilde{\lambda}_{n,x}|.$$

Nach Satz 4.7 wachsen diese Normen $|\tilde{L}_n|$ mindestens wie $\frac{4}{\pi^2} \lg n$, und nach Satz 4.8 kann mit keiner Knotenmatrix

$$\tilde{L}_n f \to f \qquad \text{für alle } f \in \tilde{C}_{2\pi}$$

erreicht werden. Relativ zu diesen Einschränkungen liefern äquidistante Stützstellen hier nun aber (im Gegensatz zur Lagrange-Interpolation) ein besonders günstiges Resultat, nämlich

Satz 5.2: *Die zu den Stützstellen* $x_k^{(n)} = \frac{2k}{2n+1}\pi$ $(|k| \leqq n)$ *gehörigen trigonometrischen Interpolationsoperatoren und -funktionale* $\tilde{L}_n$ *und* $\tilde{\lambda}_{n,x}$ *mit* (vgl. (5.34))

$$(5.54) \qquad (\tilde{L}_n f)(x) = \tilde{\lambda}_{n,x} f = \frac{1}{2n+1} \sum_{|k| \leqq n} f(x_k^{(n)})\, D_n(x - x_k^{(n)}) \qquad (f \in \tilde{C}_{2\pi})$$

haben die Norm

(5.55) $$|\tilde{\lambda}_{n,x}| = 1 + \left|\sin\left((2n+1)\frac{x}{2}\right)\right| \left(\frac{2}{\pi} \lg n + O(1)\right),$$

(5.56) $$|\tilde{L}_n| = \frac{2}{\pi} \lg n + O(1).$$

Beweis: Weil

$$|\tilde{\lambda}_{n,x}| = \frac{1}{2n+1} \sum_{|k| \leqq n} |D_n(x - x_k^{(n)})| = \frac{1}{2n+1} \sum_{|k| \leqq n} \frac{\left|\sin\left((2n+1)\frac{x}{2}\right)\right|}{|\sin(\frac{1}{2}(x - x_k^{(n)}))|}$$

und der Faktor $\left|\sin\left((2n+1)\frac{x}{2}\right)\right|$ in (5.55) ungeändert bleiben, wenn x um ein ganzes Vielfaches von $\frac{2\pi}{2n+1}$ geändert wird, sei $|x| \leqq \frac{\pi}{2n+1}$ angenommen. Gesondert für den Summanden mit $k=0$ gilt dann

$$\frac{1}{2n+1} |D_n(x)| = 1 + O(nx) = 1 + O\left(\left|\sin\left((2n+1)\frac{x}{2}\right)\right|\right).$$

Weiter erhält man, ähnlich wie bei den Abschätzungen in 4.2,

$$\frac{1}{2n+1} \sum_{1 \leqq k \leqq n} |D_n(x - x_k^{(n)})|$$

$$= \frac{\left|\sin\left((2n+1)\frac{x}{2}\right)\right|}{2n+1} \left(\sum_{1 \leqq |k| \leqq n} \left(\frac{1}{\sin(\frac{1}{2}|x - x_k^{(n)}|)} - \frac{1}{\frac{1}{2}|x - x_k^{(n)}|} \right) + \sum_{1 \leqq |k| \leqq n} \frac{1}{\frac{1}{2}|x - x_k^{(n)}|} \right)$$

$$= \left|\sin\left((2n+1)\frac{x}{2}\right)\right| \left(O(1) + \sum_{k=1}^{n} \left(\frac{2}{2k\pi - (2n+1)x} + \frac{2}{2k\pi + (2n+1)x} \right) \right)$$

$$= \left|\sin\left((2n+1)\frac{x}{2}\right)\right| \left(O(1) + \frac{2}{\pi} \lg n \right),$$

und aus (5.55) folgt (5.56) aufgrund von $|\tilde{L}_n| = \max_x |\tilde{\lambda}_{n,x}|$.

Man könnte in Verfolgung der Analogien zur Fourier-Approximation die Sätze 4.3 und 4.6 auf die trigonometrische Interpolation übertragen. Es erscheint jedoch interessanter, entsprechende Ergebnisse für die Lagrange-Interpolation zu gewinnen. Das gelingt vermöge der durch die Substitution $x = \cos \xi$ zwischen $C[-1, +1]$ und $\tilde{C}^0_{2\pi}$ bzw. $P_n[-1, 1]$ und $\tilde{P}^0_n$ vermittelten Isomorphie. Wählt man speziell (bei vorläufig festem $n \geqq 1$) die in $[-1, 1]$

„trigonometrisch“ gleichverteilten Stützstellen

$$x_k = x_k^{(n)} = \cos\left((n-k)\frac{\pi}{n}\right) \qquad (0 \leqq k \leqq n), \tag{5.57}$$

dann liefert die Übersetzung der Interpolationsformel (5.41) unmittelbar die zugehörigen Grundpolynome $l_k = l_{n,k}$ in der expliziten Darstellung

$$\begin{aligned} &l_0(\cos\xi) = \frac{1}{2n} W_n(\xi - \pi), \qquad l_n(\cos\xi) = \frac{1}{2n} W_n(\xi), \\ &l_{n-k}(\cos\xi) = \frac{1}{2n}\left(W_n\left(\xi - \frac{k\pi}{n}\right) + W_n\left(\xi + \frac{k\pi}{n}\right)\right) \qquad \text{für } 1 \leqq k \leqq n-1. \end{aligned} \tag{5.58}$$

In der daraus resultierenden Abschätzung

$$|\lambda_{n,\cos\xi}| = \sum_{k=0}^{n} |l_k(\cos\xi)| \leqq \frac{1}{2n} \sum_{k=1-n}^{n} \left| W_n\left(\xi - \frac{k\pi}{n}\right)\right| = \rho(\xi)$$

ändert sich die rechte Seite nicht, wenn ξ durch $-\xi$ oder $\xi + m\dfrac{\pi}{n}$ (m ganz) ersetzt wird, so daß die weitere Betrachtung von $\rho(\xi)$ für $0 \leqq \xi \leqq \pi/2n$ genügt. Nach (5.38) gilt $|W_n(\xi)| \leqq 2n$ und wegen $|\operatorname{ctg} u| \leqq 1/|u|$ in $0 < |u| \leqq \pi/2$ dann

$$\begin{aligned} \rho(\xi) &\leqq 1 + \frac{|\sin(n\xi)|}{2n}\left(\sum_{k=1}^{n-1} \frac{1}{\frac{1}{2}\left(\frac{k\pi}{n} + \xi\right)} + \sum_{k=1}^{n} \frac{1}{\frac{1}{2}\left(\frac{k\pi}{n} - \xi\right)}\right) \\ &\leqq 1 + |\sin(n\xi)| \frac{2}{\pi} \sum_{k=1}^{2n-1} \frac{1}{k}. \end{aligned}$$

Weil diese Schranke ebenfalls gerade und π/n-periodisch in ξ ist, folgt in Analogie zu Satz 5.2

$$|\lambda_{n,\cos\xi}| \leqq 1 + |\sin(n\xi)| \left(\frac{2}{\pi}\lg n + O(1)\right) \qquad \text{für alle } \xi, \tag{5.59}$$

$$|L_n| = \max_{|x| \leqq 1} |\lambda_{n,x}| \leqq \frac{2}{\pi}\lg n + O(1). \tag{5.60}$$

Bei Herleitung individueller Schranken für diese $|l_k(x)|$ ist zu berücksichtigen, welche Stützstelle x_m nahe x liegt. Für $|x| \leqq 1$ wird ein derartiges m_x durch die Bedingungen

$$x = \cos\left((n - m_x)\frac{\pi}{n} + \tau\right), \qquad -\frac{\pi}{2n} < \tau \leqq \frac{\pi}{2n}, \qquad 0 \leqq m_x \leqq n \tag{5.61}$$

eindeutig festgelegt. Für $k \neq m_x$ ergibt sich nach (5.58) und (5.38)

$$|l_k(x)| \leqq \frac{1}{2n}\left(\left|\operatorname{ctg}\left(\frac{1}{2}(k-m_x)\frac{\pi}{n}+\frac{\tau}{2}\right)\right|+\left|\operatorname{ctg}\left(\frac{1}{2}(2n-k-m_x)\frac{\pi}{n}+\frac{\tau}{2}\right)\right|\right)$$

$$\leqq \frac{1}{2n}\left(\frac{1}{\frac{\pi}{2n}|k-m_x|-\frac{|\tau|}{2}}+\frac{1}{\frac{\pi}{2n}\min\{2n-k-m_x, k+m_x\}-\frac{|\tau|}{2}}\right),$$

wegen $|\tau| \leqq \pi/2n$, $k+m_x \geqq |k-m_x|$ und $2n-k-m_x \geqq |k-m_x|$ also

(5.62) $$|l_k(x)| \leqq \frac{\frac{2}{\pi}}{|k-m_x|-\frac{1}{2}} \leqq \frac{\frac{4}{\pi}}{|k-m_x|} \qquad (k \neq m_x).$$

Zusammen mit der wegen $|W_n(u)| \leqq 2n$ generell gültigen Schranke

(5.63) $$|l_k(x)| \leqq 2 \qquad \text{für } 0 \leqq k \leqq n, \ |x| \leqq 1$$

liefert das die Beschränktheit der Quadratsumme

(5.64) $$\sum_{k=0}^{n} l_k^2(x) \leqq 4+2\left(\frac{4}{\pi}\right)^2 \sum_{\nu=1}^{\infty} \frac{1}{(2\nu-1)^2}=8 \qquad \text{für } |x| \leqq 1$$

(vgl. Aufgabe 4.2).

Als ein dem Satz 4.3 weitgehend entsprechendes Resultat hat man

Satz 5.3: *f sei über $[-1, 1]$ von beschränkter Variation. Dann gilt für die Folge der* LAGRANGE*schen Interpolationspolynome $L_n f$ zu den Stützstellen $x_k^{(n)}=\cos\left((n-k)\frac{\pi}{n}\right)$ punktweise Konvergenz*

(5.65) $(L_n f)(x) \to f(x)$, *wenn f an der Stelle $x \in [-1, 1]$ stetig ist,*

und gleichmäßige Konvergenz

(5.66) $\max\limits_{|x| \leqq 1} |(L_n f)(x)-f(x)| \to 0$, *wenn f stetig in $[-1, 1]$ ist.*

Beweis: Entsprechend (4.29) benötigt man hier die Ungleichungen

(5.67a) $$\left|\sum_{j=k}^{n} l_j(x)\right| \leqq |l_k(x)| \qquad \text{für } x_k \geqq x,$$

$$(0 \leqq k \leqq n)$$

(5.67b) $$\left|\sum_{j=0}^{k} l_j(x)\right| \leqq |l_k(x)| \qquad \text{für } x_k \leqq x,$$

die übrigens ganz allgemein bei beliebiger Verteilung der Stützstellen gelten. (5.67a) ist für $k=n$ richtig; für $k=0$ und $x \leqq x_0$ hat man

$$l_0(x) \geqq l_0(x_0) = 1 = \sum_{j=0}^{n} l_j(x),$$

denn l'_0 hat seine $n-1$ Nullstellen nach ROLLE in den Intervallen $(x_1, x_2), \ldots, (x_{n-1}, x_n)$, und somit gilt $l'_0(x) < 0$ für $x \leqq x_1$. Im Falle $0 < k < n$ betrachtet man die Polynome $g_k = \sum_{j=k}^{n} l_j$ und $g_{k+1} = \sum_{j=k+1}^{n} l_j$. Wegen $g_k(x_i) = 0$ für $i \leqq k-1$ und $g_k(x_i) = 1$ für $i \geqq k$ hat g'_k seine $n-1$ Nullstellen in den Intervallen (x_{i-1}, x_i) mit $1 \leqq i \leqq n$, $i \neq k$, so daß $g'(x_{k-1}) > 0$ und $\operatorname{sign} g'_k(x_i) = (-1)^{k-i-1}$ für $i \leqq k-1$ gilt. Ebenso hat man $\operatorname{sign} g'_{k+1}(x_i) = (-1)^{k-i}$ für $i \leqq k$ und deshalb $\operatorname{sign} g_k(x) = -\operatorname{sign} g_{k+1}(x)$ für $x < x_k$. Das führt mit $g_k(x) = g_{k+1}(x) + l_k(x)$ zu $|g_k(x)| \leqq |l_k(x)|$ für $x < x_k$ und dann auch für $x = x_k$ wegen der Stetigkeit von g_k und l_k. (5.67b) ist analog zu beweisen.

Mit f ist auch die totale Variation von f stetig an der Stelle x:

Zu jedem $\varepsilon > 0$ gibt es ein $\delta > 0$ mit

$$\int_{x-\delta}^{x+\delta} |df(t)| < \varepsilon, \qquad \delta \text{ abhängig von } \varepsilon \text{ und } x. \tag{5.68}$$

(Man denke sich hier die Integrationsgrenzen -1 bzw. 1 eingesetzt, falls $|x| > 1-\delta$.) Wird $m = m_x$ gemäß (5.61) gewählt, dann folgt mittels (5.5) und partieller Summation

$$\begin{aligned}(L_n f)(x) &= \sum_{j=0}^{n} f(x_j)\, l_j(x) \\ &= f(x_m) + \sum_{k=0}^{m-1} \Big((f(x_k) - f(x_{k+1})) \sum_{j=0}^{k} l_j(x) \Big) \\ &\quad + \sum_{k=m+1}^{n} \Big((f(x_k) - f(x_{k-1})) \sum_{j=k}^{n} l_j(x) \Big),\end{aligned}$$

wegen (5.67) und (5.62) also

$$\begin{aligned}|(L_n f)(x) - f(x)| \leqq |f(x_m) - f(x)| &+ \frac{4}{\pi} \sum_{k=0}^{m-1} \frac{|f(x_k) - f(x_{k+1})|}{|k-m|} \\ &+ \frac{4}{\pi} \sum_{k=m+1}^{n} \frac{|f(x_k) - f(x_{k-1})|}{|k-m|}.\end{aligned} \tag{5.69}$$

Nach (5.61) ergibt sich

$$|x_k - x| = \left|\cos\left((n-k)\frac{\pi}{n}\right) - \cos\left((n-m)\frac{\pi}{n}+\tau\right)\right|$$

$$\leqq (|k-m|+\tfrac{1}{2})\frac{\pi}{n} < \delta \qquad \text{für } |k-m|+\frac{1}{2} < \frac{n\delta}{\pi}$$

und damit

$$|k-m| \geqq \frac{n\delta}{\pi} - \frac{1}{2} \qquad \text{für } |x_k - x| \geqq \delta \qquad (\text{es sei } n \geqq \pi/\delta)$$

sowie insbesondere $|x-x_m| \leqq \pi/2n$. Bei Aufteilung der Summen in (5.69) nach $|x_k - x| \geqq \delta$ bzw. $|x_k - x| < \delta$ erhält man nunmehr

$$|(L_n f)(x) - f(x)| \leqq \left(1+\frac{4}{\pi}\right)\int_{x-\delta}^{x+\delta} |df(t)| + \frac{4}{\pi}\,\frac{1}{\dfrac{n\delta}{\pi}-\dfrac{1}{2}}\int_{-1}^{1} |df(t)|$$

$$< 3\varepsilon + O\left(\frac{1}{n}\right) < 4\varepsilon$$

gemäß (5.68) und für hinreichend großes n. Damit ist (5.65) bewiesen, ebenso aber auch (5.66), denn bei Stetigkeit von f und seiner Totalvariation über $[-1, 1]$ kann δ in (5.68) unabhängig von x gewählt werden.
An Sprungstellen von f ist im Unterschied zu Satz 4.3 hier keine Konvergenzaussage möglich (vgl. Aufgabe 5.7).
Bei Verwendung des Stetigkeitsmaßes $\omega(f, \delta) = \max\limits_{|u-v| \leqq \delta} |f(u) - f(v)|$ ergibt sich aus (5.69) wegen $|x_{k+1} - x_k| \leqq \pi/n$ und $\omega(f, \pi/n) \leqq 4\omega(f, 1/n)$ als Analogon zu Satz 4.6 unmittelbar

Satz 5.4: *Mit den Bezeichnungen von Satz* 5.3 *gilt*

$$(5.70) \qquad |L_n f - f| \leqq c\,\omega\left(f, \frac{1}{n}\right)(\lg n + 1) \qquad \text{für alle } f \in C[-1, 1].$$

Die vorstehenden Ergebnisse wurden für die in (5.57) genannten Stützstellen erzielt, die man auch als die Extremalstellen des Tschebyscheffpolynoms T_n über $[-1, 1]$ sehen kann (vgl. 3.5, (3.49)). Zu analogen Abschätzungen gelangt man bei Verwendung der Nullstellen

$$(5.71) \qquad z_k = \cos\left((2n+1-2k)\frac{\pi}{2n+2}\right) \qquad (0 \leqq k \leqq n)$$

von T_{n+1}; die entsprechende Interpolationsformel entsteht durch Übersetzung von (5.43), wobei n durch $n+1$ zu ersetzen ist (vgl. Aufgabe 5.6).

Für Polygonzüge $f\in C[-1,1]$ ergibt sich nach Satz 5.3 oder auch nach Satz 5.4 gleichmäßige Konvergenz $(L_n f)(x)\Rightarrow f(x)$. Weil diese in $C[-1,1]$ dicht liegen, hat man so auch einen neuen Beweis für den WEIERSTRASSschen Approximationssatz.

Ein direkter konstruktiver Zugang für die gleichmäßige polynomische Approximation aller $f\in C[-1,1]$ stützt sich auf die Elemente der Hermite-Interpolation in dem am Ende von 5.2 behandelten Spezialfall $v_k=2$ für $0\leqq k\leqq n$, $m=2n+2$. Als Stützstellen werden die z_k aus (5.71) benutzt, für die sich nach Aufgabe 5.4

$$(5.72)\qquad h_{k,0}(x)=\left(\frac{T_{n+1}(x)}{(n+1)(x-z_k)}\right)^2(1-x\,z_k)\geqq 0 \qquad (|x|\leqq 1)$$

ergibt. Zu $f\in C[-1,1]$ erhält man, indem die meist undefinierten $f'(z_k)$ durch 0 ersetzt werden, mittels Hermite-Interpolation

$$(5.73)\qquad f_n(x)=\sum_{k=0}^{n} f(z_k)\,h_{k,0}(x)$$

sogenannte *Stufenpolynome* $f_n\in P_{2n+1}[-1,1]$ mit $f_n'(z_k)=0$. Die Zuordnung $f\mapsto f_n$ beschreibt zwar keinen polynomtreuen Projektor, dafür gilt aber

Satz 5.5: *Für jedes $f\in C[-1,1]$ konvergieren die über den Nullstellen der T_{n+1} konstruierten Stufenpolynome f_n in $[-1,1]$ gleichmäßig gegen f.*

Beweis: Zu $f\in C[-1,1]$ und $\varepsilon>0$ existiert $\delta>0$ mit

$$|f(u)-f(v)|<\varepsilon \qquad \text{für } |u-v|<\delta.$$

Wegen (5.30), (5.72) und $|T_{n+1}(x)|\leqq 1$ in $|x|\leqq 1$ gilt

$$(5.74)\qquad |h_{k,0}(x)|=h_{k,0}(x)\leqq\frac{2}{(n+1)^2\,\delta^2} \qquad \text{für } |x-z_k|\geqq\delta,\ |x|\leqq 1,$$

$$\sum_{|z_k-x|<\delta}|h_{k,0}(x)|\leqq\sum_{k=0}^{n}|h_{k,0}(x)|=\sum_{k=0}^{n}h_{k,0}(x)=1$$

und somit

$$|f_n(x)-f(x)|=\left|\sum_{k=0}^{n}\big(f(z_k)-f(x)\big)\,h_{k,0}(x)\right|\leqq\sum_{k=0}^{n}|f(z_k)-f(x)|\,|h_{k,0}(x)|$$

$$=\sum_{|z_k-x|\geqq\delta}+\sum_{|z_k-x|<\delta}\leqq\frac{2\,|f|\,(n+1)}{(n+1)^2\,\delta^2}+\varepsilon<2\varepsilon$$

für hinreichend große n – gleichmäßig für alle $x\in[-1,1]$.

Man erkennt, daß die Nichtnegativität der $h_{k,0}$ über $[-1,1]$ und die Abschätzung (5.74) den wesentlichen Kern der vorstehenden Beweisführung bilden. So gelingt es, auch über den in (5.57) genannten Extremalstellen $x_k^{(n)}$ der T_n ein zu Satz 5.5 analoges Resultat zu gewinnen. Dabei wird der mit $v_0=v_n=1$, $v_k=2$ für $1\leqq k\leqq n-1$, $m=2n$ gegebene Spezialfall der Hermite-Interpolation angewandt ($n\geqq 2$): Man setzt

$$(5.75)\qquad w(x)=\prod_{j=0}^{n}(x-x_j),\qquad \bar{w}(x)=\prod_{j=1}^{n-1}(x-x_j),$$

$$(5.76)\qquad l_k(x)=\frac{w(x)}{w'(x_k)(x-x_k)}\ (0\leqq k\leqq n),\quad \bar{l}_k(x)=\frac{\bar{w}(x)}{\bar{w}(x_k)(x-x_k)}\ (1\leqq k\leqq n-1)$$

und erhält gemäß (5.19), (5.20)

$$(5.77)\qquad \begin{aligned} h_{0,0}(x)&=q_{0,0}(x)=l_0(x)\frac{\bar{w}(x)}{\bar{w}(x_0)}\geqq 0 \qquad \text{für } x\leqq x_n=1,\\ h_{n,0}(x)&=q_{n,0}(x)=l_n(x)\frac{\bar{w}(x)}{\bar{w}(x_n)}\geqq 0 \qquad \text{für } x\geqq x_0=-1,\end{aligned}$$

$$(5.78)\qquad \left.\begin{aligned} h_{k,1}(x)&=q_{k,1}(x)=(x-x_k)\,l_k(x)\,\bar{l}_k(x)\\ q_{k,0}(x)&=l_k(x)\,\bar{l}_k(x)\geqq 0 \qquad \text{für } x\in[x_0,x_n]=[-1,1]\end{aligned}\right\}\ (1\leqq k\leqq n-1)$$

sowie

$$(5.79)\qquad h_{k,0}(x)=l_k(x)\,\bar{l}_k(x)\big(1-(x-x_k)(l_k'(x_k)+\bar{l}_k'(x_k))\big)\qquad (1\leqq k\leqq n-1).$$

Die x_k sind die Nullstellen von $(x^2-1)\,T_n'(x)$, so daß hier normiert

$$w(x)=\frac{1}{n\,2^{n-1}}(x^2-1)\,T_n'(x),\qquad \bar{w}(x)=\frac{1}{n\,2^{n-1}}\,T_n'(x)$$

zu setzen ist. Damit folgt nach einiger Rechnung unter Berücksichtigung der Differentialgleichung

$$(1-x^2)\,T_n''(x)-x\,T_n'(x)+n^2\,T_n(x)$$

in Spezialisierung von (5.77) und (5.79) die explizite Darstellung

$$(5.80)\qquad \begin{aligned} h_{0,0}(x)&=\frac{(1-x^2)\,T_n'^2(x)}{2n^4(x-x_0)},\qquad h_{n,0}(x)=-\frac{(1-x^2)\,T_n'^2(x)}{2n^4(x-x_n)},\\ h_{k,0}(x)&=\frac{(1-x^2)\,T_n'^2(x)}{n^4(x-x_k)^2}(1-x\,x_k)\qquad (1\leqq k\leqq n-1).\end{aligned}$$

Danach sind die $h_{k,0}$ nichtnegativ über $[-1,1]$; weiter ergibt sich mit der Substitution $x=\cos t$ die Abschätzung

$$(1-x^2)\,T_n'^2(x)=(1-\cos^2 t)\left(\frac{n\sin(nt)}{\sin t}\right)^2\leqq n^2 \qquad \text{für } |x|\leqq 1$$

und in Analogie zu (5.74)

$$|h_{k,0}(x)|=h_{k,0}(x)\leqq\frac{2}{n^2\delta^2} \qquad \text{für } |x-x_k|\geqq\delta \quad (0\leqq k\leqq n).$$

So erhält man also

Satz 5.6: *Für $f\in C[-1,1]$ konvergieren die über den Extremalstellen der T_n konstruierten $g_n=\sum_{k=0}^{n} f(x_k)\,h_{k,0}\in P_{2n-1}[-1,1]$ in $[-1,1]$ gleichmäßig gegen f.*

5.5 Interpolation ganzer Funktionen vom Exponentialtyp

In diesem Abschnitt soll eine Interpolationsformel für die in 2.3 vorgestellten ganzen Funktionen vom Grade $\leqq\nu$ behandelt werden. Im Spezialfall der trigonometrischen Polynome vom Grade $\leqq\nu=n$ ergab sich für äquidistante Stützstellen im Abstand π/n die Darstellung (5.40), bei der für $g\in\tilde{P}_n$ im allgemeinen noch ein Term $c\sin(nx)$ zu ergänzen war. Entsprechend werden hier für Funktionen $g\in G_\nu$ $(\nu>0)$ die unendlich vielen Stützstellen

$$x_k=k\,\frac{\pi}{\nu} \qquad (k=0,\pm1,\pm2,\ldots) \tag{5.81}$$

benutzt. Es sind dies gerade die Nullstellen der mit $w(z)=\sin(\nu z)$ gegebenen Funktion $w\in G_\nu$.

Als konstruktive Grundelemente dienen die mit

$$\begin{aligned} l_0(z)&=\frac{\sin(\nu z)}{\nu z},\\ l_k(z)&=\frac{\nu z}{k\pi}\,\frac{\sin\bigl(\nu(z-x_k)\bigr)}{\nu(z-x_k)}=\frac{(-1)^k\,\nu z\sin(\nu z)}{k\pi(\nu z-k\pi)} \qquad (k=\pm1,\pm2,\ldots)\end{aligned} \tag{5.82}$$

gegebenen Funktionen $l_0, l_k\in G_\nu$ mit $l_j(x_k)=\delta_{j,k}$. Darin ist der zusätzliche Faktor $\nu z/k\pi$ für die Konvergenz der im folgenden zu bildenden Reihen erforderlich.

Um eine interpolatorische Darstellung von $g \in G_\nu$ zu gewinnen, benutzt man die durch

$$|g(x_k)| \leqq |g| = \sup\{|g(x)| \,|\, x \text{ reell}\}$$

beschränkten Werte von g und setzt

(5.83) $$f(z) = \sum_{k=-\infty}^{\infty} g(x_k)\, l_k(z).$$

Diese Reihe ist über beschränkten Bereichen gleichmäßig konvergent wie $\sum_k \frac{1}{k^2}$, denn für $|z| \leqq r$ und $|k\pi| > 2\nu r$ gilt

$$|g(x_k)\, l_k(z)| \leqq |g|\,|\sin(\nu z)| \frac{|\nu z|}{|k\pi|\,(|k\pi| - |\nu z|)} \leqq |g|\, e^{\nu r} \frac{\nu r}{\frac{1}{2}\pi^2 k^2},$$

und damit ist f eine ganze Funktion, die

(5.84) $$f(x_k) = g(x_k) \qquad \text{für alle } k$$

erfüllt. Durch gliedweise Differentiation von (5.83) ergibt sich außerdem

(5.85) $$f'(0) = 0,$$

denn $l_0'(0) = 0$, und die l_k mit $k \neq 0$ haben in 0 jeweils eine doppelte Nullstelle. Um nun den Zusammenhang zwischen f und g aufzudecken, ist zunächst einmal das Wachstum von f abzuschätzen. Dazu wird die in

$$|f(z)| \leqq |g|\,\Big(|l_0(z)| + \sum_{k \neq 0} |l_k(z)|\Big)$$

auftretende Summe abhängig von $z = x + iy$ in mehrere Teile aufgespalten:

a) Es gibt höchstens zwei Summanden mit $|z - x_k| < \pi/\nu$, für die gemäß (5.82) dann

$$|l_k(z)| = \frac{|\nu z|}{|k\pi|} \left| \frac{\sin(\nu(z - x_k))}{\nu(z - x_k)} \right| < \frac{|k| + 1}{|k|}\, e^{\pi} \leqq c_1$$

gilt, denn wegen $|l_0| = 1$, (2.16) und $|\mathrm{Im}(z - x_k)| = |y| < \pi/\nu$ hat man

$$\left| \frac{\sin(\nu(z - x_k))}{\nu(z - x_k)} \right| = |l_0(z - x_k)| \leqq e^{\nu|y|} < e^{\pi}.$$

b) Für die Summanden mit

$$|k| \geqq k_0 = 1 + \left[\frac{2\nu|z|}{\pi}\right] > \frac{2\nu|z|}{\pi}$$

folgt wegen $|k\pi - vz| \geqq |k|\,\pi - v|z| > \frac{\pi}{2}|k|$ die Abschätzung

$$\sum_{|k| \geqq k_0} |l_k(z)| \leqq |vz|\,|\sin(vz)| \sum_{|k| \geqq k_0} \frac{1}{\frac{1}{2}\pi^2 k^2} \leqq \pi k_0 e^{v|y|} \frac{2}{\pi^2} \sum_{k \geqq k_0} \frac{1}{k^2} \leqq c_2 e^{v|y|},$$

wobei c_2 unabhängig von k_0 bzw. z ist.

c) Für die restlichen Summanden schließlich gilt

$$\left| z - \frac{k\pi}{v} \right| \geqq \frac{\pi}{v} \quad \text{und} \quad |k| \leqq k_0 - 1 \leqq \frac{2v|z|}{\pi}.$$

Zusammen mit $|vz - k\pi| \geqq |vx - k\pi|$ liefert die erste dieser Bedingungen $|vz - k\pi| \geqq \frac{1}{2}|vx - k\pi| + \frac{\pi}{2}$, und mittels

$$\left| \frac{vz}{k\pi(vz - k\pi)} \right| = \left| \frac{1}{k\pi} + \frac{1}{vz - k\pi} \right| \leqq \frac{1}{|k|\,\pi} + \frac{2}{|vx - k\pi| + \pi}$$

erhält man für diese Restsumme die Schranke

$$|\sin(vz)| \sum_{0 < |k| < k_0} \left(\frac{1}{|k|\,\pi} + \frac{2}{|vx - k\pi| + \pi} \right) \leqq e^{v|y|} \left(\frac{2}{\pi} \sum_{k=1}^{\left[\frac{2v|z|}{\pi}\right]} \frac{1}{k} + \frac{4}{\pi} \sum_{n=0}^{\left[\frac{3v|z|}{\pi}\right]} \frac{1}{n+1} \right)$$

$$\leqq c_3 \lg(|z| + 2)\, e^{v|y|}.$$

Wegen $|l_0(z)| \leqq e^{v|y|}$ folgt nach a), b), c) zusammenfassend also

(5.86) $$|f(z)| \leqq c_4 \lg(|z| + 2)\, e^{v|y|} \qquad (z = x + iy).$$

Daraus kann noch nicht direkt auf $f \in G_v$ geschlossen werden.

Der über alle Grenzen wachsende Faktor $\lg(|z| + 2)$ ist übrigens bei dieser Art der Abschätzung unvermeidbar. Interpoliert man nämlich beliebig vorgegebene Werte y_k mit $|y_k| \leqq 1$ durch $\hat{f}(z) = \sum_k y_k l_k(z)$, dann kann $\hat{f}$ tatsächlich die in (5.86) auftretende Wachstumsordnung erreichen (vgl. Aufgabe 5.9).

Im hier vorliegenden Falle kann aber zusätzlich ausgenutzt werden, daß die y_k speziell die Werte der Funktion $g \in G_v$ sind: Wegen (5.84), (5.85) beschreibt

$$q(z) = \frac{g(z) - \frac{g'(0)}{v} \sin(vz) - f(z)}{z \sin(vz)}$$

eine ganze Funktion, denn der Zähler hat die x_k als Nullstellen und 0 als mindestens doppelte Nullstelle. Für $z = x + iy$, $|y| \geqq 1/v$ ergibt sich

$$|z \sin(vz)| = \frac{|z|}{2} |e^{ivz} - e^{-ivz}| \geqq \frac{|z|}{2} e^{v|y|} (1 - e^{-2}),$$

wegen (5.86) und $|g(z)| \leqq |g|\, e^{\nu|y|}$ also

$$|q(z)| \leqq c_5 \frac{\lg(|z|+2)}{|z|}.$$

Diese Abschätzung gilt mit geeignetem c_5 außerdem auf den Geraden $\left\{z = x + i y \,\middle|\, x = (m+\tfrac{1}{2}) \frac{\pi}{\nu}\right\}$, denn dort ist

$$|\sin(\nu z)| = \cosh(\nu y) \geqq \tfrac{1}{2} e^{\nu|y|},$$

und nach dem Maximumprinzip dann auch in den ausgesparten Rechtecken um die x_k. Aus $|q(z)| \to 0$ für $|z| \to \infty$ folgt nach LIOUVILLE schließlich $q = 0$, d.h. $f(z) = g(z) - \frac{g'(0)}{\nu} \sin(\nu z)$ und $f \in G_\nu$. Zusammenfassend hat man also die schon eingangs angekündigte

Interpolationsformel

$$g(z) = \frac{g'(0)}{\nu} \sin(\nu z) + \sum_{k=-\infty}^{\infty} g\left(\frac{k\pi}{\nu}\right) l_k(z) \qquad \text{für alle } g \in G_\nu \tag{5.87}$$

mit den in (5.82) *genannten Grundfunktionen* $l_k \in G_\nu$*; die darin auftretende Reihe ist über beschränkten Bereichen gleichmäßig konvergent.*

Für reelle a gilt mit $g \in G_\nu$ und $h(u) = g(a+u)$ auch $h \in G_\nu$. Wird (5.87) auf h angewandt, dann entsteht nach Substitution $u = z - a$ die etwas allgemeinere Formel

$$g(z) = \frac{g'(a)}{\nu} \sin(\nu(z-a)) + \sum_{k=-\infty}^{\infty} g\left(a + \frac{k\pi}{\nu}\right) l_k(z-a). \tag{5.87)'$$

In 2.3 wurde gezeigt, daß mit $g \in G_\nu$ auch $g' \in G_\nu$ und $|g'| \leqq e^\nu |g|$ gilt. Letzteres kann jetzt verschärft werden.

Satz 5.7: *Für $g \in G_\nu$ gilt die* BERNSTEIN*sche Ungleichung*

$$|g'| \leqq \nu\, |g|; \tag{5.88}$$

Gleichheit $|g'(u)| = \nu\, |g|$ tritt nur für Funktionen der Form

$$g(z) = e^{i\varphi} |g| \left(\sin(\nu(z-u)) + i\,\delta \cos(\nu(z-u))\right)$$

mit reellen φ, δ und $|\delta| \leqq 1$ auf.

Beweis: Gliedweise Differentiation von (5.87)′ liefert mit $z=a+\frac{\pi}{2\nu}$

(5.89) $$g'\left(a+\frac{\pi}{2\nu}\right)=\sum_{k=-\infty}^{\infty} g\left(a+\frac{k\pi}{\nu}\right) l'_k\left(\frac{\pi}{2\nu}\right).$$

Nach (5.82) berechnet man

$$l'_0\left(\frac{\pi}{2\nu}\right)=-\frac{4\nu}{\pi^2} \quad \text{und} \quad l'_k\left(\frac{\pi}{2\nu}\right)=\frac{4\nu(-1)^{k+1}}{\pi^2(2k-1)^2} \qquad \text{für } k\neq 0,$$

so daß (vgl. Aufgabe 4.2)

(5.90) $$\left|g'\left(a+\frac{\pi}{2\nu}\right)\right|\leqq |g|\left(\sum_{k=-\infty}^{\infty}\frac{1}{(2k-1)^2}\right)\frac{4\nu}{\pi^2}=\nu\,|g|$$

folgt. Mit beliebigem reellen a ergibt sich daraus (5.88).

Diese Abschätzung ist für $a+\frac{\pi}{2\nu}=u$ genau dann scharf, wenn alle Summanden das gleiche Argument haben und $\left|g\left(a+\frac{k\pi}{\nu}\right)\right|=|g|$ für alle k gilt, wenn also $g\left(a+\frac{k\pi}{\nu}\right)=e^{i\varphi}\,|g|\,(-1)^{k+1}$ für alle k. Dann hat $g(z)+e^{i\varphi}\,|g|\cos(\nu(z-a))$ die Nullstellen $a+\frac{k\pi}{\nu}$, so daß sich nach (5.87)′

$$g(z)+e^{i\varphi}\,|g|\cos(\nu(z-a))=\frac{g'(a)}{\nu}\sin(\nu(z-a))$$

ergibt. Weil $\operatorname{Re}(e^{-i\varphi}g(z))$ an der Stelle $z=a$ den Extremwert $-|g|$ annimmt, folgt $\operatorname{Re}(g'(a)\,e^{-i\varphi})=0$ und mit $\delta=\frac{g'(a)}{i\nu|g|}e^{-i\varphi}$ die in Satz 5.7 behauptete Form von g, nebst $|\delta|\leqq 1$ nach (5.88).

Wiederholte Anwendung von (5.88) führt zu

(5.91) $$|g^{(m)}|\leqq \nu^m\,|g| \qquad \text{für alle } g\in G_\nu,\ m=1,2,\ldots,$$

so daß die Koeffizienten in der Taylorentwicklung $g(z)=\sum_{m=0}^{\infty} c_m z^m$ der Ungleichung $|c_m|\leqq\frac{\nu^m}{m!}|g|$ genügen. Umgekehrt folgt daraus wieder

$$|g(z)|\leqq|g|\sum_{m=0}^{\infty}\frac{\nu^m}{m!}|z|^m=|g|\,e^{\nu|z|},$$

daß also g vom Exponentialtyp $\leqq \nu$ ist. In diesem Sinne ist (5.91) zusammen mit der Beschränktheit auf der reellen Achse charakteristisch für die Funktionen $g \in G_\nu$.
Als Spezialfall ergibt sich die BERNSTEINsche Ungleichung für trigonometrische Polynome

$$(5.91)' \qquad |g^{(m)}| \leqq n^m |g| \qquad \text{für alle } g \in \tilde{P}_n, \; m=1,2,\ldots.$$

Gleichheit $|g^{(m)}| = n^m |g|$ ist nur möglich, wenn mit passendem u

$$n|g| = |g'| = \max_{0 \leqq x \leqq 2\pi} |g'(x)| = |g'(u)|$$

gilt. Insbesondere für *reelle* trigonometrische Polynome muß g nach Satz 5.7 dann von der Form $g(x) = \pm |g| \sin(n(x-u))$ sein.
Vermöge der Isomorphie von $\tilde{P}_n^0$ und $P_n[-1,1]$ läßt sich $|g'| \leqq n|g|$ für $g \in \tilde{P}_n^0$ weiter auf Polynome $p \in P_n[-1,1]$ übertragen. Mit $g(t) = p(\cos t)$, $|g| = |p|$ und $g'(t) = p'(\cos t)(-\sin t)$ folgt nach Substitution $x = \cos t$

Satz 5.8: BERNSTEIN*sche Ungleichung für Polynome:*

$$(5.92) \qquad |p'(x)| \leqq \frac{n|p|}{\sqrt{1-x^2}} \qquad \textit{für alle } p \in P_n[-1,1],\; |x| < 1.$$

Hier tritt Gleichheit beider Seiten genau dann ein, wenn $p(\cos t) = g(t) = e^{i\varphi}|p| \cos(nt)$, d.h. $p(x) = c\, T_n(x)$ gilt, wobei T_n das n-te Tschebyscheffpolynom bezeichnet, und außerdem $t = (m+\frac{1}{2})\frac{\pi}{n}$, x also eine der Nullstellen $\xi_j = \cos\left((n-j+\frac{1}{2})\frac{\pi}{n}\right)$ $(1 \leqq j \leqq n)$ von T_n ist. Speziell an diesen Stellen kann man übrigens $|p| = \max_{|x| \leqq 1} |p(x)|$ in (5.92) durch die eventuell kleinere Schranke

$$(5.93) \qquad |p|^* = \max_{0 \leqq k \leqq n} \left| p\left(\cos\left(\frac{k\pi}{n}\right)\right)\right|$$

ersetzen, denn mit $a = (n-j)\frac{\pi}{n}$ gehen in (5.89) nur die sich periodisch wiederholenden Werte $g\left((n-j+k)\frac{\pi}{n}\right) = p\left(\cos\left((n-j+k)\frac{\pi}{n}\right)\right)$ ein, so daß $|g| = |p|$ in (5.90) durch $|p|^*$ ersetzt werden kann. Zusammenfassend hat man demnach in den Nullstellen ξ_j von T_n

$$(5.94) \qquad |p'(\xi_j)| \leqq |p|^* \, |T_n'(\xi_j)|.$$

Für $|x|\to 1$ liefert (5.92) keine brauchbare Abschätzung. Im folgenden Abschnitt werden ergänzend Ungleichungen für $|p'|$, $|p''|$, ... über ganz $[-1, 1]$ gegeben. Dabei wird (5.94) von großer Wichtigkeit sein.

5.6 Die Markoffsche Ungleichung

Während ein Polynom $p\in P_n[-1, 1]$ mit der Norm $|p|\leqq 1$ nach (5.92) für x nahe 0 nur Ableitungswerte bis zur Größenordnung n haben kann, sind in den Endpunkten des Intervalls $[-1, 1]$ wesentlich größere Werte möglich. So gilt für das Tschebyscheffpolynom T_n mit $|T_n|=1$ nach (3.53) z.B. $T_n'(1)=(-1)^{n-1}\,T_n'(-1)=n^2$. Dies ist andererseits aber auch schon der Extremfall: A. A. Markoff [17] zeigte

(5.95) $$|p'|\leqq n^2\,|p| \qquad \text{für alle } p\in P_n[-1, 1].$$

Sein Bruder W. A. Markoff untersuchte das entsprechende Problem für die höheren Ableitungen p'', p''', ... und gelangte in einer sehr umfangreichen Arbeit [19] zu dem analogen Resultat, daß auch dabei wieder die Tschebyscheffpolynome die maximalen Werte liefern.

Im folgenden wird ein kürzerer Beweis (Duffin u. Schaeffer [6]) dargestellt, bei dem sich gleichzeitig die Verschärfung ergibt, daß statt $|p|$ nur die in (5.93) genannte Schranke $|p|^*$ in die Abschätzung eingeht. Vorbereitend sind zunächst einige Hilfssätze zu zeigen.

Lemma 1: *Mit* $a_1\geqq a_2\geqq\cdots\geqq a_{2n}\geqq 0$ *gilt für jede Permutation* $\tau_1, \tau_2, \ldots, \tau_{2n}$ *der Indizes* $1, \ldots, 2n$ *und für alle* $u\in\mathbb{R}$

(5.96) $$\prod_{\nu=1}^{n}(a_{\tau_{2\nu-1}}\,a_{\tau_{2\nu}}+u^2)\leqq\prod_{\nu=1}^{n}(a_{2\nu-1}\,a_{2\nu}+u^2).$$

Beweis: Für $n=1$ sind beide Seiten gleich. Induktiv sei jetzt $n\geqq 2$ und Lemma 1 für $n-1$ vorausgesetzt. Falls die Indizes 1 und 2 in der Permutation $\tau_1, \ldots, \tau_{2n}$ gepaart vorkommen, d.h. ein ν mit $\tau_{2\nu-1}=1$ und $\tau_{2\nu}=2$ oder $\tau_{2\nu-1}=2$ und $\tau_{2\nu}=1$ existiert, dann folgt (5.96) durch Multiplikation der nach Induktionsvoraussetzung gültigen Ungleichung für die restlichen $a_3\geqq\cdots\geqq a_{2n}$ mit $(a_1\,a_2+u^2)$. Sonst treten Paarungen $1, k$ und $2, j$ mit $k\geqq 3, j\geqq 3$ auf. Ändert man die Permutation so, daß die Faktoren $(a_1\,a_k+u^2)(a_2\,a_j+u^2)$ durch $(a_1\,a_2+u^2)\cdot(a_k\,a_j+u^2)$ ersetzt werden und die übrigen Faktoren ungeändert bleiben, dann wird die linke Seite in (5.96) nicht verkleinert, denn wegen $a_1\geqq a_j$ und $a_2\geqq a_k$

gilt

$$(a_1 a_2+u^2)(a_k a_j+u^2)-(a_1 a_k+u^2)(a_2 a_j+u^2)=u^2(a_1-a_j)(a_2-a_k)\geqq 0.$$

Damit ist auch dieser Fall darauf zurückgeführt, daß 1 und 2 gepaart vorkommen.

Lemma 2: *Für* $-1\leqq x\leqq 1$ *und* $y\in\mathbb{R}$ *genügen die Tschebyscheffpolynome der Ungleichung* $|T_n(x+iy)|\leqq|T_n(1+iy)|$.

Beweis: T_n hat $(n\geqq 1)$ den Hauptkoeffizienten 2^{n-1} und die Nullstellen $\cos\varphi_j$, $\varphi_j=(2j-1)\dfrac{\pi}{2n}$, $1\leqq j\leqq n$. Mit $x=\cos\varphi$ gilt also

$$4^{1-n}|T_n(x+iy)|^2=\left|\prod_{j=1}^{n}(x+iy-\cos\varphi_j)^2\right|=\prod_{j=1}^{n}((\cos\varphi-\cos\varphi_j)^2+y^2),$$

und wegen

$$4|\cos\varphi-\cos\varphi_j|^2=|e^{i\varphi}+e^{-i\varphi}-e^{i\varphi_j}-e^{-i\varphi_j}|^2=|e^{i\varphi}-e^{+i\varphi_j}|^2\,|e^{i\varphi}-e^{-i\varphi_j}|^2$$

folgt weiter

$$4|T_n(x+iy)|^2=\prod_{\nu=1}^{n}(a_{\tau_{2\nu-1}}a_{\tau_{2\nu}}+4y^2),$$

wobei $a_1\geqq a_2\geqq\cdots\geqq a_{2n}$ die Abstandsquadrate zwischen $e^{i\varphi}$ und den $2n$ Punkten $e^{\pm i\varphi_j}$ $(1\leqq j\leqq n)$ in monotoner Numerierung und $\tau_1,\ldots,\tau_{2n}$ eine geeignete Permutation bezeichnet. Durch

$$-\frac{\pi}{2n}<\hat\varphi\leqq\frac{\pi}{2n}\quad\text{und}\quad\hat\varphi\equiv\varphi\left(\operatorname{mod}\frac{\pi}{n}\right)$$

wird eindeutig $\hat\varphi$ und $\hat x=\cos\hat\varphi\geqq\cos\varphi_1$ festgelegt. Weil die Punkte $e^{\pm i\varphi_j}$ ein regelmäßiges $2n$-Eck bilden, ergibt sich nach Drehung um $\hat\varphi-\varphi$, daß als Abstandsquadrate $|e^{i\hat\varphi}-e^{\pm i\varphi_j}|^2$ wieder die gleichen a_ν auftreten, wobei außerdem

$$|e^{i\hat\varphi}-e^{i\varphi_j}|^2\,|e^{i\hat\varphi}-e^{-i\varphi_j}|^2=a_{2n+2-2j}a_{2n+1-2j}$$

gilt. Entsprechend der obigen Rechnung folgt

$$4|T_n(\hat x+iy)|^2=\prod_{\nu=1}^{n}(a_{2\nu-1}a_{2\nu}+4y^2)$$

und somit $|T_n(x+iy)|\leqq|T_n(\hat x+iy)|$ nach Lemma 1. Aus $\cos\varphi_1\leqq\hat x\leqq 1$ erhält man schließlich $|\hat x+iy-\cos\varphi_j|\leqq|1+iy-\cos\varphi_j|$ für $1\leqq j\leqq n$ und damit $|T_n(\hat x+iy)|\leqq|T_n(1+iy)|$.

L e m m a 3: *g sei ein reellwertiges Polynom vom Grade* $m \geqq 1$ *mit den Nullstellen* α_μ, $-1<\alpha_1<\cdots<\alpha_m<1$, *das der Ungleichung*

$$(5.97) \qquad |g(x+iy)| \leqq |g(1+iy)| \qquad \text{für alle } y \in \mathbb{R},\ x \in [-1,1]$$

genügt. f sei ein reellwertiges Polynom vom Grade $\leqq m$ *mit*

$$(5.98) \qquad |f'(\alpha_\mu)| \leqq |g'(\alpha_\mu)| \qquad \text{für } 1 \leqq \mu \leqq m.$$

Dann gilt

$$(5.97)' \qquad |f'(x+iy)| \leqq |g'(1+iy)| \qquad \text{für alle } y \in \mathbb{R},\ x \in [-1,1]$$

und

$$(5.98)' \qquad |f''(\alpha')| \leqq |g''(\alpha')| \qquad \text{in den Nullstellen } \alpha' \text{ von } g'.$$

B e w e i s: $x \in [-1,1]$ sei fest gewählt. Neben $g(z)=c\prod_{\mu=1}^{m}(z-\alpha_\mu)$ betrachtet man $h(z)=c\prod_{\mu=1}^{m}(z-\beta_\mu)$, wobei die β_μ durch $x-\beta_\mu=|x-\alpha_\mu|$ festgelegt sind; die rechts von x liegenden α_μ werden also an der durch $\operatorname{Re} z=x$ gegebenen Geraden gespiegelt. Wegen $|x+iy-\alpha_\mu|=|x+iy-\beta_\mu|$ und (5.97) gilt dann

$$(5.99) \qquad |h(x+iy)|=|g(x+iy)| \leqq |g(1+iy)|.$$

Abhängig von komplexem λ, $|\lambda|<1$ beschreibt $g(1+\zeta)+\lambda h(x+\zeta)$ ein Polynom in ζ vom Grade m, denn der Hauptkoeffizient ist $c(1+\lambda) \neq 0$ für $|\lambda|<1$. Die zugehörigen Nullstellen $\zeta_1(\lambda), \ldots, \zeta_m(\lambda)$ variieren stetig mit λ. Ausgehend von $\zeta_\mu(0)=\alpha_\mu-1$ (bei passender Numerierung) überschreiten sie für $|\lambda|<1$ nach (5.99) nicht die Gerade $\operatorname{Re}\zeta=0$, so daß $\operatorname{Re}\zeta_\mu(\lambda)<0$ für $|\lambda|<1$ gilt. Daraus folgt

$$\operatorname{Re}\bigl(iy-\zeta_\mu(\lambda)\bigr)>0, \qquad \operatorname{Re}\left(\frac{1}{iy-\zeta_\mu(\lambda)}\right)>0$$

und mittels logarithmischer Differentiation

$$\operatorname{Re}\left(\frac{g'(1+iy)+\lambda h'(x+iy)}{g(1+iy)+\lambda h(x+iy)}\right)=\operatorname{Re}\sum_{\mu=1}^{m}\frac{1}{iy-\zeta_\mu(\lambda)}>0,$$

also $g'(1+iy)+\lambda h'(x+iy) \neq 0$ für $|\lambda|<1$ und somit

$$(5.100) \qquad |h'(x+iy)| \leqq |g'(1+iy)|.$$

Lagrange-Interpolation des Polynoms f' vom Grade $\leqq m-1$ an den Stellen $\alpha_1, \ldots, \alpha_m$ liefert nach (5.4), (5.7) mit $w(z)=\frac{1}{c}\,g(z)$

$$f'(z)=\sum_{\mu=1}^{m} f'(\alpha_\mu)\frac{g(z)}{g'(\alpha_\mu)(z-\alpha_\mu)}=g(z)\sum_{\mu=1}^{m}\frac{\delta_\mu}{z-\alpha_\mu} \qquad (z\neq\alpha_\mu), \tag{5.101}$$

wobei die Größen $\delta_\mu=\frac{f'(\alpha_\mu)}{g'(\alpha_\mu)}$ reell sind (f und g wurden reellwertig vorausgesetzt) und nach (5.98) der Ungleichung $-1\leqq\delta_\mu\leqq 1$ genügen. Für $z=x+iy$, $y\neq 0$ folgt dann

$$\begin{aligned}\frac{|f'(x+iy)|}{|g(x+iy)|}&=\left|\sum_{\mu=1}^{m}\frac{\delta_\mu}{x+iy-\alpha_\mu}\right|\leqq\left|\sum_{\mu=1}^{m}\frac{|\delta_\mu(x-\alpha_\mu)|}{(x-\alpha_\mu)^2+y^2}-i\sum_{\mu=1}^{m}\frac{|\delta_\mu y|}{(x-\alpha_\mu)^2+y^2}\right|\\&\leqq\left|\sum_{\mu=1}^{m}\frac{x-\beta_\mu}{(x-\beta_\mu)^2+y^2}-i\sum_{\mu=1}^{m}\frac{y}{(x-\beta_\mu)^2+y^2}\right|\\&=\left|\sum_{\mu=1}^{m}\frac{1}{x+iy-\beta_\mu}\right|=\left|\frac{h'(x+iy)}{h(x+iy)}\right|,\end{aligned}$$

denn mit reellen $u, v, |u|\leqq u', |v|\leqq v'$ gilt allgemein $|u-iv|\leqq|u'\mp iv'|$. Wegen $|g(x+iy)|=|h(x+iy)|$ nach (5.99) ergibt sich also $|f'(x+iy)|\leqq|h'(x+iy)|$ und mittels (5.100) die Behauptung (5.97)′ – zunächst nur für $y\neq 0$, dann aber durch stetige Ergänzung auch auf der reellen Achse.

Zum Beweise von (5.98)′ differenziert man (5.101) und erhält

$$f''(z)=g'(z)\sum_{\mu=1}^{m}\frac{\delta_\mu}{z-\alpha_\mu}-g(z)\sum_{\mu=1}^{m}\frac{\delta_\mu}{(z-\alpha_\mu)^2}$$

sowie aus $g'(z)=g(z)\sum_{\mu=1}^{m}\frac{1}{z-\alpha_\mu}$ entsprechend

$$g''(z)=g'(z)\sum_{\mu=1}^{m}\frac{1}{z-\alpha_\mu}-g(z)\sum_{\mu=1}^{m}\frac{1}{(z-\alpha_\mu)^2}.$$

Mit $z=\alpha'$, $g'(\alpha')=0$ folgt $\alpha'\neq\alpha_\mu$ für $1\leqq\mu\leqq m$ und

$$|f''(\alpha')|=|g(\alpha')|\left|\sum_{\mu=1}^{m}\frac{\delta_\mu}{(\alpha'-\alpha_\mu)^2}\right|\leqq|g(\alpha')|\sum_{\mu=1}^{m}\frac{1}{(\alpha'-\alpha_\mu)^2}=|g''(\alpha')|.$$

Nach diesen Vorbereitungen kommen wir jetzt zum Hauptresultat dieses Abschnitts.

Satz 5.9: *Für Polynome p vom Grade* $\leqq n$ *gilt mit der an den Extremalstellen* $x_j = \cos\left((n-j)\frac{\pi}{n}\right)$ *von* T_n *gebildeten Schranke* $|p|^* = \max_{0 \leqq j \leqq n} |p(x_j)|$

$$(5.102)\qquad |p^{(k)}(x)| \leqq |p|^*\, T_n^{(k)}(1) = |p|^* \prod_{j=0}^{k-1} \left(\frac{n^2 - j^2}{2j+1}\right) \qquad \text{für } |x| \leqq 1,\ 1 \leqq k \leqq n.$$

Es genügt, den Beweis für reellwertige Polynome zu führen. Mit den Grundpolynomen l_j der Lagrange-Interpolation an den $n+1$ Stellen $x_0 < x_1 < \cdots < x_n$ gilt nämlich für beliebige p vom Grade $\leqq n$

$$p(x) = \sum_{j=0}^{n} p(x_j)\, l_j(x),$$

$$|p^{(k)}(x)| = \left| \sum_{j=0}^{n} p(x_j)\, l_j^{(k)}(x) \right| \leqq \sum_{j=0}^{n} |p(x_j)|\, |l_j^{(k)}(x)|$$

$$\leqq |p|^* \sum_{j=0}^{n} \varepsilon_j(x)\, l_j^{(k)}(x) = q_x^{(k)}(x),$$

wobei $\varepsilon_j(x) = \operatorname{sign} l_j^{(k)}(x)$,

$$q_x(t) = |p|^* \sum_{j=0}^{n} \varepsilon_j(x)\, l_j(t), \qquad |q_x|^* = |p|^*$$

und q_x reellwertig ist. Außerdem kann auf $|p|^* = 1$ normiert werden.

Zunächst wird Lemma 3 sukzessive auf $f = g = T_n$, $f = g = T_n'$, $f = g = T_n''$, ... $(m = n, n-1, n-2, \ldots)$ angewandt und liefert induktiv

$$(5.103)\qquad |T_n^{(k)}(x+i\,y)| \leqq |T_n^{(k)}(1+i\,y)| \qquad \text{für } x \in [-1, 1],\ y \in \mathbb{R},\ 0 \leqq k \leqq n,$$

denn der Fall $k=0$ ist nach Lemma 2 gesichert, und der Schritt von k auf $k+1$ erfolgt jeweils als Übergang von (5.97) zu (5.97)′ in Lemma 3. Dabei ist (5.98) mit $f' = g' = T_n^{(k+1)}$ trivialerweise erfüllt.

Nunmehr sei p reellwertig mit $|p|^* = 1$ gegeben. Dann wird Lemma 3 sukzessive auf $f = p$ und $g = T_n$, $f = p'$ und $g = T_n'$, ... angewandt und liefert induktiv

$$(5.104)\qquad |p^{(k+1)}(\alpha^{(k)})| \leqq |T_n^{(k+1)}(\alpha^{(k)})| \qquad \text{in den Nullstellen } \alpha^{(k)} \text{ von } T_n^{(k)} \text{ für } 0 \leqq k \leqq n-1,$$

denn der Fall $k=0$ ist nach (5.94) mit $\xi_j = \alpha_j^{(0)}$ gesichert, und der Schritt von k auf $k+1$ erfolgt jeweils als Übergang von (5.98) zu (5.98)′. Dabei ist (5.97) für $g = T_n^{(k)}$ nach (5.103) erfüllt.

Aus (5.97)′ ergibt sich mit $y=0$ weiter $|p^{(k+1)}(x)| \leqq |T_n^{(k+1)}(1)|$ für $k \geqq 0$ und damit (5.102). Die explizite Darstellung für $T_n^{(k)}(1)$ schließlich erhält man, weil T_n proportional zum Jacobi-Polynom $P_n^{(-\frac{1}{2},-\frac{1}{2})}$ und somit $T_n^{(k)} = c\,P_{n-k}^{(k-\frac{1}{2},k-\frac{1}{2})}$ ist, aus $T_n(1)=1$ und der nach Satz 3.7 gültigen Differentialgleichung

(5.105) $$(1-x^2)\,T_n^{(k+2)}(x) - (2k+1)\,x\,T_n^{(k+1)}(x) + (n-k)(n+k)\,T_n^{(k)}(x) = 0,$$

wonach $T_n^{(k+1)}(1) = \dfrac{n^2-k^2}{2k+1}\,T_n^{(k)}(1)$ ist.

Wegen $|p|^* \leqq |p|$ ist (5.95) in (5.102) für $k=1$ enthalten. Zweifache Anwendung von (5.95) ergibt, weil p' vom Grade $\leqq n-1$ ist, $|p''| \leqq n^2(n-1)^2\,|p|$. Nach (5.102) gilt jedoch schärfer

(5.106) $$|p''| \leqq \frac{n^2(n^2-1)}{3}\,|p|^*.$$

Wie (5.104) zeigt, kann man im Inneren von $[-1, 1]$, wenn $|x|$ nicht zu nahe bei 1 liegt, lokal noch besser abschätzen. Setzt man z.B. $g(t) = p(\cos t)$, d.h. $x = \cos t$, dann folgt

$$p'(\cos t) = -\frac{g'(t)}{\sin t}, \qquad p''(\cos t)\sin t = \frac{g''(t)}{\sin t} - \frac{g'(t)}{\sin^2 t}\cos t,$$

nach (5.95) und Satz 5.7 also

$$\left|\frac{g'(t)}{\sin t}\right| \leqq |p'| \leqq n^2\,|p|, \qquad |g''(t)| \leqq n^2\,|g| = n^2\,|p|$$

und somit

$$|p''(\cos t)| \leqq \frac{n^2 + n^2\,|\cos t|}{\sin^2 t}\,|p| = \frac{n^2(1+|x|)}{1-x^2}\,|p|,$$

(5.107) $$|p''(x)| \leqq \frac{n^2}{1-|x|}\,|p| \qquad (|x|<1).$$

Für $|x| \geqq 1$ lassen sich mittels Satz 5.9 die genauen Extremalwerte möglicher Polynomableitungen bestimmen. Aus Symmetriegründen genügt es, $x \geqq 1$ zu betrachten. Nach TAYLOR ergibt sich

$$|p^{(k)}(x)| = \left|\sum_{m=0}^{n-k} \frac{(x-1)^m}{m!}\,p^{(k+m)}(1)\right| \leqq |p|^* \sum_{m=0}^{n-k} \frac{(x-1)^m}{m!}\,T_n^{(k+m)}(1),$$

also

(5.108) $$|p^{(k)}(x)| \leqq |p|^*\,T_n^{(k)}(|x|) \qquad \text{für alle } |x| \geqq 1,\ k \geqq 0.$$

Gleichheit tritt darin für $p = T_n$ ein.

Aufgaben

5.1. Ist f eine ganze Funktion, dann konvergieren mit wachsendem n bei beliebiger Wahl der Stützstellen in $[a, b]$ die LAGRANGEschen oder allgemeiner auch die HERMITEschen Interpolationspolynome über $[a, b]$ gleichmäßig gegen f.

5.2. Man beweise (5.15) für $\mu=1$, $x \leqq x_0$ oder $x \geqq x_n$ oder $x=x_i$ durch einen Kunstgriff, wie er auch bei (5.12) angewandt wurde; dabei sei

$$g(u)=f(u)-(L_n f)(u)-\rho\, w(u) \quad \text{mit} \quad \rho=\frac{f'(x)-(L_n f)'(x)}{w'(x)}.$$

5.3. Man gebe in Analogie zu (5.9), (5.10) eine Integraldarstellung für das Restglied bei Hermite-Interpolation an (vgl. (5.24)).

5.4. Bei Spezialisierung von (5.27), (5.29) auf die Nullstellen

$$z_k=\cos\left(\frac{2n+1-2k}{2(n+1)}\,\pi\right)$$

von T_{n+1} ergibt sich

$$h_{k,0}(x)=\left(\frac{T_{n+1}(x)}{(n+1)(x-z_k)}\right)^2(1-x\,z_k), \qquad |h_{k,1}(x)| \leqq (1-z_k^2)\,h_{k,0}(x).$$

(Man benutze die Differentialgleichung (3.52) für T_{n+1}.)

5.5. Wird das trigonometrische Polynom $g \in \tilde{P}_n$ durch $g(t)=e^{-int}p(e^{it})$ in $p \in U_{2n}$ übersetzt, dann liefert Lagrange-Interpolation an den (komplexen) Stützstellen e^{ix_j} die Formeln (5.31), (5.32).

5.6. Man bestätige $D_n(x)-\cos(nx)=\sin(nx)\operatorname{ctg}\frac{x}{2}$ und zeige, von (5.43) mit $n+1$ statt n ausgehend, daß bei Lagrange-Interpolation über den Nullstellen von T_{n+1} in Analogie zu (5.59)

$$\sum_{k=0}^{n} |l_k(x)| \leqq 1+|T_{n+1}(x)|\left(\frac{2}{\pi}\lg n+O(1)\right)$$

gilt (für $|x|>1$ hilft (5.108) mit $k=0$).

5.7. Bezogen auf die in Satz 5.3 vorausgesetzte Situation zeige man, daß bei geeignetem $\xi \in (-1, 1)$ die mit $f(x)=0$ für $x<\xi$, $f(x)=1$ für $x \geqq \xi$ gegebene

Funktion f eine in $[0, 1]$ dichte Folge von Interpolationswerten $(L_n f)(\xi)$, $n = 1, 2, \ldots$ liefert.

5.8. In Verschärfung von Satz 5.3 ergibt sich für stetiges f aus (5.69) schon gleichmäßige Konvergenz $(L_n f)(x) \Rightarrow f(x)$, wenn statt beschränkter Variation nur vorausgesetzt wird, daß mit geeignetem $\eta > 1$ die über alle Zerlegungen Z von $[-1, 1]$ gebildete Größe $\sup\limits_Z \sum\limits_Z |f(x_{\nu+1}) - f(x_\nu)|^\eta$ endlich ist.

5.9. Die mit den l_k aus (5.82) gebildete ganze Funktion $\hat{f} = \sum\limits_{k=1}^{\infty} (-1)^k l_k$ ist auf der reellen Achse nicht beschränkt.

5.10. $f \in G_\nu$ sei reellwertig und $f(a) = |f|$; dann gilt

$$f(a+u) \geqq \cos(\nu u) \qquad \text{für } -\frac{\pi}{\nu} \leqq u \leqq \frac{\pi}{\nu}.$$

(Man wende (5.87) auf $g(u) = f(a+u) - \cos(\nu u)$ an.)

6 Tschebyscheff-Approximation

Die Sätze von WEIERSTRASS sichern qualitativ die Approximierbarkeit stetiger Funktionen durch Polynome bzw. durch trigonometrische Polynome im Sinne der gleichmäßigen Konvergenz. In den Kapiteln 3, 4 und 5 ergaben sich zusätzlich konstruktive Verfahren, solche approximierenden Polynomfolgen zu gewinnen. Vor ganz neue Schwierigkeiten wird man durch das *Proximumproblem* gestellt, bei festem Grade n zu $f \in C[a,b]$ ein $g_0 \in P_n[a,b]$ bzw. zu $f \in \tilde{C}_{2\pi}$ ein $g_0 \in \tilde{P}_n$ mit minimalem Abstande $|f-g_0|$ zu finden. Zwar folgt die Existenz solcher g_0 aus Satz 1.1; weil aber die Räume $C[a,b]$ und $\tilde{C}_{2\pi}$ nicht strikt konvex sind, kann auf Grund der allgemeinen Überlegungen in 1.3 nicht unbedingt mit Eindeutigkeit gerechnet werden (vgl. Aufgabe 1.2). Um so bemerkenswerter ist TSCHEBYSCHEFFS Entdeckung, daß speziell in den Unterräumen $P_n[a,b]$, $\tilde{P}_n$ zu jedem f jeweils *genau* ein Proximum existiert, das sich zudem in besonderer Weise charakterisieren läßt.

Diese klassischen Resultate stehen heute im Rahmen einer allgemeinen Theorie, die jetzt in ihren Grundzügen dargestellt werden soll. $M \neq \emptyset$ bezeichne im folgenden stets einen kompakten Hausdorffraum und $C(M)$ den Banachraum der über M stetigen reell- oder komplexwertigen Funktionen mit $\mathbb{R}$ bzw. $\mathbb{C}$ als Skalarenkörper und der durch $|f| = \max\limits_{x \in M} |f(x)|$ gegebenen Norm.

Wenn g_0 im Unterraum $U \subseteq C(M)$ Proximum zu $f \in C(M)$ ist, d.h.

$$|f-g_0| = \delta(f, U) = \inf_{g \in U} |f-g|$$

gilt, dann interessiert insbesondere die Menge der *Extremalpunkte*

$$A_0 = \{x \in M \mid |f(x) - g_0(x)| = \delta(f, U)\}.$$

Wegen der Stetigkeit von $f-g_0$ und der Kompaktheit von M ist auch A_0 kompakt und nicht leer.

6.1 Allgemeine Charakterisierung der Proxima in $C(M)$

Für beliebige Unterräume $U \subseteq C(M)$ gilt der von KOLMOGOROFF stammende

Satz 6.1: *$g_0 \in U$ ist genau dann Proximum in U zu $f \in C(M)$, wenn*

(6.1) $$\max_{x \in A_0} \operatorname{Re}\left(\overline{(f(x)-g_0(x))}\, g(x)\right) \geqq 0 \qquad \text{für alle } g \in U;$$

dabei bezeichnet A_0 die Menge der Extremalpunkte von $f-g_0$.

Beweis: Wenn (6.1) gilt, dann gibt es für beliebiges $g_1 \in U$, wie man durch Anwendung von (6.1) auf $g = g_0 - g_1$ erkennt, ein $x_0 \in A_0$ mit

$$\operatorname{Re}\left(\overline{(f(x_0) - g_0(x_0))}\, g(x_0)\right) \geqq 0.$$

Weil x_0 Extremalpunkt von $f - g_0$ ist, hat man weiter

$$|f(x_0) - g_0(x_0)| = |f - g_0|,$$

und so folgt

$$\begin{aligned} |f-g_1|^2 &\geqq |f(x_0) - g_1(x_0)|^2 = |(f(x_0) - g_0(x_0)) + g(x_0)|^2 \\ &= |f(x_0) - g_0(x_0)|^2 + 2\operatorname{Re}\left(\overline{(f(x_0) - g_0(x_0))}\, g(x_0)\right) + |g(x_0)|^2 \\ &\geqq |f(x_0) - g_0(x_0)|^2 = |f - g_0|^2. \end{aligned}$$

Weil $g_1 \in U$ beliebig gewählt wurde, ist g_0 Proximum zu f.

Ist umgekehrt g_0 Proximum zu f, dann gilt für $g \in U$ und $\lambda > 0$ stets $|f - g_0 + \lambda g| \geqq |f - g_0|$. Bei festem g existiert also zu jedem $\lambda > 0$ ein $x_\lambda \in M$ mit

(6.2) $$\begin{aligned} &|f(x_\lambda) - g_0(x_\lambda) + \lambda g(x_\lambda)| = |f - g_0 + \lambda g| \geqq |f - g_0| \geqq |f(x_\lambda) - g_0(x_\lambda)|, \\ &|f(x_\lambda) - g_0(x_\lambda)|^2 + 2\lambda \operatorname{Re}\left(\overline{(f(x_\lambda) - g_0(x_\lambda))}\, g(x_\lambda)\right) + \lambda^2 |g(x_\lambda)|^2 \\ &\qquad\qquad \geqq |f(x_\lambda) - g_0(x_\lambda)|^2, \end{aligned}$$

(6.3) $$\operatorname{Re}\left(\overline{(f(x_\lambda) - g_0(x_\lambda))}\, g(x_\lambda)\right) \geqq -\frac{\lambda}{2} |g|^2.$$

Für $\lambda \to 0$ haben die x_λ, weil M kompakt ist, einen Häufungspunkt $x_0 \in M$. Aus (6.2) und (6.3) folgt mittels Grenzübergang

$$|f(x_0) - g_0(x_0)| \geqq |f - g_0|, \quad \text{d.h.} \quad x_0 \in A_0$$

und

$$\operatorname{Re}\left(\overline{(f(x_0) - g_0(x_0))}\, g(x_0)\right) \geqq 0,$$

womit (6.1) für beliebiges $g \in U$ bewiesen ist.

Zu bemerken ist, daß der vorstehende Beweis nur die *Abzählkompaktheit* von M benutzt. Weiter erkennt man mittels Übergang von g zu $-g$, daß (6.1) auch durch die analoge Bedingung

(6.1)′ $$\min_{x \in A_0} \operatorname{Re}\left(\overline{(f(x) - g_0(x))}\, g(x)\right) \leqq 0 \qquad \text{für alle } g \in U$$

ersetzt werden kann.

Im weiteren sei nun U endlichdimensional. Dann kann die möglicherweise unendliche Menge A_0 in (6.1), wie sich zeigen wird, durch eine endliche Teilmenge $A_1 \subseteq A_0$ ersetzt werden. Zum Nachweis dieses wichtigen Sachverhalts benötigt man einige Tatsachen über konvexe Mengen im $\mathbb{R}^k$, die vollständigkeitshalber kurz bewiesen werden sollen.

Zu einer beliebigen Teilmenge $T_0 \subseteq \mathbb{R}^k$ ist die *konvexe Hülle* $\kappa(T_0)$ als Durchschnitt aller konvexen Mengen definiert, die T_0 umfassen. Mittels affiner Kombinationen der Elemente von T_0 hat man dann auch die konstruktive Darstellung

$$(6.4) \quad \kappa(T_0) = \left\{ \sum_{\mu=1}^{m} \alpha_\mu t_\mu \,\middle|\, m \in \mathbb{N};\ t_\mu \in T_0,\ \alpha_\mu \geqq 0 \text{ für } 1 \leqq \mu \leqq m \text{ und } \sum_{\mu=1}^{m} \alpha_\mu = 1 \right\}.$$

$\kappa(T_0)$ ist die kleinste T_0 umfassende konvexe Teilmenge von $\mathbb{R}^k$.

Lemma 1: *Für $T_0 \subseteq \mathbb{R}^k$ genügen in* (6.4) *Kombinationen der Länge* $m \leqq k+1$.

Beweis: Es genügt zu zeigen, daß jedes Element

$$t = \sum_{\mu=1}^{m} \alpha_\mu t_\mu \quad \text{mit} \quad \alpha_\mu \geqq 0, \quad t_\mu \in T_0, \quad \sum_{\mu=1}^{m} \alpha_\mu = 1 \quad \text{und} \quad m \geqq k+2$$

auch eine kürzere Darstellung besitzt. Die $m-1 \geqq k+1$ vielen Elemente $t_2 - t_1, \ldots, t_m - t_1$ sind linear abhängig, und aus

$$\sum_{\mu=2}^{m} \beta_\mu (t_\mu - t_1) = 0 \quad \text{mit einem} \quad \beta_{\mu_0} \neq 0$$

entsteht, wenn noch $\beta_1 = -\sum_{\mu=2}^{m} \beta_\mu$ gesetzt wird,

$$\sum_{\mu=1}^{m} \beta_\mu t_\mu = 0 \quad \text{mit} \quad \sum_{\mu=1}^{m} \beta_\mu = 0 \quad \text{und} \quad \beta_{\mu_0} \neq 0.$$

Mittels $\lambda_0 = \max\{\lambda \mid \min_{1 \leqq \mu \leqq m} (\alpha_\mu + \lambda \beta_\mu) \geqq 0\}$ folgt dann

$$t = \sum_{\mu=1}^{m} (\alpha_\mu + \lambda_0 \beta_\mu) t_\mu, \quad \alpha_\mu + \lambda_0 \beta_\mu \geqq 0, \quad \sum_{\mu=1}^{m} (\alpha_\mu + \lambda_0 \beta_\mu) = 1,$$

und diese Darstellung kann verkürzt werden, weil nach Konstruktion mindestens ein Koeffizient gleich Null ist.

Lemma 2: *Wenn $T_0 \subseteq \mathbb{R}^k$ kompakt ist, dann ist auch $\kappa(T_0)$ kompakt.*

Beweis: Falls $t \in \kappa(T_0)$ eine Darstellung mit $m < k+1$ hat, kann diese mittels $\alpha_\mu = 0$, $t_\mu = t_1$ für $m+1 \leqq \mu \leqq k+1$ auf Länge $k+1$ umgeformt werden. So beschreibt $t = \sum_{\mu=1}^{k+1} \alpha_\mu t_\mu$ eine stetige Abbildung von dem kompakten kartesischen Produkt $\Delta \times T_0^{k+1}$ auf $\kappa(T_0)$, wobei

$$\Delta = \left\{ (\alpha_1, \ldots, \alpha_{k+1}) \in \mathbb{R}^{k+1} \mid \alpha_\mu \geqq 0 \text{ und } \sum_{\mu=1}^{k+1} \alpha_\mu = 1 \right\}$$

ist, und damit folgt die Kompaktheit von $\kappa(T_0)$.

Interpretiert man $s, t \in \mathbb{R}^k$ als Spaltenvektoren und s^* transponiert als Zeilenvektor, dann gibt $s^* t$ das übliche Skalarprodukt und $|t|^2 = t^* t$ die zugehörige euklidische Norm in $\mathbb{R}^k$.

Lemma 3: *$T \subseteq \mathbb{R}^k$ sei konvex und kompakt. Dann ist $0 \in T$ äquivalent zu*

(6.5) *zu jedem $s \in \mathbb{R}^k$ existiert ein $t \in T$ mit $s^* t = 0$, d.h. jede Hyperebene durch den Nullpunkt schneidet T.*

Beweis: Mit $0 \in T$ kann in (6.5) stets $t = 0$ gesetzt werden. Ist umgekehrt (6.5) erfüllt, dann ist T nicht leer, und wegen der Kompaktheit existiert ein $t_0 \in T$ mit minimalem Abstand $|t_0|$ von 0. Nach (6.5) gibt es zu $s = t_0$ ein $t_1 \in T$ mit $t_0^* t_1 = 0$. Wegen der Konvexität von T folgt $(1-\lambda) t_0 + \lambda t_1 \in T$ für $0 < \lambda < 1$, also $|t_0|^2 \leqq (1 - 2\lambda + \lambda^2) |t_0|^2 + \lambda^2 |t_1|^2$, $2 |t_0|^2 \leqq \lambda (|t_0|^2 + |t_1|^2)$ und mit $\lambda \to 0$ schließlich $t_0 = 0$.

Bei der Anwendung der vorstehenden Überlegungen auf das Proximumproblem hat man zwischen dem reell- und komplexwertigen Fall zu unterscheiden. Ist $\mathbb{C}$ der Skalarkörper von $C(M)$ und $\dim U = n \geqq 1$, dann setzt man $k = 2n$. Durch Wahl einer festen Basis $h_1, \dots, h_n$ von U wird jedem $g \in U$ auf Grund der Darstellung

$$g = \sum_{\nu=1}^{n} (\sigma_\nu + i \sigma_{n+\nu}) h_\nu \qquad (\sigma_\nu, \sigma_{n+\nu} \in \mathbb{R})$$

eineindeutig $s \in \mathbb{R}^{2n}$, $s^* = (\sigma_1, \dots, \sigma_{2n})$ zugeordnet. Weiter ist mit

$$\overline{(f(x) - g_0(x))}\, h_\nu(x) = \tau_\nu - i \tau_{n+\nu} \qquad (1 \leqq \nu \leqq n;\ \tau_\nu, \tau_{n+\nu} \in \mathbb{R}),$$

$x \mapsto t$, $t^* = (\tau_1, \dots, \tau_{2n})$ eine stetige Abbildung von M in $\mathbb{R}^{2n}$ festgelegt, bei der insbesondere die kompakte Menge A_0 der Extremalpunkte von $f - g_0$ in eine kompakte Menge $T_0 \subseteq \mathbb{R}^{2n}$ übergeht. Der reelle Fall ordnet sich hier mühelos ein, wenn man $k = n$ setzt und die $\sigma_{n+\nu}$ und $\tau_{n+\nu}$ wegläßt. Wegen

$$\operatorname{Re}\left(\overline{(f(x) - g_0(x))}\, g(x)\right) = \sum_{\nu=1}^{n} \operatorname{Re}\left((\tau_\nu - i \tau_{n+\nu})(\sigma_\nu + i \sigma_{n+\nu})\right) = s^* t$$

erhält man durch Übersetzung der Bedingungen (6.1), (6.1)' also

$$\text{(6.6)} \qquad \max_{t \in T_0} (s^* t) \geqq 0, \qquad \min_{t \in T_0} (s^* t) \leqq 0 \qquad \text{für alle } s \in \mathbb{R}^k$$

genau dann, wenn $g_0 \in U$ Proximum zu f ist.

Nach Lemma 2 ist mit T_0 auch $T = \kappa(T_0)$ kompakt, und für dieses T ist mit (6.6) auch (6.5) erfüllt, denn bei festem $s \in \mathbb{R}^k$ folgt aus

$$s^* t_1 \geqq 0, \qquad s^* t_2 \leqq 0 \quad \text{und} \quad t_1, t_2 \in T_0$$

mit geeignetem $\lambda \in [0,1]$ jeweils $t=\lambda t_1+(1-\lambda)t_2 \in T$ und $s^* t=0$. Aus (6.6) ergibt sich nach Lemma 3 also $0 \in T=\kappa(T_0)$, und nach Lemma 1 hat dann 0 eine Darstellung minimaler Länge

$$0=\sum_{\mu=1}^{m} \alpha_\mu t_\mu \quad \text{mit} \quad m \leqq k+1, \qquad \sum_{\mu=1}^{m} \alpha_\mu = 1, \qquad \alpha_\mu > 0,\ t_\mu \in T_0.$$

Daraus folgt

$$\sum_{\mu=1}^{m} \alpha_\mu (s^* t_\mu)=0 \qquad \text{für alle } s \in \mathbb{R}^k,$$

und wenn man zu jedem dieser $t_\mu \in T_0$ ein Urbild $x_\mu \in A_0$ wählt, durch Rückübersetzung weiter

$$(6.7) \qquad \sum_{\mu=1}^{m} \alpha_\mu \operatorname{Re}\left(\overline{(f(x_\mu)-g_0(x_\mu))\, g(x_\mu)}\right)=0 \qquad \text{für alle } g \in U.$$

Mit $A_1=\{x_1, \ldots, x_m\}$ erhält man wegen $\alpha_\mu > 0$ für $1 \leqq \mu \leqq m$ schließlich

$$(6.8) \qquad \max_{x \in A_1} \operatorname{Re}\left(\overline{(f(x)-g_0(x))}\, g(x)\right) \geqq 0 \qquad \text{für alle } g \in U$$

als Konsequenz der zu (6.1) äquivalenten Bedingung (6.6); in (6.1) kann A_0 also durch die endliche Teilmenge A_1 ersetzt werden, denn umgekehrt impliziert (6.8) auch (6.1) wegen $A_0 \supseteq A_1$. Außerdem läßt sich (6.8) unmittelbar als Proximum – Kriterium im Sinne von Satz 6.1 deuten, wenn man die Funktionen aus $C(M)$ auf A_1 einschränkt, d.h. zu $f_{|A_1}$, $g_{0|A_1}$ und dem entsprechend modifizierten Unterraum

$$U(A_1)=\{g_{|A_1} \mid g \in U\} \subseteq C(A_1)$$

übergeht. Dann nämlich ist A_1 die Menge der Extremalpunkte von $f_{|A_1}-g_{0|A_1}$. Zusammenfassend erhält man so den fundamentalen

Satz 6.2: *Sei $g_0 \in U \subseteq C(M)$ und $\dim U=n$. g_0 ist genau dann Proximum in U zu $f \in C(M)$, wenn es im komplexen bzw. reellen Fall $m \leqq 2n+1$ bzw. $m \leqq n+1$ Extremalpunkte $x_1, \ldots, x_m$ von $f-g_0$ und Zahlen $\alpha_\mu > 0$ mit $\sum_{\mu=1}^{m} \alpha_\mu = 1$ gibt, so daß*

$$(6.9) \qquad \sum_{\mu=1}^{m} \alpha_\mu \overline{(f(x_\mu)-g_0(x_\mu))}\, g(x_\mu)=0 \qquad \textit{für alle } g \in U.$$

Über $A_1=\{x_1, \ldots, x_m\}$ ist dann $g_{0|A_1}$ in $U(A_1) \subseteq C(A_1)$ Proximum zu $f_{|A_1}$.

Dabei entsteht (6.9), indem (6.7) jeweils auf g und ig angewandt wird. Auch der bisher ausgeschlossene Fall $\dim U=n=0$ ist zulässig: Dann ist x_1 als Extremalpunkt von f und $\alpha_1=1$ zu wählen. Die für m gegebenen Schranken sind scharf (vgl. z.B. Aufgabe 6.2).

Die wesentliche Bedeutung von Satz 6.2 liegt in der damit erreichten *Finitisierung* des Proximumproblems. Es bleibt allerdings noch die Schwierigkeit, jeweils solche Extremalpunkte $x_1, \ldots, x_m$ zu finden. In Spezialfällen gibt es aber auch dafür wirkungsvolle Methoden, wodurch dann eine praktische Proximumbestimmung möglich wird.
In theoretischer Konsequenz lassen sich jetzt auf einfache Weise maximale lineare Funktionale konstruieren. Unter der Voraussetzung $|f-g_0|=\delta>0$ bildet man mittels der in Satz 6.2 genannten x_μ, α_μ vermöge

$$\varphi(h)=\sum_{\mu=1}^{m}\alpha_\mu\frac{\overline{(f(x_\mu)-g_0(x_\mu))}}{\delta}h(x_\mu) \qquad \text{für alle } h\in C(M)$$

ein aus *Punktfunktionalen* zusammengesetztes lineares Funktional φ, das wegen (6.9) $\varphi\in U^\perp\subseteq(C(M))^*$ erfüllt und die Norm

$$|\varphi|=\sum_{\mu=1}^{m}\left|\alpha_\mu\frac{\overline{(f(x_\mu)-g_0(x_\mu))}}{\delta}\right|=\sum_{\mu=1}^{m}\alpha_\mu=1$$

hat. Mit $\varphi(g_0)=0$ folgt, weil die x_μ Extremalpunkte zu $f-g_0$ sind,

$$\varphi(f)=\varphi(f-g_0)=\sum_{\mu=1}^{m}\alpha_\mu\frac{|f(x_\mu)-g_0(x_\mu)|^2}{\delta}=|f-g_0|,$$

und damit ist die in Satz 1.3 beschriebene Situation gegeben: φ ist maximales Funktional zu f, U und g_0 Proximum zu f.

6.2 Die Haarsche Bedingung

Die vorstehenden Sätze sind unabhängig von Existenz und Eindeutigkeit eines Proximums. Wird wieder $\dim U=n$ vorausgesetzt, dann ist die Existenz durch Satz 1.1 gesichert, und so ist jetzt die Frage der *Eindeutigkeit* zu diskutieren. Entscheidende Bedeutung hat dabei, wie sich zeigen wird, die sogenannte HAAR*sche Bedingung:*

(6.10) *Jedes $g\in U$, $g\neq 0$ hat höchstens $n-1$ Nullstellen.*

Sie ist bei geeigneter Interpretation von n speziell für Polynome und für trigonometrische Polynome erfüllt, wenn man letztere als Funktionen über $M=S^1=\{x=e^{i\varphi}|0\leqq\varphi<2\pi\}$ auffaßt. Das wurde schon in 5.1, 5.3 wesentlich benutzt, und in der Tat hängt die HAARsche Bedingung ganz allgemein auf das engste mit Interpolationsfragen zusammen.

Bezeichnet nämlich $h_1, \ldots, h_n$ wieder eine feste Basis von U mit jeweils eindeutiger Darstellung $g = \sum_{v=1}^{n} \gamma_v h_v$ für $g \in U$, dann ist (6.10) gleichbedeutend damit, daß für je n verschiedene Punkte $x_1, \ldots, x_n \in M$ das homogene lineare Gleichungssystem

$$g(x_k) = \sum_{v=1}^{n} \gamma_v h_v(x_k) = 0 \qquad (1 \leqq k \leqq n) \tag{6.11}$$

nur die triviale Lösung $\gamma_1 = \cdots = \gamma_n = 0$ besitzt oder äquivalent dazu die Matrix

$$\begin{pmatrix} h_1(x_1) \ldots h_n(x_1) \\ \vdots \qquad \vdots \\ h_1(x_n) \ldots h_n(x_n) \end{pmatrix} \tag{6.12}$$

den Rang n bzw. eine von 0 verschiedene Determinante hat. Das ist nun aber auch notwendig und hinreichend für die eindeutige Lösbarkeit des zugehörigen inhomogenen Systems

$$g(x_k) = \eta_k, \quad 1 \leqq k \leqq n \quad \text{bei beliebiger rechter Seite} \quad \eta_1, \ldots, \eta_n.$$

Die HAARsche Bedingung kann deshalb auch als die unbeschränkte eindeutige Lösbarkeit der Interpolationsaufgabe gedeutet werden, zu beliebigen n Stellen $x_1, \ldots, x_n \in M$ und Werten $\eta_1, \ldots, \eta_n$ ein $g \in U$ mit $g(x_k) = \eta_k$ zu bestimmen.
Eine weitere Formulierung der HAARschen Bedingung ergibt sich im Zusammenhang mit Punktfunktionalen. Durch

$$\xi(g) = g(x) \qquad \text{für alle } g \in U$$

wird jedem $x \in M$ ein $\xi \in U^*$ zugeordnet. Die so von $x_1, \ldots, x_n \in M$ erzeugten Funktionale $\xi_1, \ldots, \xi_n \in U^*$ sind genau dann linear unabhängig, wenn

$$\sum_{k=1}^{n} \beta_k \xi_k(g) = \sum_{k=1}^{n} \beta_k g(x_k) = 0 \qquad \text{für alle } g \in U \tag{6.13}$$

oder dazu gleichwertig

$$\sum_{k=1}^{n} \beta_k \xi_k(h_v) = \sum_{k=1}^{n} \beta_k h_v(x_k) = 0 \qquad \text{für } 1 \leqq v \leqq n$$

nur die triviale Lösung $\beta_1 = \cdots = \beta_n$ besitzt, wenn also die Matrix (6.12) den Rang n hat.
Unter den verschiedenen Aspekten erkennt man als wesentlichen Gehalt der HAARschen Bedingung, daß sich $\dim U$ bzw. $\dim U^*$ bei Einschränkung der Funktionen $g \in U$ auf n-elementige Teilmengen von M nicht verkleinern. Wie

diese Eigenschaft von U mit der Eindeutigkeitsfrage beim Proximumproblem zusammenhängt, zeigt der von HAAR stammende

Satz 6.3: *Erfüllt* $U \subseteq C(M)$ *mit* $\dim U = n$ *die* HAAR*sche Bedingung, dann existiert in* U *zu jedem* $f \in C(M)$ *genau ein Proximum, und für* $f \notin U$ *gilt in Satz 6.2 stets* $m \geqq n+1$.

Beweis: Zu $f \in U$ ist f selbst Proximum, eindeutig wegen $\delta(f, U) = 0$. Sind $g_1 \in U$, $g_2 \in U$ Proxima zu $f \in C(M) \setminus U$, dann ist wegen der Konvexität der Menge der Proxima zu f auch $g_0 = \frac{1}{2}(g_1 + g_2) \in U$ Proximum zu f mit

$$|f - g_0| = |f - g_1| = |f - g_2| = \delta(f, U) > 0.$$

Nach Satz 6.2 existiert eine m-elementige Teilmenge $A_1 = \{x_1, \ldots, x_m\} \subseteq M$, so daß

$$|f(x_\mu) - g_0(x_\mu)| = \delta(f, U) > 0 \qquad \text{für } 1 \leqq \mu \leqq m$$

gilt und $g_{0|A_1}$ Proximum zu $f_{|A_1}$ ist. Wäre nun $m \leqq n$, dann könnte man aufgrund der HAARschen Bedingung f über A_1 mit einem $g \in U$ interpolieren und hätte $f_{|A_1} = g_{|A_1} \in U(A_1)$ im Widerspruch zu $\delta(f_{|A_1}, U(A_1)) = \delta(f, U) > 0$. (Man beachte, daß die x_μ im Falle $m < n$ zur Interpolation auf n Stellen ergänzt werden können, weil M wegen $\dim C(M) \geqq \dim U = n$ mindestens n Punkte enthält.) So ergibt sich an $m \geqq n+1$ verschiedenen Stellen

$$\begin{aligned}\delta(f, U) &= |f(x_\mu) - g_0(x_\mu)| = \left|\tfrac{1}{2}(f(x_\mu) - g_1(x_\mu)) + \tfrac{1}{2}(f(x_\mu) - g_2(x_\mu))\right| \\ &\leqq \left|\tfrac{1}{2}(f(x_\mu) - g_1(x_\mu))\right| + \left|\tfrac{1}{2}(f(x_\mu) - g_2(x_\mu))\right| \leqq \tfrac{1}{2}|f - g_1| + \tfrac{1}{2}|f - g_2| = \delta(f, U)\end{aligned}$$

und wegen Gleichheit in der Dreiecksungleichung weiter

$$\tfrac{1}{2}(f(x_\mu) - g_1(x_\mu)) = \tfrac{1}{2}(f(x_\mu) - g_2(x_\mu)), \qquad g_1(x_\mu) = g_2(x_\mu).$$

Daraus folgt nach der HAARschen Bedingung schließlich $g_1 = g_2$. (Für diesen letzten Schluß wäre übrigens auch schon $m \geqq n$ ausreichend.)
Die Kombination der Sätze 6.2 und 6.3 liefert im reellwertigen Fall, der später besonders interessieren wird, hinsichtlich der Zahl m die scharfe Aussage $m = n+1$.

Als Umkehrung von Satz 6.3 hat man den

Satz 6.4: *Verletzt* $U \subseteq C(M)$ *mit* $\dim U = n$ *die* HAAR*sche Bedingung, dann existiert ein* $f \in C(M)$, *zu dem es in* U *mehrere Proxima gibt.*

Beweis: Bei Negation von (6.10) gibt es ein $g_1 \in U$, $g_1 \neq 0$ mit mindestens n verschiedenen Nullstellen $x_1, \ldots, x_n$, für die dann die Matrix (6.12) singulär wird und (6.13) eine nichttriviale Lösung $\beta_1, \ldots, \beta_n$ hat. Durch Normierung und geeignete Numerierung kann (unter Auslassung eventueller Nullen)

$$(6.14) \qquad \sum_{\mu=1}^{m} \beta_\mu g(x_\mu)=0 \qquad \text{für alle } g\in U \text{ mit } \beta_\mu \neq 0, \ \sum_{\mu=1} |\beta_\mu|=1$$

erreicht werden. Nach TIETZE-URYSOHN gibt es ein $f_0 \in C(M)$ mit $|f_0|=1$ und den auf der abgeschlossenen Teilmenge $A_1=\{x_1, \ldots, x_m\}$ vorgeschriebenen Werten $f_0(x_\mu)=\bar{\beta}_\mu/|\beta_\mu|$. Setzt man nun $f=f_0 \cdot (|g_1|-\mathrm{abs}(g_1))$, d.h. $f(x)=f_0(x)(|g_1|-|g_1(x)|)$ für $x\in M$, dann folgt $f\in C(M)$, $|f|=|g_1|=|f(x_\mu)|$ wegen $g_1(x_\mu)=0$ und

$$\sum_{\mu=1}^{m} |\beta_\mu| \overline{f(x_\mu)} g(x_\mu)=0 \qquad \text{für alle } g\in U$$

aufgrund von (6.14). Nach Satz 6.2 (wobei $\alpha_\mu=|\beta_\mu|$) ist also $g_0=0$ ein Proximum zu f und $\delta(f, U)=|f|=|g_1|$. Außerdem ist aber auch $g_1 \neq 0$ ein Proximum zu f, denn für alle $x\in M$ gilt

$$|f(x)-g_1(x)| \leqq |f_0(x)| \left(|g_1|-|g_1(x)|\right)+|g_1(x)| \leqq \left(|g_1|-|g_1(x)|\right)+|g_1(x)|=\delta(f, U).$$

Nebenher hat sich gezeigt, daß bei verletzter HAARscher Bedingung $m \leqq n$ für ein $f\notin U$ eintritt. So folgt zusammenfassend

Satz 6.5: *Für $U\subseteq C(M)$ mit* dim $U=n$ *sind folgende Aussagen äquivalent:*

(a) *jedes $g\in U$, $g\neq 0$ hat höchstens $n-1$ Nullstellen,*

(b) *in U gibt es zu jedem $f\in C(M)$ genau ein Proximum,*

(c) *für $f\in C(M)\setminus U$ gilt in Satz* 6.2 *stets $m\geqq n+1$.*

Als Urbeispiel der vorangehenden Entwicklungen hat man über jeder kompakten Menge $M\subseteq \mathbb{C}$ mit mindestens $n+1$ Punkten in $C(M)$ den $(n+1)$-dimensionalen Unterraum U der (auf M eingeschränkten) Polynome vom Grade $\leqq n$. Die trigonometrische Approximation in $\tilde{C}_{2\pi}$ wird hier ebenso wie in 2.2 beim Satz von STONE eingeordnet. Die eineindeutige Korrespondenz zwischen einem beliebigen (halboffenen) Periodenintervall $[a, a+2\pi)$ (oder $(a, a+2\pi]$) und $S^1=\{x=e^{it} | a\leqq t<a+2\pi\}$ vermittelt eine Isomorphie zwischen $C(S^1)$ und $\tilde{C}_{2\pi}$. Sieht man dementsprechend zwei Nullstellen einer 2π-periodischen Funktion nur dann als wesentlich verschieden an, wenn sie inkongruent modulo 2π sind, dann erfüllen die Unterräume $\tilde{P}_n\subseteq \tilde{C}_{2\pi}$ die HAARsche Bedingung.

Weitere Beispiele für die vorstehenden Sätze folgen im nächsten Abschnitt.

Bei manchen Anwendungen ist es wünschenswert, die Norm in quantitativer Hinsicht durch Einführung einer *Gewichtsfunktion* $w \in C(M)$ mit $w(x) > 0$ für alle $x \in M$ zu modulieren. Bei gegebenem $f \in C(M)$ und $U \subseteq C(M)$ stellt sich dann die Aufgabe,

$$|f-g|_w = \max_{x \in M} \frac{|f(x)-g(x)|}{w(x)}$$

durch Variation von $g \in U$ zu minimalisieren. Dieses scheinbar allgemeinere Problem ordnet sich aber den bisherigen Überlegungen unter, wenn ungewichtet $\frac{f}{w}$ durch $U_w = \left\{ \frac{g}{w} \middle| g \in U \right\}$ approximiert wird, denn mit U genügt auch U_w der HAARschen Bedingung, so daß damit wieder die Eindeutigkeit des Proximums gesichert ist. Bei solcher gewichteten Approximation ist sinngemäß x_0 ein w-Extremalpunkt zu $f-g_0$, wenn

$$|f(x_0)-g_0(x_0)| = w(x_0)\, |f-g_0|_w .$$

6.3 Alternanten, Tschebyscheff-Proxima

Spezialisierung der vorangehenden allgemeinen Betrachtungen führt nunmehr zu den schon in der Einleitung dieses Kapitels erwähnten klassischen Resultaten der Tschebyscheff-Approximation. Dabei sind zwei Fälle zu unterscheiden, die sich jedoch weitgehend parallel behandeln lassen. Zunächst soll der in der weiteren Darstellung dominierende *Standardfall* beschrieben werden.

$C[a, b]$ bezeichne jetzt immer den (reellen) Raum der *reellwertigen* stetigen Funktionen über dem abgeschlossenen Intervall $[a, b] \subseteq \mathbb{R}$, und $U \subseteq C[a, b]$ mit $\dim U = n \geqq 1$ genüge der HAARschen Bedingung. Der in 6.1, 6.2 zugrundegelegte Hausdorffraum kann $[a, b]$ selbst oder allgemeiner eine kompakte (nicht notwendig zusammenhängende) Teilmenge $M \subseteq [a, b]$ mit mindestens $n+1$ Elementen sein. Der durch evtl. Einschränkung der Funktionen $g \in U$ auf M entstehende Unterraum $U(M) \subseteq C(M)$ erfüllt dann ebenfalls die HAARsche Bedingung, mit $\dim U(M) = \dim U = n$. Die damit beschriebene Situation, daß sich umgekehrt die Elemente von $U(M)$ zu reellwertigen stetigen Funktionen über der zusammenhängenden Mengc $[a, b]$ fortsetzen lassen, die einen Unterraum gleicher Dimension mit HAARscher Bedingung bilden, erlaubt weiter unten an entscheidender Stelle die Anwendung des Zwischenwertsatzes.

Diese Schlußweise ist außerdem im *zyklischen* Fall $M=S^1$ möglich, der unter Verwendung eines beliebigen Periodenintervalls auch durch $M=[a, a+2\pi)$ mit der „periodischen Topologie" bzw. durch $\tilde{C}_{2\pi}$ statt $C(M)$ repräsentiert wird – unter Beachtung der schon früher getroffenen Verabredung bezüglich der Interpretation der HAARschen Bedingung für $U \subseteq \tilde{C}_{2\pi}$. Echte kompakte Teilmengen $M \subsetneqq [a, a+2\pi)$, für die, weil a beliebig ist, ohne Einschränkung $a \notin M$ vorausgesetzt werden kann, lassen sich dem Standardfall unterordnen, indem $b=a+2\pi-\varepsilon$ mit hinreichend kleinem $\varepsilon>0$ als Endpunkt des Intervalls $[a, b] \supseteq M$ gewählt wird; mit $U \subseteq \tilde{C}_{2\pi}$ erfüllt auch $U([a, b])$ die HAARsche Bedingung.

Bei der weiteren Darstellung wird der Begriff der *Alternante* benötigt. Ein geordnetes m-Tupel $x_1<\cdots<x_m$ $(m \geqq 2)$ heißt *m-stellige Alternante* zu der (reellwertigen) Funktion h, wenn für alle $\mu=1, \ldots, m$ einheitlich $h(x_\mu)(-1)^\mu \geqq 0$ oder $\leqq 0$ gilt; damit gleichbedeutend sei die Ausdrucksweise „*h alterniert über* $x_1<\cdots<x_m$". Wenn der Fall $=0$ ausgeschlossen sein soll, dann sprechen wir deutlicher von einer *echten* Alternante, kurz durch die Bedingung $h(x_\mu)\, h(x_{\mu+1})<0$ für $1 \leqq \mu \leqq m-1$ charakterisiert. Sind die x_μ außerdem speziell Extremalpunkte von $h \in C(M)$, gilt also $|h(x_\mu)|=|h|=\max_{x \in M} |h(x)|$ für alle μ, dann heißt $x_1<\cdots<x_m$ *Extremalalternante*[1]) zu h (bezüglich M).

Die nun folgenden Hauptsätze gehen in ihrer ursprünglichen Form auf TSCHEBYSCHEFF und DE LA VALLÉE-POUSSIN zurück. Hinsichtlich der Bezeichnungen sei an die oben getroffenen Verabredungen zur Tschebyscheff-Approximation erinnert.

Satz 6.6: *$U \subseteq C[a, b]$ bzw. $U \subseteq \tilde{C}_{2\pi}$ mit $\dim U=n \geqq 1$ genüge der HAARschen Bedingung. Es sei $M \subseteq [a, b]$ bzw. $M=[-\pi, \pi)$, $f \in C(M) \setminus U(M)$ und $g_0 \in U$. Dann gilt:*

$g_{0|M} \in U(M)$ ist genau dann Proximum zu f, wenn es in M eine $(n+1)$-stellige Extremalalternante zu $f-g_{0|M}$ gibt.

Satz 6.7: *Es seien die Voraussetzungen von Satz 6.6 erfüllt, und $f-g_{0|M}$ alterniere über $\{x_1<x_2<\cdots<x_{n+1}\}=M_1 \subseteq M$. Dann gilt*

$$\delta(f, U(M)) \geqq \delta(f_{|M_1}, U(M_1)) \geqq \min_\mu |f(x_\mu)-g_0(x_\mu)|. \tag{6.15}$$

Beweis: Abkürzend schreiben wir $\hat{g}$ statt $g_{|M}$ für $g \in U$. Die durch die Zuordnung $g \mapsto \hat{g}$ vermittelte lineare Abbildung von U auf $U(M)$ ist wegen $\dim U(M)=\dim U=n$ umkehrbar. Aufgrund der HAARschen Bedingung existiert somit genau ein $g_0 \in U$, so daß $\hat{g}_0$ das Proximum zu f ist. Zuerst zeigen

[1]) In der übrigen Literatur wird der Begriff „Alternante" meist nur in dieser spezielleren Bedeutung benutzt.

wir für dieses $\hat{g}_0$ die Notwendigkeit der in Satz 6.6 behaupteten Alternantenbedingung.

Nach Satz 6.2 existieren Extremalpunkte $x_1 < \cdots < x_{n+1} \in M$ von $f - \hat{g}_0$ (gemäß Satz 6.3 gilt im reellwertigen Fall $m = n+1$) und $\alpha_\mu > 0$ mit $\sum_{\mu=1}^{n+1} \alpha_\mu = 1$ und

$$\text{(6.16)} \qquad \sum_{\mu=1}^{n+1} \alpha_\mu \big(f(x_\mu) - \hat{g}_0(x_\mu)\big)\, g(x_\mu) = 0 \qquad \text{für alle } g \in U.$$

Zu beliebig gewähltem $\mu \leqq n$ läßt sich die Interpolationsvorschrift

$$\text{(6.17)} \qquad g(x_\mu) = 1, \quad g(x_\nu) = 0 \qquad \text{für } 1 \leqq \nu < \mu \text{ und } \mu + 1 < \nu \leqq n+1$$

aufgrund der HAARschen Bedingung durch (genau) ein $g \in U$ erfüllen. Weil mit (6.17) schon die maximal mögliche Zahl von Nullstellen für $g \neq 0$ gefordert wird, ist g über $[x_\mu, x_{\mu+1}]$ nullstellenfrei, und nach dem Zwischenwertsatz gilt mit $g(x_\mu) > 0$ auch $g(x_{\mu+1}) > 0$. Aus (6.16) entsteht

$$\alpha_\mu \big(f(x_\mu) - \hat{g}_0(x_\mu)\big) + \alpha_{\mu+1} \big(f(x_{\mu+1}) - \hat{g}(x_{\mu+1})\big)\, g(x_{\mu+1}) = 0,$$

woraus man wegen $\alpha_\mu > 0$, $\alpha_{\mu+1} > 0$ und

$$|f(x_\mu) - \hat{g}_0(x_\mu)| = |f(x_{\mu+1}) - \hat{g}_0(x_{\mu+1})| = |f - \hat{g}_0| = \delta\big(f, U(M)\big) > 0$$

schließlich $f(x_\mu) - \hat{g}_0(x_\mu) = -\big(f(x_{\mu+1}) - \hat{g}_0(x_{\mu+1})\big)$ abliest; $x_1 < \cdots < x_{n+1}$ ist also Extremalalternante zu $f - \hat{g}_0$.

Im zyklischen Fall $M = [-\pi, \pi)$ ist die obige Schlußweise auch auf $\mu = n+1$ anwendbar, indem man $x_{\mu+1}$ durch $x_1 + 2\pi > x_{n+1}$ ersetzt und f, $\hat{g}_0$ 2π-periodisch fortsetzt. Der sich so ergebende zyklische Vorzeichenwechsel auf den Extremalpunkten ist aber nur bei geradem $n+1$ möglich. So folgt

(6.18) *Im zyklischen Fall der Tschebyscheff-Approximation ist* $\dim U = n$ *notwendig ungerade.*

Im zweiten Schritt beweisen wir jetzt Satz 6.7. Dazu wird der schon bewiesene Teil von Satz 6.6 auf M_1 angewandt: Es existiert ein eindeutig bestimmtes $g_1 \in U$, dessen Einschränkung $g_{1|M_1} \in U(M_1)$ das Proximum zu $f_{|M_1} \in C(M_1)$ ist. Falls $f_{|M_1} \in U(M_1)$, dann gilt $g_{1|M_1} = f_{|M_1}$, und in (6.15) steht 0 an zweiter und dritter Stelle. Sonst hat $f_{|M_1} - g_{1|M_1}$ in der $(n+1)$-elementigen Menge M_1 eine $(n+1)$-stellige Extremalalternante, die also gerade aus den $x_\mu \in M_1$ besteht.

Das mit den zugehörigen α_μ in der am Schluß von 6.1 beschriebenen Weise konstruierte maximale Funktional φ wird dann durch

$$\varphi(h) = \pm \sum_{\mu=1}^{n+1} \alpha_\mu (-1)^\mu h(x_\mu) \qquad \text{für alle } h \in C(M_1)$$

dargestellt. Weil $f-g_{0|M}$ nach Voraussetzung über M_1 alterniert, folgt wegen $|\varphi|=\sum_\mu \alpha_\mu=1$, $\alpha_\mu>0$ und $\varphi\perp U(M_1)$ also

$$\begin{aligned}\delta(f_{|M_1}, U(M_1)) &= |\varphi(f_{|M_1})| = |\varphi(f_{|M_1}-g_{0|M_1})|\\ &= \left|\sum_\mu \alpha_\mu(-1)^\mu (f(x_\mu)-g_0(x_\mu))\right| \geqq \left(\sum_\mu \alpha_\mu\right)\min_\mu |f(x_\mu)-g_0(x_\mu)|.\end{aligned}$$

Die erste Ungleichung in (6.15) ergibt sich aus $M_1 \subseteq M$.

Schließlich ist noch die Umkehrung in Satz 6.6 zu zeigen. Sei also $x_1<\cdots<x_{n+1}$ eine Extremalalternante zu $f-g_{0|M}$. Dann ist Satz 6.7 anwendbar, und (6.15) liefert

$$|f-g_{0|M}| \overset{(}{\geqq}\!\!\overset{)}{} \delta(f, U(M)) \overset{(}{\geqq}\!\!\overset{)}{} \min_\mu |f(x_\mu)-g_0(x_\mu)| = |f-g_{0|M}|,$$

wonach $g_{0|M}$ das Proximum zu f ist.

Solche gemäß Satz 6.6 durch Extremalalternanten charakterisierten Proxima werden im weiteren auch *Tschebyscheff-Proxima* genannt. Die Tragweite von Satz 6.6 wird sich in den nun folgenden Beispielen und theoretischen Anwendungen noch deutlicher zeigen.

Beispiel 1: Der Raum der Polynome vom Grade $\leqq k$ erfüllt die HAARsche Bedingung über jedem Intervall $[a, b]$. Die spezielle Aufgabe, zu $f(x)=e^x$, $f\in C[0,1]$ das Proximum $g_0 \in P_1[0,1]$, $g_0(x)=\gamma_0+\gamma_1 x$ zu bestimmen, d.h. γ_0 und γ_1 so zu wählen, daß $d(x)=e^x-\gamma_0-\gamma_1 x$ für $0\leqq x\leqq 1$ möglichst geringen Maximalbetrag hat, läßt sich deshalb in folgender Weise lösen:
$d=f-g_0$ besitzt wegen $\dim P_1[0,1]=2$ in $[0,1]$ eine 3-stellige Extremalalternante $x_1<x_2<x_3$. Weil d konvex ist, muß $x_1=0$, $x_3=1$, $d(x_1)=d(x_3)=|d|=\delta$ und $d(x_2)=-\delta$ sowie $d'(x_2)=0$ gelten. Aus diesen Gleichungen berechnet man

$$\gamma_1=e-1=1{,}718\ldots,\qquad x_2=\lg(e-1)=0{,}54\ldots,$$

$$\gamma_0=\tfrac{1}{2}+\tfrac{1}{2}(e-1)\lg\frac{e}{e-1}=0{,}88\ldots \quad\text{und}\quad \delta=|f-g_0|=1-\gamma_0=0{,}11\ldots.$$

Im quantitativen Vergleich dazu ergibt sich bei linearer Interpolation mit Stützstellen 0, 1 die Abweichung 2δ, beim Taylorpolynom 1. Grades in 0 sogar $e-2=0{,}718\ldots$.

Beispiel 2: $\tilde{P}_{k-1}\subseteq \tilde{C}_{2\pi}$ mit $n=\dim \tilde{P}_{k-1}=2k-1$ $(k\geqq 1)$ erfüllt die HAARsche Bedingung im zyklischen Fall. Die Funktionen $f\in\tilde{C}_{2\pi}$ der Form

$$f(x)=\rho\cos(kx)+\sigma\sin(kx)=\tau\cos(k(x+\gamma)) \qquad \left(0<\gamma\leqq\frac{\pi}{k},\ \tau\neq 0\right)$$

haben $2k$-stellige Extremalalternanten $x_1 < \cdots < x_{2k}$ in $[0, 2\pi)$ $\left(\text{nämlich } x_\mu = \mu \frac{\pi}{k} - \gamma\right)$. Nach Satz 6.6 ist wegen $2k = n+1$ also $g_0 = 0$ das Proximum in $\tilde{P}_{k-1}$ zu jedem solchen f, mit

$$\delta(f, \tilde{P}_{k-1}) = |f| = |\tau| = \sqrt{\rho^2 + \sigma^2}.$$

Es sei auf die Besonderheit hingewiesen, daß hier Tschebyscheff- und Fourier-Proximum übereinstimmen.

Beispiel 3: Der von den Funktionen der Form

$$g(\xi) = \sum_{\nu=1}^{n} c_\nu e^{\lambda_\nu \xi} \qquad \text{mit } (c_1, \ldots, c_n) \in \mathbb{R}^n \text{ und festen } \lambda_1 < \lambda_2 < \cdots < \lambda_n$$

gebildete Raum erfüllt die HAARsche Bedingung über $-\infty < \xi < \infty$, im Falle $\lambda_1 = 0$ auch über $[-\infty, \infty)$.
Für $n=1$ nämlich ist mit $g \neq 0$ auch $c_1 \neq 0$, also $g(\xi) = 0$ nur für $\xi = -\infty$, $\lambda_1 > 0$. Weiter schließt man induktiv: Sei $n \geqq 2$ und $g(\xi) = \sum_{\nu=1}^{n} c_\nu e^{\lambda_\nu \xi}$, $g \neq 0$. Wenn $c_\nu = 0$ für ein ν gilt, dann hat g auch eine $(n-1)$-gliedrige Darstellung und nach Induktionsvoraussetzung höchstens $n-2$ Nullstellen in $(-\infty, \infty)$ sowie möglicherweise eine weitere in $-\infty$. Sonst gilt im Falle $\lambda_1 = 0$ $g(-\infty) = c_1 \neq 0$, und n verschiedene Nullstellen von g ergäben nach ROLLE $n-1$ dazwischenliegende Nullstellen für g'; das aber widerspricht wegen $g'(\xi) = \sum_{\nu=2}^{n} c_\nu \lambda_\nu e^{\lambda_\nu \xi}$ der Induktionsvoraussetzung. Bei beliebigem λ_1 schließlich wird die Behauptung durch die Aufspaltung $g(\xi) = e^{\lambda_1 \xi} \left(c_1 + \sum_{\nu=2}^{n} c_\nu e^{(\lambda_\nu - \lambda_1)\xi}\right)$ auf den zuvor behandelten Fall zurückgeführt.
Die Substitution $x = e^\xi$ überführt diese Aussage in

Satz 6.8: *Die Linearkombinationen von $x^{\lambda_1}, \ldots, x^{\lambda_n}$ $(\lambda_1 < \cdots < \lambda_n)$ beschreiben einen Funktionenraum mit* HAAR*scher Bedingung über $(0, \infty)$, im Falle $\lambda_1 = 0$ auch über $[0, \infty)$.*

Eine Verallgemeinerung des vorangehenden findet sich in Aufgabe 6.6.

Beispiel 4: Mit Satz 6.6 läßt sich das Proximum zu $h_n \in C[-1, 1]$, $h_n(x) = x^n$ in $P_{n-1}[-1, 1]$ explizit bestimmen. In 3.5 ergab sich nämlich, daß das n-te Tschebyscheffpolynom T_n in den Stellen $\xi_\nu = -\cos\left(\frac{\nu\pi}{n}\right)$ $(0 \leqq \nu \leqq n)$ eine $(n+1)$-stellige Extremalalternante besitzt. Wegen $|T_n| = 1$ und $T_n(x) = 2^{n-1} x^n + \cdots$

$(n \geqq 1)$ folgt also, daß $g = h_n - \frac{1}{2^{n-1}} T_n \in P_{n-1}[-1,1]$ das Proximum zu h_n ist, mit dem Abstand $\delta(h_n, P_{n-1}[-1,1]) = |h_n - g| = \frac{1}{2^{n-1}}$. Meist interessiert dieser Sachverhalt in der Interpretation von

Satz 6.9: *Unter allen Polynomen $p \in P_n[-1,1]$ mit Hauptkoeffizient 1 hat $2^{1-n} T_n$ die geringste Abweichung von 0, beliebiges $p \in P_n[-1,1]$ hat einen Hauptkoeffizienten vom Betrage $\leqq 2^{n-1}|p|$.*

Eine entsprechende Abschätzung für die übrigen Koeffizienten wird im nächsten Abschnitt gegeben.

Für gerades (ungerades) n sind h_n, T_n und g gerade (bzw. ungerade), so daß genauer sogar $g \in P_{n-2}[-1,1]$ gilt, d.h. g ist zugleich auch das Proximum zu h_n in diesem kleineren Unterraum. Das ist ein Spezialfall eines allgemeineren Prinzips, wonach Symmetrien des Proximumproblems unter geeigneten Voraussetzungen zu entsprechenden Symmetrien beim Proximum führen. Hier trifft die Aussage von

Satz 6.10: *$U \subseteq C[-a,a]$ sei bezüglich der Bildung von geradem (ungeradem) Anteil abgeschlossen, d.h. mit $g \in U$ und $g_0(x) = \frac{1}{2}(g(x) + g(-x))$ (bzw. $g_1(x) = \frac{1}{2}(g(x) - g(-x))$) gelte $g_0 \in U$ (bzw. $g_1 \in U$). Besitzt $f \in C[-a,a]$ ein Proximum in U, dann existiert, sofern f gerade (bzw. ungerade) ist, auch ein gerades (bzw. ungerades) Proximum zu f in U.*

Beweis: Sei z.B. f gerade und $g \in U$ Proximum zu f. Dann folgt

$$\begin{aligned} |f(x) - g_0(x)| &= \left|\tfrac{1}{2}(f(x) - g(x)) + \tfrac{1}{2}(f(-x) - g(-x))\right| \\ &\leqq \tfrac{1}{2}|f-g| + \tfrac{1}{2}|f-g| \qquad \text{für } |x| \leqq a, \end{aligned}$$

also $|f - g_0| \leqq |f - g|$, und damit ist g_0 Proximum zu f.

Bei Eindeutigkeit des Proximums ergibt sich zusätzlich $g_0 = g$, d.h. das Proximum g ist gerade.

Mit $a = \pi$ erkennt man, daß Satz 6.10 insbesondere auch für $U \subseteq \tilde{C}_{2\pi}$ gilt.

6.4 Verallgemeinerte Solotareff-Polynome

Die in Beispiel 4 behandelte Aufgabe läßt sich in zweifacher Hinsicht verallgemeinern. Einerseits kann man statt des Hauptkoeffizienten einen beliebigen oder auch mehrere der Koeffizienten in

$$p(x) = \sum_{\nu=0}^{n} \gamma_\nu x^\nu, \qquad p \in P_n[-1,1]$$

festlegen und $|p|$ durch Variation der übrigen minimalisieren. Die Festlegung von γ_k $(k<n)$ führt wieder auf die Tschebyscheff-Polynome und so zu einer von W. A. MARKOFF [19] stammenden Verallgemeinerung von Satz 6.9 (vgl. Satz 6.12). Bei Festlegung von γ_n und γ_{n-1} erhält man als minimalisierende p die sogenannten *Solotareffpolynome.* Andererseits kann man diese Fragestellung auf ein beliebiges Intervall $[a, b]$ übertragen, wobei zusätzlich die Norm von p in der am Schluß von 6.2 beschriebenen Weise durch eine positive Gewichtsfunktion $w \in C[a, b]$ modifiziert wird. Demgemäß bezeichne $P_{n,w}$ im folgenden den Raum der (reellwertigen) Polynome vom Grade $\leqq n$ mit der durch

$$|p|_w = \max_{a \leqq x \leqq b} \frac{|p(x)|}{w(x)} \qquad (|p(x)| \leqq |p|_w \, w(x) \text{ für alle } x \in [a, b])$$

gegebenen Norm. Weil sich bei Multiplikation mit einem Skalarfaktor λ sowohl $|p|_w$ wie auch die zugehörigen Koeffizientenbeträge $|\gamma_\nu|$ mit $|\lambda|$ multiplizieren, lassen sich dadurch jeweils passende Normierungen herbeiführen. Bei Festlegung der obersten beiden Koeffizienten genügt es somit, die Approximation der $f_{n,\tau} \in P_{n,w}$ von der Form

$$f_{n,\tau}(x) = (1 - |\tau|)\, x^n + \tau\, x^{n-1} \qquad (-1 \leqq \tau \leqq 1,\ n \geqq 2) \tag{6.19}$$

durch Polynome $g \in P_{n-2,w}$ zu betrachten. Weil $P_{n-2,w}$ die HAARsche Bedingung erfüllt, hat jedes $f_{n,\tau}$ sein eindeutiges Tschebyscheffproximum $g_{n,\tau,w} \in P_{n-2,w}$, und die als (verallgemeinerte) Solotareffpolynome *zum Gewicht* w bezeichneten normierten Differenzen

$$q_{n,\tau,w} = \frac{1}{|f_{n,\tau} - g_{n,\tau,w}|_w} (f_{n,\tau} - g_{n,\tau,w}) \qquad (|q_{n,\tau,w}|_w = 1) \tag{6.20}$$

besitzen wegen $\dim P_{n-2,w} = n-1$ jeweils eine n-stellige w-Extremalalternante. Durch letztere Eigenschaft sind die Solotareffpolynome umgekehrt auch schon im wesentlichen charakterisiert:

Lemma 1: *Besitzt* $p \in P_{n,w}$ $(p \neq 0)$ *eine n-stellige w-Extremalalternante, dann existiert* $\tau \in [-1, 1]$, *so daß* $p = \pm |p|_w \, q_{n,\tau,w}$.

Beweis: In $p(x) = \sum_{\nu=0}^{n} \gamma_\nu x^\nu$ kann angesichts der Behauptung normierend $\gamma_n \geqq 0$, $\gamma_n + |\gamma_{n-1}| = 1$ vorausgesetzt werden, denn mit n-stelliger Alternante hat p mindestens $n-1$ Nullstellen, so daß $p \notin P_{n-2,w}$. Mit $\tau = \gamma_{n-1}$, $g = p - f_{n,\tau} \in P_{n-2,w}$, $p = f_{n,\tau} - g$ folgt dann aufgrund der Proximumcharakterisierung durch Extremalalternanten nach Satz 6.6 (hier im gewichteten Fall) $g = g_{n,\tau,w}$, $p = \lambda\, q_{n,\tau,w}$, $\lambda = |p|_w$.

Die Festlegung eines Koeffizienten γ_{n-k} $(k \geqq 1)$ ist gleichbedeutend mit einem fest vorgeschriebenen Ableitungswert $p^{(k)}(0)$. Das allgemeinere Problem, $|p|_w$ unter Konstanthaltung von $p^{(k)}(\xi)$ zu minimalisieren, entspricht der *dualen* Aufgabe, $|p^{(k)}(\xi)|$ unter der Nebenbedingung $|p|_w \leqq 1$ zu maximalisieren. Zu festem w und $n \geqq 2$ betrachten wir deshalb die durch

$$\varphi_{k,\xi}(p) = p^{(k)}(\xi) \qquad \text{für alle } p \in P_{n,w} \quad (\xi \in [a,b],\ 0 \leqq k \leqq n)$$

definierten linearen Funktionale $\varphi_{k,\xi} \in P_{n,w}^*$ und deren Norm

$$\text{(6.21)} \qquad w_k(\xi) = |\varphi_{k,\xi}| = \max\{|p^{(k)}(\xi)| \,|\, p \in P_{n,w} \text{ und } |p|_w \leqq 1\}.$$

Diese w_k sind positiv und stetig, denn w_n ist konstant, und induktiv ergibt sich für $k = n-1, n-2, \ldots$ aus der Stetigkeit von w_{k+1} nach dem Mittelwertsatz die Abschätzung

$$|(\varphi_{k,\xi} - \varphi_{k,\eta})(p)| = |p^{(k)}(\xi) - p^{(k)}(\eta)| \leqq |\xi - \eta| \, |p|_w \max_{a \leqq \zeta \leqq b} w_{k+1}(\zeta) \qquad (\xi, \eta \in [a,b]),$$

wonach die Zuordnung $\xi \mapsto \varphi_{k,\xi}$ eine stetige Abbildung $[a,b] \to P_{n,w}^*$ und somit $\xi \mapsto |\varphi_{k,\xi}| = w_k(\xi)$ die stetige Funktion w_k beschreibt. (Es gilt $w_0(\xi) \leqq w(\xi)$, möglicherweise aber auch $w_0(\xi) < w(\xi)$ für gewisse ξ, sofern der durch w gegebene Spielraum von Polynomen vom Grade $\leqq n$ nicht voll ausgeschöpft werden kann.)
Welche Polynome diese extremalen Ableitungswerte liefern, soll zunächst für $k = 1$ beantwortet werden.

Lemma 2: *Aus* $p \in P_{n,w}$, $|p|_w \leqq 1$ *und* $p'(\xi) = w_1(\xi)$ *folgt* $p = \pm q_{n,\tau,w}$ *mit passendem* $\tau \in [-1, 1]$.

Beweis: Es sei $f(x) = w_1(\xi)(x - \xi)$ und $U = \{g \in P_{n,w} \,|\, g'(\xi) = 0\}$ der n-dimensionale Unterraum der Polynome g von der Form

$$g(x) = \beta_0 + \sum_{\nu=2}^{n} \beta_\nu (x - \xi)^\nu .$$

Aus

$$w_1(\xi) = |\varphi_{1,\xi}(f - g)| \leqq w_1(\xi) \, |f - g|_w$$

folgt $|f - g|_w \geqq 1$ für alle $g \in U$. Wegen $f'(\xi) = p'(\xi)$ gilt $f - p = g_0 \in U$, und wegen $|f - g_0|_w = |p|_w \leqq 1$ ist g_0 Proximum zu f. Nach Satz 6.2 existieren also $m \leqq n+1$ w-Extremalpunkte $x_1 < \cdots < x_m$ von p und Zahlen $\alpha_\mu > 0$, so daß

$$\text{(6.22)} \qquad \sum_{\mu=1}^{m} \alpha_\mu \, p(x_\mu) \, g(x_\mu) = 0 \qquad \text{für alle } g \in U .$$

Hierin zeigt konstantes $g \in U$, $g \neq 0$, daß $m \geqq 2$ gilt. Die Indexmenge

$$I = \{\mu \,|\, 1 \leqq \mu < m \text{ und } p(x_\mu) \, p(x_{\mu+1}) < 0\}$$

enthält mindestens $n-1$ Elemente, denn sonst wäre mit

$$g(x)=(x-\xi)^2\prod_{\mu\in I}\left(x-\frac{x_\mu+x_{\mu+1}}{2}\right)$$

ein $g\in U$ gegeben, das (6.22) verletzt (man beachte, daß höchstens ein x_μ mit ξ zusammenfallen kann, aber $m\geqq 2$ gilt). So ergibt sich $m\geqq n$, p besitzt in den x_μ eine mindestens n-stellige w-Extremalalternante, und nach Lemma 1 folgt die Behauptung.

Umgekehrt gibt es zu jedem $\tau\in[-1,1]$ auch Stellen $\xi\in[a,b]$, so daß $|q'_{n,\tau,w}(\xi)|=w_1(\xi)$. Genauer hat man

Lemma 3: *Mit der durch*

$$(6.23)\qquad \tau'=\frac{n-1}{n-|\tau|}\tau,\qquad \tau=\frac{n}{n-1+|\tau'|}\tau'\qquad(-1\leqq\tau\leqq 1,\ -1\leqq\tau'\leqq 1)$$

gegebenen eineindeutigen Zuordnung $\tau\mapsto\tau'$ *gilt (für* $n\geqq 3$*)*

$$(6.24)\qquad q'_{n,\tau,w}=q_{n-1,\tau',w_1}.$$

Beweis: Als Solotareffpolynom zum Gewicht w besitzt $q=q_{n,\tau,w}$ eine n-stellige w-Extremalalternante $x_1<\cdots<x_n$; wegen $|q|_w=1$ gilt also

$$q(x_\nu)=(-1)^{\nu+i}\,w(x_\nu)\qquad\text{mit } i=0 \text{ oder } i=1.$$

Nach Hinzunahme eines weiteren (beliebigen) Punktes $x_0<x_1$ können die $p\in P_{n,w}$ mittels Lagrange-Interpolation über diesen $n+1$ Stützstellen dargestellt werden (vgl. 5.1), mit den Elementen

$$l_\nu(x)=\frac{v(x)}{v'(x_\nu)(x-x_\nu)},\qquad v(x)=\prod_{\nu=0}^{n}(x-x_\nu).$$

l_0 hat die Nullstellen $x_1<\cdots<x_n$, l'_0 nach ROLLE also $n-1$ Nullstellen $\xi_1<\cdots<\xi_{n-1}$, $\xi_\nu\in(x_\nu,x_{\nu+1})$. Aus $v(x)=v'(x_0)(x-x_0)\,l_0(x)$,

$$l_\nu(x)=\frac{v'(x_0)}{v'(x_\nu)}\,\frac{x-x_0}{x-x_\nu}\,l_0(x),\qquad l'_\nu(\xi_j)=\frac{v'(x_0)}{v'(x_\nu)}\,\frac{x_0-x_\nu}{(\xi_j-x_\nu)^2}\,l_0(\xi_j)$$

folgt

$$\operatorname{sign} l'_\nu(\xi_j)=(-1)^{\nu+j+1}\qquad\text{für } 1\leqq\nu\leqq n,\ 1\leqq j\leqq n-1,$$

denn v' alterniert über den x_ν und l_0 über den ξ_j. Für Extremalpolynome $p_j\in P_{n,w}$ mit $|p_j|_w=1$, $|p'_j(\xi_j)|=w_1(\xi_j)$ hat man demnach die Abschätzung

$$\begin{aligned}w_1(\xi_j)=|p'_j(\xi_j)|&=\left|\sum_{\nu=0}^{n}p_j(x_\nu)\,l'_\nu(\xi_j)\right|\leqq\sum_{\nu=1}^{n}w(x_\nu)\,|l'_\nu(\xi_j)|\\&=(-1)^{j+1}\sum_{\nu=0}^{n}(-1)^\nu\,w(x_\nu)\,l'_\nu(\xi_j)=(-1)^{j+1+i}\,q'(\xi_j),\end{aligned}$$

die in Verbindung mit $|q'(\xi_j)| \leqq w_1(\xi_j)$ zeigt, daß $\xi_1 < \cdots < \xi_{n-1}$ eine $(n-1)$-stellige w_1-Extremalalternante zu $q' \in P_{n-1, w_1}$ ist. Nach Lemma 1 folgt so (6.24), denn $|q'|_{w_1} = 1$, und q' hat wie q einen Hauptkoeffizienten $\geqq 0$. (6.23) ergibt sich durch Vergleich der Darstellungen.

$$q_{n,\tau,w}(x) = \alpha x^n + \beta x^{n-1} + \cdots, \qquad \alpha \geqq 0, \ \tau = \frac{\beta}{\alpha + |\beta|},$$

$$q_{n-1,\tau',w_1}(x) = q'_{n,\tau,w}(x) = n\alpha x^{n-1} + (n-1)\beta x^{n-2} + \cdots, \qquad \tau' = \frac{(n-1)\beta}{n\alpha + (n-1)|\beta|}.$$

Nach diesen Vorbereitungen kommen wir jetzt zum Hauptresultat,

Satz 6.11: *Mit den oben eingeführten Bezeichnungen gilt für $n \geqq 2$, $1 \leqq k \leqq n$: Aus $p \in P_{n,w}$, $|p|_w \leqq 1$ und $|p^{(k)}(\xi)| = w_k(\xi)$ folgt*

$$p = \pm q_{n,\tau,w} \qquad \textit{mit passendem } \tau \in [-1, 1].$$

Beweis (per Induktion über n): Der Fall $n=2$, $k=1$ ist mit Lemma 2 erledigt. Im Falle $k=n=2$ ist w_2 konstant; in $p(x) = \gamma_2 x^2 + g(x)$ mit $g \in P_{1,w}$ den Hauptkoeffizienten $\gamma_2 = \frac{1}{2} p''(\xi)$ unter der Nebenbedingung $|p|_w = 1$ zu maximalisieren, ist zu der dualen Aufgabe äquivalent, $|p|_w$ bei festem γ_2 durch Variation von $g \in P_{1,w}$ zu minimalisieren. Das führt (vgl. Beispiel 4) zu einer 3-stelligen w-Extremalalternante für extremales p, und nach Lemma 1 folgt die Behauptung.
Beim Schluß von $n-1$ auf n kann die Induktionsvoraussetzung mit einem beliebigen positiven $\hat{w} \in C[a,b]$ und zugehörigen $\hat{w}_k$ formuliert werden:
Aus $\hat{p} \in P_{n-1,\hat{w}}$, $|\hat{p}|_{\hat{w}} \leqq 1$ und $|\hat{p}^{(k)}(\xi)| = \hat{w}_k(\xi)$ folgt

$$\hat{p} = \pm q_{n-1,\tau',\hat{w}} \quad \text{mit passendem } \tau' \in [-1,1] \qquad (1 \leqq k \leqq n-1).$$

Die Induktionsbehauptung (mit den in Satz 6.11 benutzten Bezeichnungen) gilt für $k=1$ nach Lemma 2. Für $2 \leqq k \leqq n$ sei $\hat{w} = w_1$. Aus $p \in P_{n,w}$, $|p|_w \leqq 1$ folgt dann $p' \in P_{n-1,\hat{w}}$, $|p'|_{\hat{w}} \leqq 1$ und $|p^{(k)}(\xi)| = |(p')^{(k-1)}(\xi)| \leqq \hat{w}_{k-1}(\xi)$, also $w_k(\xi) \leqq \hat{w}_{k-1}(\xi)$.
Andererseits existiert ein $\hat{p} \in P_{n-1,\hat{w}}$ mit $|\hat{p}|_{\hat{w}} \leqq 1$, $|\hat{p}^{(k-1)}(\xi)| = \hat{w}_{k-1}(\xi)$ und deshalb ein $\tau' \in [-1,1]$, so daß $\hat{p} = \pm q_{n-1,\tau',\hat{w}}$. Wegen $\hat{w} = w_1$ ergibt sich mit dem zu τ' passenden τ nach Lemma 3 $|q^{(k)}_{n,\tau,w}(\xi)| = \hat{w}_{k-1}(\xi)$, also $w_k(\xi) = \hat{w}_{k-1}(\xi)$.
Ist nun $p \in P_{n,w}$, $|p|_w \leqq 1$ und $|p^{(k)}(\xi)| = w_k(\xi) = \hat{w}_{k-1}(\xi)$, dann setzt man in dem vorangehenden Schluß $\hat{p} = p'$ und erhält

$$p' = \pm q_{n-1,\tau',\hat{w}}, \qquad |p'|_{w_1} = |q_{n-1,\tau',w_1}|_{w_1} = 1,$$

womit die Behauptung auf den schon erledigten Fall $k=1$ zurückgeführt ist.

Abschließend sollen die vorstehenden Resultate auf den Fall $w(x)=1$ für $-1 \leqq x \leqq 1$, $P_{n,w}=P_n[-1,1]$ angewandt werden. Dabei ergeben sich die *klassischen* Solotareffpolynome $q_{n,\tau}=q_{n,\tau,w}$. Zu ihnen gehören speziell die Tschebyscheffpolynome T_n und T_{n-1}, die ja n-stellige Extremalalternanten besitzen. Wegen $T_n(x)=2^{n-1}x^n+0\cdot x^{n-1}+\cdots$ und $T_{n-1}(x)=0\cdot x^n+2^{n-2}x^{n-1}+\cdots$ gilt (vgl. (6.19)) genauer

$$T_n=q_{n,0}, \qquad \pm T_{n-1}=q_{n,\pm 1}. \tag{6.25}$$

Ist $q_{n,\tau}$ ein gerades oder ein ungerades Polynom, dann folgt $\tau=0$ oder $\tau=\pm 1$, also $q_{n,\tau}=T_n$ oder $q_{n,\tau}=\pm T_{n-1}$. Damit lassen sich an der Stelle $\xi=0$ die Ableitungsschranken $w_k(0)$ explizit bestimmen. Zu $p\in P_n[-1,1]$ mit $|p|\leqq 1$, $|p^{(k)}(0)|=w_k(0)$ bildet man $q(x)=\frac{1}{2}(p(x)+(-1)^k p(-x))$ und erhält $|q|\leqq|p|\leqq 1$, $|q^{(k)}(0)|=|p^{(k)}(0)|=w_k(0)$. Nach Satz 6.11 folgt $q=\pm q_{n,\tau}$ mit $\tau\in[-1,1]$; weil q nach Konstruktion gerade oder ungerade ist, gilt $q=\pm T_n$ oder $q=\pm T_{n-1}$, also $w_k(0)=|T_n^{(k)}(0)|$ oder $w_k(0)=|T_{n-1}^{(k)}(0)|$, was sich wegen $T_n^{(k)}(0)=0$ oder $T_{n-1}^{(k)}(0)=0$ auch in der Form $w_k(0)=|T_n^{(k)}(0)+T_{n-1}^{(k)}(0)|$ schreiben läßt.
Besonders deutlich wird dieses Resultat in der Formulierung von

Satz 6.12: *Mit den durch* $T_n(x)+T_{n-1}(x)=\sum_{k=0}^{n} c_{n,k}\,x^k$ *bestimmten* $c_{n,k}$ *gilt für die Koeffizienten in* $p(x)=\sum_{k=0}^{n}\gamma_k x^k$ *die (nicht zu verschärfende) Abschätzung*

$$|\gamma_k|\leqq|c_{n,k}|\max_{|x|\leqq 1}|p(x)| \qquad (n\geqq 1,\ 0\leqq k\leqq n). \tag{6.26}$$

Bei den obigen Überlegungen war $n\geqq 2$, $1\leqq k\leqq n$ vorausgesetzt. Für $k=0$ folgt (6.26) aus $|\gamma_0|=|p(0)|\leqq|p|$ und $|c_{n,0}|=1$; der Fall $k=n=1$ ist in Satz 6.9 enthalten.
Die Aussage dieses Satzes kann als explizites Beispiel für den allgemeinen Satz 1.2 gedeutet werden.

Aufgaben

6.1. Nach dem Vorbild von Satz 6.1 zeige man für $f\in\hat{C}$ (vgl. 2.3): $g_0\in G_v$ ist genau dann Proximum in G_v zu f, wenn

$$\sup_{x\in A_\varepsilon}\operatorname{Re}\left(\overline{(f(x)-g_0(x))}\,g(x)\right)\geqq 0 \qquad \text{für alle } \varepsilon>0 \text{ und alle } g\in G_v,$$

wobei $A_\varepsilon=\{x\in\mathbb{R}\,|\,|f(x)-g_0(x)|\geqq|f-g_0|-\varepsilon\}$.

6.2. Sei $M=\{1, e^{\frac{2\pi i}{3}}, e^{-\frac{2\pi i}{3}}\}\subseteq\mathbb{C}$, $f\in C(M)$ durch $f(z)=z$ gegeben und $U\subseteq C(M)$ der eindimensionale Raum der konstanten Funktionen. Dann ist $g_0=0\in U$ Proximum zu f und das in Satz 6.2 genannte $A_1=M$ ($m=2n+1$ wird angenommen).

6.3. $U\subseteq C(M)$ erfülle die HAARsche Bedingung mit $\dim U=n\geqq 2$. $M_0=\{x_1,\ldots,x_k\}\subseteq M$ bestehe aus $k<n$ Elementen. Dann gilt $\dim U(M_0)=k$, wobei $U(M_0)=\{g_{|M_0}|g\in U\}$.

6.4. $U\subseteq C[a,b]$ (reellwertiger Fall) erfülle die HAARsche Bedingung mit $\dim U=n\geqq 1$. Dann gibt es ein $g_0\in U$ mit $g_0(x)>0$ für $x\in[a,b]$ (man wähle als g_0 das Proximum zu einer konstanten Funktion).

6.5. $g_1(x)=1$, $g_2(x)=x\cos x$, $g_3(x)=x\sin x$ beschreiben

$$\operatorname{lin}\{g_1,g_2,g_3\}=U\subseteq C[0,\pi],\qquad \dim U=3.$$

U erfüllt die HAARsche Bedingung; das gilt jedoch für keinen zweidimensionalen Unterraum von U.

6.6. Seien $\lambda_1<\cdots<\lambda_n$, $k_1\geqq 1,\ldots,k_n\geqq 1$ fest gewählt. Dann erfüllt

$$U=\left\{g\,\middle|\,g(x)=\sum_{\nu=1}^{n}\sum_{j=0}^{k_\nu-1}\beta_{\nu,j}\,x^j\,e^{\lambda_\nu x},\ \beta_{\nu,j}\text{ reell}\right\}$$

die HAARsche Bedingung mit $\dim U=\sum_{\nu=1}^{n}k_\nu$ über $(-\infty,\infty)$.

6.7. Hat ein nicht konstantes Polynom $p\in P_n[-1,1]$ $n+1$ Extremalstellen und die Norm $|p|=1$, dann gilt $p=\pm T_n$. (Man betrachte die Nullstellen von $p^2(x)-1$.)

6.8. Mit beliebigem $g\in P_{n-2}[-1,1]$ und den Tschebyscheffpolynomen T_n, $T_{n-1}\in P_n[-1,1]$ gilt $|\alpha T_n+\beta T_{n-1}+g|\geqq\max\{|\alpha|,|\beta|\}$.

6.9. Die zu der durch $w(x)=|T_n(x)|+\frac{1}{n}|T_n'(x)|$ über $[-1,1]$ definierten Gewichtsfunktion gehörenden Solotareffpolynome $q_{n,\tau,w}$ haben die Form $q_{n,\tau,w}=(1-|\tau|)\,T_n+\frac{\tau}{n}\,T_n'$. Weiter gilt $w(x)\geqq 1$ für $|x|\leqq 1$; für $p\in P_n[-1,1]$ folgt

$$|p^{(k)}(\xi)|\leqq|p|\max\left\{|T_n^{(k)}(\xi)|,\frac{1}{n}|T_n^{(k+1)}(\xi)|\right\}\qquad(1\leqq k\leqq n,\ n\geqq 2).$$

7 L^1-Approximation

Mit Aufgabe 2.8 wurde schon darauf hingewiesen, daß im Gegensatz zur uniformen Konvexität der $\hat{L}^p_w$ für $1<p<\infty$ die Räume $\hat{L}^1_w$ nicht einmal strikt konvex sind. Wie bei der im vorangehenden Kapitel abgehandelten C-Approximation benötigt man deshalb auch hier besondere Methoden zur Behandlung des Proximumproblems. Dabei ergeben sich bemerkenswerte Analogien zur Tschebyscheff-Approximation.

7.1 Ein allgemeines Kriterium für L^1-Proxima

Der Einfachheit halber beschränken wir uns sogleich auf den Fall reellwertiger Funktionen und erinnern vorbereitend an die in 2.4 eingeführten Bezeichnungen und an den Satz 2.11, wonach sich die über L^1_w stetigen linearen Funktionale durch Funktionen aus L^∞_w darstellen lassen.

In weitgehender Analogie zu Satz 6.1 erhält man als allgemeines Kriterium für L^1-Proxima den

Satz 7.1: *Für beliebigen Unterraum $U \subseteq L^1_w$, $g_0 \in U$, $f \in L^1_w$ ist*

$$\int w(x)\, g(x)\, \operatorname{sign}\big(f(x)-g_0(x)\big)\, dx = 0 \qquad \textit{für alle } g \in U \tag{7.1}$$

eine hinreichende Bedingung, daß g_0 in U Proximum zu f ist, und sie ist dafür auch notwendig, falls in $D_w = \{x \mid w(x) > 0\}$ fast überall $f(x)-g_0(x) \neq 0$ gilt.

Beweis: Wenn (7.1) gilt, dann wird, weil $\operatorname{sign}\big(f(x)-g_0(x)\big)$ eine Funktion aus L^∞_w beschreibt, durch

$$\gamma(h) = \int w(x)\, h(x)\, \operatorname{sign}\big(f(x)-g_0(x)\big)\, dx \qquad \text{für alle } h \in L^1_w$$

ein lineares Funktional $\gamma \in U^\perp \subseteq (L^1_w)^*$ definiert. Wegen

$$|\gamma| = \operatorname*{vrai\,sup}_{x \in D_w} |\operatorname{sign}\big(f(x)-g_0(x)\big)| \leqq 1$$

und

$$\begin{aligned}\gamma(f) = \gamma(f-g_0) &= \int w(x)\big(f(x)-g_0(x)\big)\operatorname{sign}\big(f(x)-g_0(x)\big)\, dx\\ &= \int w(x)\, |f(x)-g_0(x)|\, dx = |f-g_0|_1\end{aligned}$$

ist γ nach Satz 1.3 maximales lineares Funktional zu f, U und $g_0 \in U$ Proximum zu f.

Sei nun umgekehrt $g_0 \in U$ Proximum zu f. Zu f, U existiert nach Satz 1.4 ein maximales lineares Funktional $\gamma_0 \in U^\perp \subseteq (L_w^1)^*$, das sich gemäß Satz 2.11 durch ein $\sigma_0 \in L_w^\infty$ mit $|\sigma_0|_\infty = |\gamma_0| \leqq 1$ darstellen läßt. So gilt insbesondere

$$\int w(x)\, g(x)\, \sigma_0(x)\, dx = 0 \qquad \text{für alle } g \in U \tag{7.2}$$

und wegen $\delta(f, U) = |f - g_0|_1$

$$\int w(x)\big(f(x) - g_0(x)\big)\, \sigma_0(x)\, dx = \gamma_0(f - g_0) = \gamma_0(f) = \delta(f, U)$$
$$= \int w(x)\, |f(x) - g_0(x)|\, dx.$$

Weil in D_w fast überall $|\sigma_0(x)| \leqq |\sigma_0|_\infty \leqq 1$ gilt, ist letzteres nur möglich, sofern $\big(f(x) - g_0(x)\big)\, \sigma_0(x) = |f(x) - g_0(x)|$ fast überall in D_w; wenn außerdem $f(x) - g_0(x) \neq 0$ fast überall in D_w, dann folgt $\sigma_0(x) = \operatorname{sign}\big(f(x) - g_0(x)\big)$ fast überall in D_w und so mittels (7.2) schließlich (7.1).

7.2 Haarsche Bedingung und Eindeutigkeit

Die weiteren Betrachtungen betreffen die L^1-Approximation bei stetigen Funktionen über Intervallen. Im Hinblick auf Eindeutigkeitsfragen ist auch hier die HAARsche Bedingung von Bedeutung. Mit der Aussage, ein Unterraum $U \subseteq L_w^1(a, b)$ mit $\dim U = n < \infty$ erfülle die HAARsche Bedingung, ist gemeint, daß alle $g \in U$ *stetig* sind und in $(a, b) = D_w$ höchstens $n-1$ Nullstellen haben, sofern $g \neq 0$. Zu solch einem Unterraum $U \subseteq L_w^1(a, b)$ erhält man in natürlicher Weise den $(n+1)$-dimensionalen Raum V der Funktionen $h \in C[a, b]$ von der Form

$$h(x) = \int_a^x w(t)\, g(t)\, dt + c \qquad \text{mit } c \in \mathbb{R} \text{ und } g \in U. \tag{7.3}$$

Mit U genügt auch V der HAARschen Bedingung. Hat $h \in V$ nämlich $n+1$ Nullstellen $x_0 < x_1 < \cdots < x_n$ in $[a, b]$, dann gilt

$$\int_{x_{\nu-1}}^{x_\nu} w(t)\, g(t)\, dt = h(x_\nu) - h(x_{\nu-1}) = 0 \qquad \text{für } 1 \leqq \nu \leqq n,$$

was nur möglich ist, wenn die stetige Funktion g Nullstellen $t_\nu \in (x_{\nu-1}, x_\nu)$ besitzt. Mit n Nullstellen ist aber $g = 0$ und h konstant, wegen $h(x_0) = 0$ also $h = 0$.

Damit gewinnt man als wichtige Eindeutigkeitsaussage

Satz 7.2: *$U \subseteq L_w^1(a, b)$ mit* $\dim U = n$ *erfülle die* HAAR*sche Bedingung. Dann existiert zu jedem stetigen $f \in L_w^1(a, b)$ genau ein Proximum $g_0 \in U$, und $f - g_0$ hat in (a, b) mindestens n Nullstellen.*

Beweis: $f \in L_w^1(a,b)$ sei stetig und $g_0 \in U$ ein Proximum zu f; dessen Existenz ist nach Satz 1.1 gesichert. Hätte die stetige Funktion $f-g_0$ in (a,b) weniger als n Nullstellen $x_1<\cdots<x_m$, $0 \leqq m<n$, dann wäre $\sigma(x)=\operatorname{sign}(f(x)-g_0(x))$ in den mit $a=x_0<x_1<\cdots<x_{m+1}=b$ festgelegten Intervallen $(x_\mu, x_{\mu+1})$ konstant $=\varepsilon_\mu=\pm 1$, und wegen $f(x)-g_0(x) \neq 0$ fast überall wäre (7.1) als notwendiges Kriterium erfüllt. Mittels (7.3) ergäbe sich so

$$(7.4)\qquad 0=\int_a^b w(t)\, g(t)\, \sigma(t)\, dt=\sum_{\mu=0}^{m} \varepsilon_\mu\big(h(x_{\mu+1})-h(x_\mu)\big) \qquad \text{für alle } h \in V.$$

Im Widerspruch dazu ließe sich aber, weil V die HAARsche Bedingung erfüllt, an den hier auftretenden $m+2 \leqq n+1=\dim V$ vielen Stellen interpolierend ein $h \in V$ mit

$$h(x_0)=1 \quad \text{und} \quad h(x_\mu)=0 \qquad \text{für } 1 \leqq \mu \leqq m+1$$

bestimmen.

Zum Nachweis der *Eindeutigkeit* betrachtet man Proxima $g_1, g_2 \in U$ zu f; dann ist auch $g_0=\frac{1}{2}(g_1+g_2)$ Proximum zu f, und mittels

$$\begin{aligned} 2\delta(f,U) &= \int_a^b w(x)\,\big|2f(x)-\big(g_1(x)+g_2(x)\big)\big|\,dx \\ &\leqq \int_a^b w(x)\,|f(x)-g_1(x)|\,dx+\int_a^b w(x)\,|f(x)-g_2(x)|\,dx=2\delta(f,U) \end{aligned}$$

ergibt sich wegen der Stetigkeit von f, g_1, g_2

$$2\,|f(x)-g_0(x)|=|f(x)-g_1(x)|+|f(x)-g_2(x)| \qquad \text{für alle } x \in (a,b).$$

Weil $f-g_0$ in (a,b) Nullstellen $x_1<\cdots<x_n$ besitzt, folgt daraus

$$g_1(x_\nu)=f(x_\nu)=g_2(x_\nu) \qquad \text{an } n \text{ Stellen, also } g_1=g_2=g_0.$$

Besonders scharfe Aussagen sind möglich, wenn über die Voraussetzungen von Satz 7.2 hinausgehend $f \notin U$ gilt und der $(n+1)$-dimensionale Unterraum $\tilde{U}=\operatorname{lin}(U \cup \{f\})$ ebenfalls die HAARsche Bedingung erfüllt. Dann hat $f-g_0$ höchstens n Nullstellen, nach Satz 7.2 also genau n Nullstellen $x_1<\cdots<x_n$ in (a,b). Nach Hinzunahme von $x_0=a$ und $x_{n+1}=b$ ergibt sich aus (7.4) nur dann kein Widerspruch, wenn darin sämtliche $h(x_\mu)$ $(0 \leqq \mu \leqq n+1)$ mit von 0 verschiedenen Koeffizienten auftreten. Somit gilt $\varepsilon_\mu=-\varepsilon_{\mu+1}$ für $0 \leqq \mu \leqq n$, d.h. $f-g_0$ wechselt an den Stellen $x_1<\cdots<x_n$ jeweils das Vorzeichen.

Die mit $\sigma(x)=\operatorname{sign}(f(x)-g_0(x))$ gegebene Treppenfunktion $\sigma \in L^\infty(a,b)$ und ihre Sprungstellen $x_1<\cdots<x_n$ sind in folgender Weise unabhängig von f: Mit stetigem $f_1 \in L_w^1(a,b) \setminus U$ erfülle $\tilde{U}_1=\operatorname{lin}(U \cup \{f_1\})$ die HAARsche Bedingung. Interpolation $g_1(x_\nu)=f_1(x_\nu)$ in den Sprungstellen von σ bestimmt eindeutig ein $g_1 \in U$, und f_1-g_1 hat damit genau die Nullstellen $x_1<\cdots<x_n$. f_1-g_1

wechselt in den x_ν das Vorzeichen, denn wäre z.B. $f_1(x)-g_1(x)\geqq 0$ in einer Umgebung eines x_j $(1\leqq j\leqq n)$, dann ergäbe sich mit dem durch $g_2(x_j)=1$, $g_2(x_\nu)=0$ für $\nu\neq j$ festgelegten $g_2\in U$ und hinreichend kleinem $\lambda>0$, daß $f_1-g_1-\lambda g_2\in\tilde{U}_1\setminus\{0\}$ mindestens $n+1$ Nullstellen hätte. So folgt

$$\int_a^b w(x)\,g(x)\,\mathrm{sign}\big(f_1(x)-g_1(x)\big)\,dx=\pm\int_a^b w(x)\,g(x)\,\sigma(x)\,dx=0 \qquad \text{für alle } g\in U;$$

nach Satz 7.1 ist also $g_1\in U$ das Proximum zu f_1, und f_1-g_1 wechselt sein Vorzeichen an den gleichen Stellen wie $f-g_0$.

Aufgrund dieser Einsichten kann man in Spezialfällen L^1-Proxima einfach durch Interpolation bestimmen.

7.3 Beispiele zur L^1-Approximation

Im folgenden sollen einige wichtige Spezialfälle behandelt werden, die eine explizite Durchführung der allgemeinen theoretischen Ansätze zulassen. Diese Beispiele dienen so einerseits der Illustration, andererseits wird ein Teil von ihnen aber auch als Hilfsmittel im nächsten Kapitel benutzt.

Der Raum $L^1_{2\pi}$ der reellwertigen L-integrablen 2π-periodischen Funktionen unterscheidet sich nur unwesentlich von dem (reellen) Raum $L^1(0,2\pi)$ (mit $w(x)=1$ für $0<x<2\pi$); nach Klassenbildung ergibt sich in natürlicher Weise eine normtreue Isomorphie zwischen $\hat{L}^1_{2\pi}$ und $\hat{L}^1(0,2\pi)$. Auch hier bezeichne $\tilde{P}_n\subseteq L^1(0,2\pi)$ den Unterraum der trigonometrischen Polynome vom Grade $\leqq n$; die L^1-Norm wird durch die Schreibweise $|\;|_1$ von der C-Norm $|\;|$ unterschieden.

Weil $\tilde{P}_n$ mit $\dim\tilde{P}_n=2n+1$ der Haarschen Bedingung genügt, sind die trigonometrischen L^1-Proxima stetiger Funktionen $f\in L^1(0,2\pi)$ nach Satz 7.2 eindeutig bestimmt. Hinreichende Proximumkriterien erhält man wie bei Satz 7.1 mittels maximaler Funktionale, die $\tilde{P}_n$ annullieren. Speziell interessieren hier die gemäß (4.37), (4.38) durch

$$\begin{aligned}\sigma_n^1(x)&=\mathrm{sign}\big(\sin((n+1)\,x)\big)\\ &=\frac{4}{\pi}\left(\frac{\sin((n+1)\,x)}{1}+\frac{\sin(3(n+1)\,x)}{3}+\frac{\sin(5(n+1)\,x)}{5}+\cdots\right),\end{aligned}\tag{7.5}$$

$$\begin{aligned}\sigma_n^0(x)&=\mathrm{sign}\big(\cos((n+1)\,x)\big)\\ &=\frac{4}{\pi}\left(\frac{\cos((n+1)\,x)}{1}-\frac{\cos(3(n+1)\,x)}{3}+\frac{\cos(5(n+1)\,x)}{5}-\cdots\right)\end{aligned}\tag{7.6}$$

dargestellten Treppenfunktionen $\sigma_n^0, \sigma_n^1 \in L^\infty(0, 2\pi)$; wegen der beschränkten Konvergenz dieser Reihen (nach Satz 4.3) ergibt gliedweise Integration

$$\int_0^{2\pi} g(x)\,\sigma_n^1(x)\,dx = \int_0^{2\pi} g(x)\,\sigma_n^0(x)\,dx = 0 \qquad \text{für alle } g \in \tilde{P}_n,$$

die durch σ_n^1 und σ_n^0 erzeugten linearen Funktionale gehören also zu $\tilde{P}_n^\perp$.

Satz 7.3: *Gilt für $f \in L^1(0, 2\pi)$, $g_0 \in \tilde{P}_n$ fast überall in $(0, 2\pi)$*

$$(7.7) \qquad \big(f(x) - g_0(x)\big)\,\sigma_n^0(x) \geqq 0 \quad \textit{oder} \quad \big(f(x) - g_0(x)\big)\,\sigma_n^1(x) \geqq 0,$$

dann ist g_0 in $\tilde{P}_n$ ein L^1-Proximum zu f.

Dann nämlich erzeugt σ_n^j ($j=0$ bzw. $j=1$) wegen

$$(7.8) \quad |f - g_0|_1 = \int_0^{2\pi} |f(x) - g_0(x)|\,dx = \int_0^{2\pi} \big(f(x) - g_0(x)\big)\,\sigma_n^j(x)\,dx = \int_0^{2\pi} f(x)\,\sigma_n^j(x)\,dx$$

ein maximales lineares Funktional zu f, $\tilde{P}_n$, und g_0 ist Proximum zu f.

Insbesondere ist (7.7) mit $g_0 = 0$ für $f(x) = \cos\big((n+1)\,x\big)$ bzw. $f(x) = \sin\big((n+1)\,x\big)$ erfüllt; bei diesen Funktionen stimmt also das L^1-Proximum mit dem Fourier- und dem Tschebyscheffproximum überein.

Nach den gleichen Methoden läßt sich auch P_{n-1}, der Raum aller reellen Polynome vom Grade $\leqq n-1$, als Unterraum von $L^1(-1, 1)$ behandeln. Zu P_{n-1} (mit $\dim P_{n-1} = n$ und HAARscher Bedingung) gehört im Sinne der Überlegungen am Ende von 7.2 die durch

$$(7.9) \qquad \sigma(x) = \operatorname{sign}\big(T'_{n+1}(x)\big)$$

gegebene Treppenfunktion σ, denn mittels der Substitution $x = \cos t$ geht jedes $p \in P_{n-1}$ in ein gerades trigonometrisches Polynom $g \in \tilde{P}_{n-1}^0$, $g(t) = p(\cos t)$ über, und so folgt für alle $p \in P_{n-1}$

$$\int_{-1}^{1} p(x)\,\sigma(x)\,dx = \int_0^{\pi} g(t)\,\operatorname{sign}\left(\frac{\sin\big((n+1)\,t\big)}{\sin t}\right) \sin t\,dt \qquad (\text{vgl. } (3.55))$$
$$= \int_{-\pi}^{\pi} g(t)\,\sin t\,\operatorname{sign}\big(\sin((n+1)\,t)\big)\,dt = 0,$$

weil $g(t)\sin t$ ein Element aus $\tilde{P}_n$ darstellt. Die Sprungstellen von σ sind

$$(7.10) \qquad x_\nu = -\cos\left(\frac{\nu\pi}{n+1}\right) \in (-1, 1) \qquad (1 \leqq \nu \leqq n).$$

Mit $f(x)=x^n$ wird P_{n-1} zu $P_n=\mathrm{lin}(P_{n-1}\cup\{f\})$ mit HAARscher Bedingung erweitert; deshalb kann das L^1-Proximum $p_0\in P_{n-1}$ zu f durch Interpolation an diesen Stellen $x_1<\cdots<x_n$ bestimmt werden: $f-p_0\in P_n$ hat die x_ν als Nullstellen und den Hauptkoeffizienten 1. So folgt

Satz 7.4: *Unter allen reellen Polynomen vom Grade n mit Hauptkoeffizient* 1 *hat das normierte Tschebyscheffpolynom zweiter Art minimale* L^1-*Norm über* $(-1,1)$, *und zwar (für* $n\geqq 1$*)*

$$\int_{-1}^{1}\left|\frac{1}{2^n(n+1)}\,T'_{n+1}(x)\right|dx=\frac{1}{2^{n-1}}. \tag{7.11}$$

Der Wert dieses Integrals ergibt sich einfach aus dem Umstand, daß

$$\int_{-1}^{1}|T'_{n+1}(x)|\,dx$$

gleich der *Totalvariation* von T_{n+1} über $[-1,1]$ ist; diese beträgt, weil T_{n+1} $(n+1)$-fach zwischen den Extremalwerten $+1$ und -1 alterniert, gerade $2(n+1)$.

Im Hinblick auf Anwendungen im nächsten Kapitel untersuchen wir schließlich noch die L^1-Approximation gewisser $f\in L^1(0,2\pi)$, deren Fourierreihen besonderen Bedingungen genügen. Dazu benötigen wir das folgende

Lemma: $b_0, b_1, \ldots$ *sei eine konvexe Nullfolge, d.h. es gelte* $b_0\geqq b_1\geqq b_2\geqq\cdots$, $b_k\to 0$ *und* $b_0-b_1\geqq b_1-b_2\geqq\cdots$. *Dann ist*

$$q(x)=b_0+\sum_{k=1}^{\infty}2b_k\cos(kx)\qquad \textit{für }\ 0<x<2\pi \tag{7.12}$$

konvergent gegen $q(x)\geqq 0$, *und dies ist die Fourierreihe zu* $q\in L^1(0,2\pi)$.

Beweis: Für die Partialsummen $q_n(x)$ der Reihe (7.12) ergibt sich mittels

$$D_m(x)=1+2\sum_{k=1}^{m}\cos(kx)=\frac{\sin\left((2m+1)\dfrac{x}{2}\right)}{\sin\dfrac{x}{2}}$$

und

$$mF_m(x)=\sum_{\mu=0}^{m-1}D_\mu(x)=\left(\frac{\sin\left(m\dfrac{x}{2}\right)}{\sin\dfrac{x}{2}}\right)^2\geqq 0\qquad \text{(vgl. (4.12) und (4.56))}$$

nach zweifacher partieller Summation die Darstellung

$$\begin{aligned} q_n(x) &= \sum_{k=0}^{n-1} (b_k - b_{k+1})\, D_k(x) + b_n\, D_n(x) \\ &= \sum_{k=1}^{n-1} (b_{k-1} - 2b_k + b_{k+1})\, k F_k(x) + (b_{n-1} - b_n)\, n F_n(x) + b_n\, D_n(x). \end{aligned}$$

Wegen

$$|(b_{n-1} - b_n)\, n F_n(x) + b_n\, D_n(x)| \leqq \frac{b_{n-1} - b_n}{\sin^2\left(\frac{x}{2}\right)} + \frac{b_n}{\sin\frac{x}{2}} \to 0 \quad \text{für } n \to \infty,\ x \in (0, 2\pi),$$

$$0 \leqq F_k(x) \leqq \frac{1}{k} \sum_{j=0}^{k-1} |D_j(x)| \leqq \frac{1}{\sin\frac{x}{2}}$$

und der Konvergenz

$$\sum_{k=1}^{\infty} (b_{k-1} - 2b_k + b_{k+1})\, k = \sum_{k=0}^{\infty} (b_k - b_{k+1}) = b_0$$

folgt aufgrund der Voraussetzung $b_{k-1} - 2b_k + b_{k+1} \geqq 0$ also

(7.13) $$q_n(x) \to q(x) = \sum_{k=1}^{\infty} (b_{k-1} - 2b_k + b_{k+1})\, k F_k(x) \geqq 0 \qquad \text{für } x \in (0, 2\pi),$$

und aus

$$\int_0^{2\pi} F_k(x)\, dx = 2\pi \qquad \text{(vgl. (4.58))}$$

ergibt sich nach dem Satz von Levi

$$\int_0^{2\pi} q(x)\, dx = 2\pi\, b_0, \qquad \text{d.h. } q \in L^1(0, 2\pi).$$

Daß (7.12) die Fourierreihe für q ist, folgt nach Satz 4.1.

Nach dieser Vorbereitung zeigen wir

Satz 7.5: *$f \in L^1(0, 2\pi)$ habe die Fourierdarstellung*

(7.14) $$f(x) = \gamma_0 + \sum_{k=1}^{\infty} \alpha_k \cos(k x),$$

deren Koeffizienten ab α_{n+1} eine dreifach monotone Nullfolge bilden, d.h. $\alpha_k - 3\alpha_{k+1} + 3\alpha_{k+2} - \alpha_{k+3} \geqq 0$ für $k \geqq n+1$. Dann ist das mit den Größen

(7.15) $$b_k = \sum_{m=0}^{\infty} (-1)^m\, \alpha_{k+(2m+1)(n+1)}$$

konstruierte trigonometrische Polynom der Form

$$g_0(x)=\gamma_0-b_{n+1}+\sum_{k=1}^{n}(\alpha_k-b_{n+1-k}-b_{n+1+k})\cos(kx) \tag{7.16}$$

ein L^1-Proximum $g_0\in\tilde{P}_n$ zu f, und es gilt

$$|f-g_0|_1=4\sum_{m=0}^{\infty}\frac{(-1)^m}{2m+1}\alpha_{(2m+1)(n+1)}. \tag{7.17}$$

Beweis: Weil die dritten Differenzen der α_k ab α_{n+1} nicht negativ sind, bilden die ersten Differenzen $\alpha_k-\alpha_{k+1}$ für $k\geqq n+1$ und somit auch die durch Summation daraus entstehenden $\alpha_{k+n+1}-\alpha_{k+3(n+1)}, \alpha_{k+5(n+1)}-\alpha_{k+7(n+1)}, \ldots$ und die in (7.15) genannten b_k konvexe Nullfolgen. Nach dem Lemma gilt also

$$q(x)=b_0+\sum_{k=1}^{\infty}2b_k\cos(kx)\geqq 0 \qquad \text{für } x\in(0,2\pi),$$

und mittels $b_{k-(n+1)}+b_{k+(n+1)}=\alpha_k$ für $k\geqq n+1$ berechnet man

$$\begin{aligned}q(x)\cos((n+1)x)&=b_0\cos((n+1)x)+\sum_{k=1}^{\infty}b_k(\cos((n+1+k)x)+\cos((n+1-k)x))\\&=b_{n+1}+\sum_{k=1}^{n}(b_{n+1-k}+b_{n+1+k})\cos(kx)+\sum_{k=n+1}^{\infty}(b_{k-(n+1)}+b_{k+(n+1)})\cos(kx)\\&=f(x)-g_0(x) \qquad (\text{vgl. (7.14) und (7.16)}).\end{aligned}$$

So folgt $(f(x)-g_0(x))\,\sigma_n^0(x)=q(x)\,|\cos((n+1)x)|\geqq 0$, und nach Satz 7.3 ist g_0 in $\tilde{P}_n$ ein L^1-Proximum zu f.

Aus (7.8) ergibt sich, weil die beschränkte Konvergenz in (7.6) gliedweise Integration erlaubt, schließlich auch

$$\begin{aligned}|f-g_0|_1&=\int_0^{2\pi}f(x)\,\sigma_n^0(x)\,dx=\sum_{m=0}^{\infty}\frac{(-1)^m}{2m+1}\frac{4}{\pi}\int_0^{2\pi}f(x)\cos((2m+1)(n+1)x)\,dx\\&=4\sum_{m=0}^{\infty}\frac{(-1)^m}{2m+1}\alpha_{(2m+1)(n+1)} \qquad (\text{vgl. (4.9) und (7.14)}).\end{aligned}$$

Aufgabe 7.3 gibt ein instruktives Beispiel für diesen Satz. Als analoges Resultat für Sinusreihen hat man

Satz 7.6: *$f\in L^1(0,2\pi)$ habe die Fourierdarstellung*

$$f(x)=\sum_{k=1}^{\infty}\beta_k\sin(kx), \tag{7.18}$$

deren Koeffizienten ab β_{n+1} eine konvexe Nullfolge bilden. Dann stellt

(7.19) $g_0(x)=\sum_{k=1}^{n} c_k \sin(kx) \quad \text{mit} \quad c_k=\beta_k-\sum_{j=1}^{\infty}(\beta_{2j(n+1)-k}-\beta_{2j(n+1)+k})$

ein L^1-Proximum $g_0 \in \tilde{P}_n$ zu f dar, und es gilt

(7.20) $$|f-g_0|_1=4\sum_{m=0}^{\infty}\frac{1}{2m+1}\beta_{(2m+1)(n+1)}.$$

Wenn $\sum_{k=1}^{\infty}\beta_k<\infty$, dann kann der Beweis wie bei Satz 7.5 geführt werden: Die Größen

(7.21) $$b_k=\sum_{m=0}^{\infty}\beta_{k+(2m+1)(n+1)}$$

bilden dann eine konvexe Nullfolge, nach dem Lemma ist

$$q(x)=b_0+\sum_{k=1}^{\infty}2b_k\cos(kx)\geqq 0 \qquad \text{für } x\in(0,2\pi),$$

und mittels $b_{k-(n+1)}-b_{k+(n+1)}=\beta_k$ für $k\geqq n+1$ berechnet man

$$\begin{aligned} q(x)\sin((n+1)x)&=b_0\sin((n+1)x)+\sum_{k=1}^{\infty}b_k(\sin((n+1+k)x)+\sin((n+1-k)x))\\ &=\sum_{k=1}^{n}(b_{n+1-k}-b_{n+1+k})\sin(kx)+\sum_{k=n+1}^{\infty}(b_{k-(n+1)}-b_{k+n+1})\sin(kx)\\ &=f(x)-g_0(x) \qquad (\text{vgl. (7.18) und (7.19)}).\end{aligned}$$

So folgt

$$(f(x)-g_0(x))\,\sigma_n^1(x)=q(x)\,|\sin((n+1)x)|\geqq 0,$$

und nach Satz 7.3 ist g_0 in $\tilde{P}_n$ ein L^1-Proximum zu f.

Wenn die Reihe über die β_k divergiert, dann geht man approximativ vor. Für beliebiges $r=1,2,\ldots$ sei

$$f_r(x)=\sum_{k=1}^{\infty}\beta'_k\sin(kx) \qquad \text{mit } \beta'_k=\begin{cases}\beta_k-\beta_{(2r+1)(n+1)} & \text{für } k\leqq(2r+1)(n+1),\\ 0 & \text{für } k\geqq(2r+1)(n+1).\end{cases}$$

Dann bilden auch die β'_k ab β'_{n+1} eine konvexe Nullfolge, und wegen $\sum_{k=1}^{\infty}\beta'_k<\infty$ gilt nach dem schon Bewiesenen

$$(f_r(x)-g_r(x))\,\sigma_n^1(x)\geqq 0 \qquad \text{für } x\in(0,2\pi),$$

wobei

(7.22) $g_r(x)=\sum_{k=1}^{n}c_{k,r}\sin(kx) \quad \text{mit} \quad c_{k,r}=\beta'_k-\sum_{j=1}^{r}(\beta_{2j(n+1)-k}-\beta_{2j(n+1)+k}).$

Mit $r \to \infty$ folgt $\beta_k' \to \beta_k$, $c_{k,r} \to c_k$, $g_r \to g_0$ (vgl. (7.19) und (7.22)) und wegen

$$\beta_{(2r+1)(n+1)} \sum_{k=1}^{(2r+1)(n+1)} \sin(kx) \to 0 \qquad \text{für } x \in (0, 2\pi) \qquad \text{(vgl. Aufgabe 4.7)}$$

sowie der Konvergenz in (7.18) auch $f_r(x) \to f(x)$, also $(f(x) - g_0(x))\, \sigma_n^1(x) \geqq 0$; nach Satz 7.3 ist $g_0 \in \tilde{P}_n$ ein L^1-Proximum zu f. Schließlich ergibt sich (7.20) aus (7.8) und (7.5) wie oben durch gliedweise Integration.

Aufgaben

7.1. Man bestimme die Menge der L^1-Proxima in $P_0 \subseteq L^1(-1, 1)$ zu der mit $f(x) = \operatorname{sign} x$ gegebenen Funktion $f \in L^1(-1, 1)$.

7.2. w sei gerade und $U \subseteq L_w^1$ bezüglich der Bildung von geradem (ungeradem) Anteil abgeschlossen. Besitzt $f \in L_w^1$ ein L^1-Proximum in U, dann existiert, sofern f gerade (bzw. ungerade) ist, auch ein gerades (bzw. ungerades) L^1-Proximum zu f in U (vgl. Satz 6.10).

7.3. Ausgehend von (4.64) bestimme man mittels Satz 7.5 das L^1-Proximum zu $f \in L^1(0, 2\pi)$, $f(x) = \sin \dfrac{x}{2}$ in $\tilde{P}_n$ und vergleiche die Approximationsgüte mit (4.66).

7.4. Zum Unterraum der geraden trigonometrischen Polynome $\tilde{P}_n^0 \subseteq L^1(0, \pi)$ gehört gemäß den Überlegungen am Ende von 7.2 die mit $\sigma(x) = \operatorname{sign}(\cos((n+1)x))$ gegebene Treppenfunktion $\sigma \in L^\infty(0, \pi)$, zu $\tilde{P}_n \subseteq L^1(0, 2\pi)$ entsprechend $\sigma_n^1 \in L^\infty(0, 2\pi)$ (vgl. (7.5)).

7.5. Ausgehend von $\varphi_0(x) = \operatorname{sign}(T_{n+1}'(x))$ mit

$$\int_{-1}^{1} \varphi_0(x)\, x^k\, dx = 0 \qquad \text{für } 0 \leqq k < n \text{ (vgl. (7.9) und Satz 7.4)}$$

werden $\varphi_1, \varphi_2, \ldots, \varphi_n$ durch $\varphi_{\nu+1}(x) = \int_{-1}^{x} \varphi_\nu(t)\, dt$ definiert. Man zeige

$$\varphi_n(x) > 0 \quad \text{für } x \in (-1, 1), \qquad \int_{-1}^{1} \varphi_n(t)\, dt = \frac{1}{2^{n-1}\, n!}$$

und weiter für n-fach stetig differenzierbares $f \in L^1(-1, 1)$ mit $f^{(n)}(x) \geqq 0$ und L^1-Proximum $p_0 \in P_{n-1}$ die Gleichung

$$\delta^1(f, P_{n-1}) = |f - g_0|_1 = \int_{-1}^{1} f^{(n)}(t)\, \varphi_n(t)\, dt$$

sowie speziell für $f(x) = e^x$ die Abschätzung $\delta^1(f, P_{n-1}) \geqq \dfrac{1}{2^{n-1}\, n!}$.

8 Quantitative Fragen der Approximierbarkeit

In diesem Kapitel sollen quantitative Verschärfungen der Sätze von WEIERSTRASS behandelt werden. Nach den Schlußbemerkungen von 1.4 sind derartige über die rein qualitative Approximierbarkeit stetiger Funktionen f hinausgehende Aussagen jedoch nur möglich, wenn zusätzliche Voraussetzungen über f vorliegen. Im folgenden beziehen sich solche Voraussetzungen auf Stetigkeitsmaße, Differenzierbarkeit oder Holomorphie. Es ergibt sich so ein inniger Zusammenhang zwischen den infinitesimalen Struktureigenschaften einer Funktion und ihrer polynomischen bzw. trigonometrischen Approximierbarkeit.

Wie schon in 4.5 bezeichnen wir den Abstand von $f \in \tilde{C}_{2\pi}$ zu $\tilde{P}_n \subseteq \tilde{C}_{2\pi}$ mit $\tilde{E}_n(f)$. Bei der polynomischen Approximation über abgeschlossenen Intervallen genügt die Behandlung von $C[-1, 1]$ mit den Unterräumen $P_n[-1, 1]$; hier schreiben wir $E_n(f)$ statt $\delta(f, P_n[-1, 1])$. Einige der quantitativen Betrachtungen werden wir auch auf den in 2.3 eingeführten Raum $\hat{C}$ mit den Unterräumen G_ν ausdehnen, wodurch eine Verschärfung von Satz 2.6 erzielt wird.

8.1 Stetigkeits- und Schmiegungsmaße

Die gleichmäßige Stetigkeit einer (komplexwertigen) Funktion $f \in \hat{C}$ (man beachte $\tilde{C}_{2\pi} \subseteq \hat{C}$) oder $f \in C[-1, 1]$ mißt man durch

(8.1) $$\omega(f, t) = \sup\{|f(x_1) - f(x_0)| \mid |x_1 - x_0| \leqq t\} \qquad (t \geqq 0).$$

Für festes f hat $\omega(f, t)$ folgende Eigenschaften:

(8.2) $$\omega(f, t_1) \leqq \omega(f, t_2) \qquad \text{für } t_1 \leqq t_2,$$

(8.3) $$\omega(f, t_1 + t_2) \leqq \omega(f, t_1) + \omega(f, t_2) \qquad \text{für } t_1, t_2 \geqq 0,$$

(8.4) $$\omega(f, mt) \leqq m\,\omega(f, t) \qquad \text{für } m = 0, 1, 2, \ldots,$$

(8.5) $$\omega(f, \lambda t) \leqq (\lambda + 1)\,\omega(f, t) \qquad \text{für } \lambda \geqq 0,$$

(8.6) $\omega(f, t)$ *variiert stetig mit t.*

Aus der Definition (8.1) folgen (8.2), (8.3) und (8.4) für $m = 0, 1$. Für $m \geqq 2$ ergibt sich (8.4) induktiv aus (8.3). Mit $[\lambda]$ für die größte ganze Zahl $\leqq \lambda$ und (8.2),

(8.4) erhält man (8.5) vermöge

$$\omega(f,\lambda t) \leqq \omega(f,([\lambda]+1)t) \leqq ([\lambda]+1)\,\omega(f,t) \leqq (\lambda+1)\,\omega(f,t).$$

Die gleichmäßige Stetigkeit von f ergibt die Stetigkeit in $t=0$. Für $t>0$ zeigen die aus (8.3) resultierenden Ungleichungen

$$\omega(f,t+\tau) \leqq \omega(f,t)+\omega(f,\tau), \qquad \omega(f,t-\tau) \geqq \omega(f,t)-\omega(f,\tau)$$

wegen $\omega(f,\tau)\to 0$ für $\tau\to 0$ in Verbindung mit (8.2) die Stetigkeit.

Feinere Infinitesimaleigenschaften wie z. B. Differenzierbarkeit lassen sich mit $\omega(f,t)$ nicht messen. Man verwendet dazu die mit

$$(8.7)\qquad \begin{aligned} &\Delta_h^0(f,x)=f(x),\\ &\Delta_h^{k+1}(f,x)=\Delta_h^k(f,x+h)-\Delta_h^k(f,x) \qquad (k=0,1,2,\dots, h\in\mathbb{R}) \end{aligned}$$

rekursiv erklärten Differenzen

$$(8.8)\qquad \Delta_h^k(f,x)=\sum_{j=0}^{k}\binom{k}{j}(-1)^{k-j}f(x+jh)$$

und definiert für $k=1,2,\dots$ die Schmiegungsmaße

$$(8.9)\qquad \omega_k(f,t)=\sup\{|\Delta_h^k(f,x)|\,\big|\,|h|\leqq t,\ x\in\mathbb{R}\}.$$

Insbesondere ist also $\omega_1(f,t)=\omega(f,t)$. Im Falle $f\in C[-1,1]$ ist $t\leqq 2/k$ vorauszusetzen, und x variiert bei der Supremumbildung nur so, daß $|x|\leqq 1$ und $|x+kh|\leqq 1$ gilt.

Die aus (8.8) und (8.9) zu gewinnenden Ungleichungen

$$\omega_k(f,t) \leqq \omega_k(f,t+\tau) \leqq \omega_k(f,t)+\sum_{j=0}^{k}\binom{k}{j}\omega_1(f,j\tau) \leqq \omega_k(f,t)+k\,2^k\,\omega(f,\tau) \quad (\tau>0)$$

zeigen mit $\tau\to 0$, daß $\omega_k(f,t)$ bei festem f bezüglich t eine stetige, monoton nicht abnehmende Funktion darstellt. In Verallgemeinerung von (8.4) und (8.5) gelten

$$(8.10)\qquad \omega_k(f,mt) \leqq m^k\,\omega_k(f,t) \qquad \text{für } m=0,1,2,\dots,$$

$$(8.11)\qquad \omega_k(f,\lambda t) \leqq (\lambda+1)^k\,\omega_k(f,t) \qquad \text{für } \lambda\geqq 0.$$

Wieder schließt man mit $m=[\lambda]+1$ von (8.10) auf (8.11), und (8.10) ergibt sich für $m\geqq 2$ aus

$$(8.12)\qquad \Delta_{mh}^k(f,x)=\sum_{\mu_1=0}^{m-1}\cdots\sum_{\mu_k=0}^{m-1}\Delta_h^k(f,x+(\mu_1+\dots+\mu_k)h) \qquad (k\geqq 1),$$

was man mittels Induktion über k beweist: für $k=1$ hat man

$$f(x+mh)-f(x)=\sum_{\mu_1=0}^{m-1}\left(f(x+\mu_1 h+h)-f(x+\mu_1 h)\right),$$

und wegen (8.7) ergibt sich aus (8.12) für k

$$\begin{aligned}\Delta_{mh}^{k+1}(f,x)&=\sum_{\mu=0}^{m-1}\left(\Delta_{mh}^{k}(f,x+\mu h+h)-\Delta_{mh}^{k}(f,x+\mu h)\right)\\&=\sum_{\mu=0}^{m-1}\sum_{\mu_1=0}^{m-1}\cdots\sum_{\mu_k=0}^{m-1}\left(\Delta_h^k(f,x+(\mu+\mu_1+\cdots+\mu_k)h+h)-\Delta_h^k(f,x+(\mu+\mu_1+\cdots+\mu_k)h)\right)\\&=\sum_{\mu_1=0}^{m-1}\cdots\sum_{\mu_{k+1}=0}^{m-1}\Delta_h^{k+1}(f,x+(\mu_1+\cdots+\mu_{k+1})h),\qquad\text{d.h. (8.12) für } k+1.\end{aligned}$$

Für k-fach stetig differenzierbare Funktionen f gilt

$$\Delta_h^k(f,x)=\int_0^h\cdots\int_0^h f^{(k)}(x+u_1+\cdots+u_k)\,du_1\ldots du_k, \tag{8.13}$$

denn für $k=1$ ist

$$f(x+h)-f(x)=\int_0^h f'(x+u)\,du,$$

und

$$f^{(k)}(x+h+u_1+\cdots+u_k)-f^{(k)}(x+u_1+\cdots+u_k)=\int_0^h f^{(k+1)}(x+u_1+\cdots+u_k+u)\,du$$

erklärt den Schluß von k auf $k+1$.

Weitere Differenzenbildung führt von (8.13) zu

$$\Delta_h^{k+m}(f,x)=\int_0^h\cdots\int_0^h \Delta_h^m(f^{(k)},x+u_1+\cdots+u_k)\,du_1\ldots du_k. \tag{8.14}$$

Wenn $f^{(k)}\in\hat{C}$ bzw. $f^{(k)}\in C[-1,1]$ gilt, dann folgt daraus

$$|\Delta_h^{k+m}(f,x)|\leqq|h|^k\,\omega_m(f^{(k)},t)\qquad\text{für } |h|\leqq t$$

und so die wichtige Ungleichung

$$\omega_{k+m}(f,t)\leqq t^k\,\omega_m(f^{(k)},t). \tag{8.15}$$

Mit $m=1$ ergibt sich bei gleichmäßiger Stetigkeit von $f^{(k)}$ die asymptotische Aussage $\omega_{k+1}(f,t)=o(t^k)$ für $t\to 0$, also speziell $\omega_2(f,t)=o(t)$, wenn f' gleichmäßig stetig ist. Demgegenüber hat man jedoch nur $\omega_1(f,t)=O(t)$, so daß die Abschätzung $\omega_2(f,t)\leqq 2\omega_1(f,t)$ im allgemeinen nicht scharf ist. Das zeigt sich weiter auch daran, daß $\omega_1(f,t)=O(t)$ die Funktionen f mit beschränktem Differenzenquotienten charakterisiert, während $\omega_2(f,t)=O(t)$ für eine größere Funktionenmenge gilt (vgl. Aufgaben 8.1, 8.2).

8.2 Die Sätze von Jackson

Abschätzungen der Approximierbarkeit stetiger Funktionen durch deren Schmiegungsmaße wurden zuerst von JACKSON [10, 11] gefunden. Wir gewinnen hier derartige Resultate zunächst für $f \in \hat{C}$, $\hat{E}_\nu(f)$, spezialisieren diese dann auf $\tilde{C}_{2\pi}$, $\tilde{E}_n(f)$ und übertragen sie schließlich auf die polynomische Approximation in $C[-1,1]$.

Unser erstes Ziel ist also, $\hat{E}_\nu(f)$ für $f \in \hat{C}$ mittels $\omega_k(f,t)$ abzuschätzen, wobei $\nu > 0$ und $k \geqq 1$. Abhängig von k sei m die kleinste gerade Zahl $\geqq k+2$, d.h. $m = 2\left[\frac{k+3}{2}\right]$. Dann stellt

$$(8.16)\qquad q_m(z) = \left(\frac{\sin z}{z}\right)^m, \qquad q_m(x) \geqq 0 \qquad \text{für } x \in \mathbb{R}$$

eine ganze Funktion $q_m \in G_m$ mit $|q_m| = 1$ und der L^1-Norm

$$(8.17)\qquad |q_m|_1 = \int_{-\infty}^{\infty} \left(\frac{\sin t}{t}\right)^m dt$$

dar. Zu einer beliebigen Funktion $\varphi \in \hat{C}$ werden durch

$$(8.18)\qquad \begin{aligned} h_j(x) &= \int_{-\infty}^{\infty} \varphi(x+jt)\, q_m(t)\, dt \\ &= \int_{-\infty}^{\infty} \varphi(\tau)\, q_m\left(\frac{\tau}{j} - \frac{x}{j}\right) d\left(\frac{\tau}{j}\right) \qquad (x \in \mathbb{R},\ j = 1, 2, \ldots) \end{aligned}$$

ganze Funktionen $h_j \in G_m$ definiert, deren analytische Fortsetzung auf komplexe x mit der letzten Darstellung gegeben ist. Denn $q_m\left(\frac{\tau}{j} - \frac{x}{j}\right)$ beschreibt bezüglich x eine Funktion aus $G_{m/j} \subseteq G_m$, also auch

$$h_{j,n}(x) = \int_{-n}^{n} \varphi(\tau)\, q_m\left(\frac{\tau}{j} - \frac{x}{j}\right) d\left(\frac{\tau}{j}\right) \qquad \text{für } n = 1, 2, \ldots,$$

und aus der gleichmäßigen Beschränktheit $|h_{j,n}| \leqq |\varphi|\,|q_m|_1$ sowie der Konvergenz der uneigentlichen Integrale in (8.18) folgt nach (2.19), daß die $h_{j,n}$ über beschränkten Teilen von $\mathbb{C}$ gleichmäßig gegen $h_j \in G_{m/j} \subseteq G_m$ konvergieren. Somit definiert

$$(8.19)\qquad \begin{aligned} h(x) &= \frac{-1}{|q_m|_1} \sum_{j=1}^{k} (-1)^j \binom{k}{j} h_j(x) \\ &= \frac{-1}{|q_m|_1} \int_{-\infty}^{\infty} \sum_{j=1}^{k} (-1)^j \binom{k}{j} \varphi(x+jt)\, q_m(t)\, dt \end{aligned}$$

abhängig von φ eine ganze Funktion $h \in G_m$, deren Abweichung von φ wegen

$$\varphi(x) = \frac{1}{|q_m|_1} \int_{-\infty}^{\infty} \varphi(x)\, q_m(t)\, dt$$

und (8.8), (8.9) die Abschätzung

$$|\varphi(x) - h(x)| = \frac{1}{|q_m|_1} \left| \int_{-\infty}^{\infty} (-1)^k \Delta_t^k(\varphi, x)\, q_m(t)\, dt \right| \leqq \frac{2}{|q_m|_1} \int_0^{\infty} \omega_k(\varphi, t)\, q_m(t)\, dt$$

gestattet. Mittels (8.11) folgt weiter

$$\omega_k(\varphi, t) = \omega_k\left(\varphi, m\,t \cdot \frac{1}{m}\right) \leqq (m\,t+1)^k\, \omega_k\left(\varphi, \frac{1}{m}\right),$$

und weil aufgrund von $m \geqq k+2$

$$(8.20) \qquad c_k = \frac{2}{|q_m|_1} \int_0^{\infty} (m\,t+1)^k \left(\frac{\sin t}{t}\right)^m dt \qquad \text{(unabhängig von } \varphi)$$

konvergiert, ergibt sich so als vorläufiges Resultat: Zu jedem $\varphi \in \hat{C}$ existiert ein $h \in G_m$ mit

$$(8.21) \qquad |\varphi(x) - h(x)| \leqq c_k\, \omega_k\left(\varphi, \frac{1}{m}\right) \qquad \text{für alle } x \in \mathbb{R}.$$

Um nun $\hat{E}_\nu(f)$ abzuschätzen, setzen wir $\varphi(x) = f\left(\frac{m\,x}{\nu}\right)$ und $g_\nu(x) = h\left(\frac{\nu\,x}{m}\right)$ mit dem zu φ gehörenden $h \in G_m$. Dann gilt $g_\nu \in G_\nu$ und

$$|f(x) - g_\nu(x)| = \left|\varphi\left(\frac{\nu\,x}{m}\right) - h\left(\frac{\nu\,x}{m}\right)\right| \leqq c_k\, \omega_k\left(\varphi, \frac{1}{m}\right).$$

Wegen

$$\omega_k\left(\varphi, \frac{1}{m}\right) = \sup\left\{|\Delta_t^k(\varphi, x)| \,\middle|\, |t| \leqq \frac{1}{m}\right\}$$

$$= \sup\left\{\left|\Delta_t^k\left(f, \frac{m\,x}{\nu}\right)\right| \,\middle|\, |t| \leqq \frac{m}{\nu}\,\frac{1}{m}\right\} = \omega_k\left(f, \frac{1}{\nu}\right)$$

folgt

$$|f - g_\nu| \leqq c_k\, \omega_k\left(f, \frac{1}{\nu}\right),$$

und indem man auf die entsprechenden Abschätzungen mit $k+1$, $k+2$ noch die Ungleichung (8.15) anwendet, erhält man schließlich

Satz 8.1: *Mit absoluten Konstanten* c_k $(k=1,2,\ldots)$ *gilt*

$$\hat{E}_\nu(f) \leqq c_k\, \omega_k\left(f, \frac{1}{\nu}\right) \quad \text{für alle } \nu>0 \text{ und } f \in \hat{C}. \tag{8.22}$$

Ist f außerdem k-fach differenzierbar und $f^{(k)} \in \hat{C}$, *dann gelten*

$$\hat{E}_\nu(f) \leqq \frac{c_{k+1}}{\nu^k}\, \omega_1\left(f^{(k)}, \frac{1}{\nu}\right), \tag{8.23}$$

$$\hat{E}_\nu(f) \leqq \frac{c_{k+2}}{\nu^k}\, \omega_2\left(f^{(k)}, \frac{1}{\nu}\right). \tag{8.24}$$

Wenn $f^{(k)} \in \hat{C}$ einer Lipschitzbedingung der Form

$$\omega(f^{(k)}, t) = O(t^\alpha) \quad \text{mit } 0<\alpha<1 \ (t\to 0) \tag{8.25}$$

genügt, dann folgt aus (8.23) die asymptotische Approximierbarkeit

$$\hat{E}_\nu(f) = O\left(\frac{1}{\nu^{k+\alpha}}\right) \quad (\nu\to\infty). \tag{8.26}$$

Für $\alpha=1$ benutzt man im Hinblick auf die Bemerkungen am Schluß von 8.1 besser ω_2 und erhält mittels (8.24) dann

$$\hat{E}_\nu(f) = O\left(\frac{1}{\nu^{k+1}}\right), \quad \text{falls } \omega_2(f^{(k)}, t) = O(t). \tag{8.27}$$

In 8.4 werden wir zeigen, daß diese Abschätzungen größenordnungsmäßig scharf sind.

Die Spezialisierung dieser Aussagen auf die trigonometrische Approximation 2π-periodischer Funktionen gelingt einfach mit

Satz 8.2: *Für* $f \in \tilde{C}_{2\pi} \subseteq \hat{C}$ *und* $\nu \geqq 0$ *gilt*

$$\hat{E}_\nu(f) = \hat{E}_n(f) = \tilde{E}_n(f) \quad \text{mit } n=[\nu]. \tag{8.28}$$

Beweis: Nach Satz 2.5 existiert zu $f \in \tilde{C}_{2\pi} \subseteq \hat{C}$, $\nu \geqq 0$ ein Proximum $h_\nu \in G_\nu$ mit $|f-h_\nu| = \hat{E}_\nu(f)$. Die mit

$$\psi_m(z) = \frac{1}{2m+1} \sum_{|k|\leqq m} h_\nu(z+2\pi k)$$

definierten $\psi_m \in G_\nu$ sind gleichmäßig beschränkt ($|\psi_m| \leqq |h_\nu|$) und besitzen deshalb nach (2.19) eine Teilfolge, die punktweise gegen eine ganze Funktion

$g_\nu \in G_\nu$ konvergiert. Wegen

$$|\psi_m(z+2\pi)-\psi_m(z)| = \frac{1}{2m+1}\,|h_\nu(z+2\pi(m+1))-h_\nu(z-2\pi m)| \leqq \frac{2\,|h_\nu|\,e^{\nu|z|}}{2m+1} \to 0$$

für $m \to \infty$ ist g_ν 2π-periodisch, und wegen

$$|f(x)-\psi_m(x)| = \frac{1}{2m+1}\,\Big|\sum_{|k|\leqq m}(f(x+2\pi k)-h_\nu(x+2\pi k))\Big| \leqq |f-h_\nu| = \hat{E}_\nu(f)$$

für alle $x \in \mathbb{R}$ sind die ψ_m und so auch g_ν in G_ν Proxima zu f.

Weiter zeigen wir nun, daß g_ν ein trigonometrisches Polynom ist. Mit der Substitution $\zeta = e^{iz}$ wird durch $\varphi_\nu(\zeta) = g_\nu(z)$ nämlich eine in $\mathbb{C}\setminus\{0\}$ holomorphe Funktion φ_ν erklärt, für die sich wegen $|\zeta| = |e^{i(x+iy)}| = e^{-y}$ nach (2.16) die Abschätzungen

$$|\varphi_\nu(\zeta)| \leqq |g_\nu|\,|\zeta|^\nu \qquad \text{für } |\zeta| \geqq 1,$$

$$|\varphi_\nu(\zeta)| \leqq |g_\nu|\,|\zeta|^{-\nu} \qquad \text{für } |\zeta| \leqq 1$$

ergeben. Der in 0 holomorphe Teil der Laurentreihe für φ_ν wächst demnach höchstens wie $|\zeta|^\nu$ und ist deshalb ein Polynom in ζ vom Grade $\leqq [\nu] = n$, und entsprechend ist der in ∞ holomorphe Teil ein Polynom in $1/\zeta$ vom Grade $\leqq [\nu]$, also

$$\varphi_\nu(\zeta) = \sum_{|k|\leqq n} \gamma_k \zeta^k = \sum_{|k|\leqq n} \gamma_k e^{ikz} = g_\nu(z),$$

d.h. $g_\nu \in \tilde{P}_n \subseteq G_n$. Mittels

$$|f-g_\nu| = \hat{E}_\nu(f) \leqq \hat{E}_n(f) \leqq \tilde{E}_n(f)$$

folgt daraus (8.28).

Gemäß diesem Resultat kann zur Abschätzung von $\tilde{E}_n(f)$ für $f \in \tilde{C}_{2\pi}$ in Satz 8.1 jedes $\nu \in [n, n+1)$ gewählt werden; mit $\nu \to n+1$ folgt so

Satz 8.3: *Für k-fach stetig differenzierbares $f \in \tilde{C}_{2\pi}$ gilt*

(8.29) $$\tilde{E}_n(f) \leqq \frac{c_{k+1}}{(n+1)^k}\,\omega\left(f^{(k)}, \frac{1}{n+1}\right) \qquad (k \geqq 0).$$

Die in (8.20) angegebenen Konstanten sind unnötig groß. Im nächsten Abschnitt erhalten wir für $k=0$ schärfer

(8.30) $$\tilde{E}_n(f) \leqq c_0\,\omega\left(f, \frac{1}{n+1}\right) \quad \text{mit} \quad c_0 = 1 + \frac{\pi}{2} \qquad \text{für alle } f \in \tilde{C}_{2\pi}.$$

Auch bei dem nun folgenden Übergang zu $C[-1,1]$ behandeln wir zunächst den Fall $k=0$. Aufgrund der durch die Substitution $x = \cos t$ vermittelten

Isomorphie zwischen $C[-1,1]$ und dem Raum $\tilde{C}^0_{2\pi}$ der geraden 2π-periodischen stetigen Funktionen, bei der $P_n[-1,1]$ zu $\tilde{P}^0_n$ korrespondiert, geht $f\in C[-1,1]$ in $\tilde{f}\in\tilde{C}^0_{2\pi}$, $\tilde{f}(t)=f(\cos t)$ über. Gemäß der Schlußbemerkung von 6.3 hat $\tilde{f}$ ein Proximum $\tilde{p}\in\tilde{P}^0_n$, dem ein Proximum $p\in P_n[-1,1]$ zu f entspricht, so daß

$$E_n(f)=|f-p|=|\tilde{f}-\tilde{p}|=\tilde{E}_n(\tilde{f}). \tag{8.31}$$

Weiter ergibt sich die Abschätzung

$$\omega(\tilde{f},h)=\max\{|f(\cos u)-f(\cos v)|\,|\,|u-v|\leqq h\}\leqq\omega(f,t),$$

denn aus $|u-v|\leqq h$ folgt nach dem Mittelwertsatz

$$|\cos u-\cos v|=|\sin\tau|\,|u-v|\leqq h \qquad (\text{mit } \tau \text{ zwischen } u \text{ und } v).$$

In Verbindung mit (8.31) und (8.30) für $\tilde{f}$ erhält man so

$$E_n(f)\leqq c_0\,\omega\left(f,\frac{1}{n+1}\right) \qquad \text{für alle } f\in C[-1,1]. \tag{8.32}$$

Wenn $f\in C[-1,1]$ stetig differenzierbar ist, läßt sich $E_n(f)$ in Analogie zu (8.29) mit $k=1$ abschätzen: $q_{n-1}\in P_{n-1}[-1,1]$ sei das Proximum zu f' in $P_{n-1}[-1,1]$; mit

$$q_n(x)=\int_0^x q_{n-1}(t)\,dt$$

und

$$\varphi(x)=\int_0^x (f'(t)-q_{n-1}(t))\,dt=f(x)-q_n(x) \tag{8.33}$$

gilt dann $q_n\in P_n[-1,1]$ und $E_n(f)=E_n(f-q_n)=E_n(\varphi)$.
Wegen $|f'-q_{n-1}|=E_{n-1}(f')$ folgt aus (8.33) für $u\leqq v$

$$|\varphi(v)-\varphi(u)|\leqq\int_u^v|f'(t)-q_{n-1}(t)|\,dt\leqq(v-u)\,E_{n-1}(f'),$$

mittels (8.32) für φ also

$$E_n(f)=E_n(\varphi)\leqq c_0\,\omega\left(\varphi,\frac{1}{n+1}\right)\leqq\frac{c_0}{n+1}\,E_{n-1}(f').$$

Entsprechend hat man für höhere Ableitungen

$$E_{n-1}(f')\leqq\frac{c_0}{n}\,E_{n-2}(f'')$$

usw., und so ergibt sich, wenn noch (8.32) auf $f^{(k)}$, $n-k$ angewandt wird, schließlich

Satz 8.4: *Für k-fach stetig differenzierbares $f \in C[-1,1]$, $n \geqq k \geqq 0$ gilt*

$$(8.34) \qquad E_n(f) \leqq \frac{c_0^{k+1}}{\prod_{j=0}^{k-1}(n+1-j)}\, \omega\left(f^{(k)}, \frac{1}{n+1-k}\right) \qquad \textit{mit}\ c_0 = 1+\frac{\pi}{2}.$$

Analog zu (8.25), (8.26) erhält man daraus die asymptotische Aussage

$$(8.35) \qquad E_n(f) = O\left(\frac{1}{n^{k+\alpha}}\right), \qquad \text{sofern } \omega(f^{(k)}, t) = O(t^\alpha) \text{ mit } \alpha > 0.$$

In 8.4 werden wir sehen, daß (8.34) im Gegensatz zu Satz 8.1 und Satz 8.3 größenordnungsmäßig nicht immer scharf ist. Das beruht im wesentlichen auf dem Umstand, daß bei obigem Beweis in der zu (8.32) führenden Abschätzung

$$|\cos u - \cos v| \leqq |u - v|$$

viel verschenkt wird, wenn $|\cos u|$, $|\cos v|$ Werte nahe 1 annehmen. Genauere Abschätzungen, die solche Feinheiten in der Nähe der Intervallenden von $[-1,1]$ berücksichtigen, findet der interessierte Leser bei Timan ([28], S. 262).

Abschließend soll eine theoretische Anwendung die Tragweite von Satz 8.4 demonstrieren: in Verallgemeinerung von Satz 3.11 gilt

Satz 8.5: *Wenn eine Belegung w einer Abschätzung der Form*

$$(8.36) \qquad |w(x)| \leqq \rho_0\, e^{-|x|\lambda(x)} \qquad \textit{mit} \quad 0 \leqq \lambda(x) \to \infty \qquad \textit{für}\ |x| \to \infty$$

genügt, dann ist die Menge der Polynome dicht in L_w^p für $1 \leqq p < \infty$.

Beweis: Nach Satz 2.10 genügt es, in L_w^p die polynomische Approximierbarkeit stetiger f mit kompaktem Träger zu zeigen. Zu gegebenem $\varepsilon > 0$ wählt man n so groß, daß

$$(8.37) \qquad f(x) = 0 \qquad \text{für } |x| \geqq \varepsilon n,$$

und approximiert f durch ein Polynom g vom Grade $\leqq n$ zunächst in der Norm von $C[-\varepsilon n, \varepsilon n]$; nach Satz 8.4 und Aufgabe 8.3 gibt es solch ein g mit

$$|f(x) - g(x)| \leqq c_0\, \omega\left(f, \frac{\varepsilon n}{n+1}\right) \leqq c_0\, \omega(f, \varepsilon) \qquad \text{für } |x| \leqq \varepsilon n.$$

Daraus folgt einerseits (für beliebig große n)

$$\int_{-\varepsilon n}^{\varepsilon n} w(x)\,|f(x)-g(x)|^p\,dx \leqq \int_{-\infty}^{\infty} w(x)\,dx\, c_0^p\,(\omega(f,\varepsilon))^p, \tag{8.38}$$

andererseits aber auch $|g| \leqq 2|f|$ in der Norm von $C[-\varepsilon n, \varepsilon n]$, woraus man wegen (5.108) (nach geeigneter linearer Transformation)

$$|f(x)-g(x)| = |g(x)| \leqq \rho_1\, T_n\left(\frac{|x|}{\varepsilon n}\right) \leqq \rho_1 \left(\frac{2|x|}{\varepsilon n}\right)^n \qquad \text{für } |x| \geqq \varepsilon n \;\; (\rho_1 = 2|f|_\infty)$$

erhält (vgl. (8.37)). Mittels (8.36),

$$\hat{\lambda}(u) = \inf\{\lambda(x) \,|\, |x| \geqq u\} \to \infty \qquad \text{für } u \to \infty \tag{8.39}$$

und der Substitution $\dfrac{x}{\varepsilon n} = t$ ergibt sich so

$$\int_{-\infty}^{-\varepsilon n} w(x)\,|f(x)-g(x)|^p\,dx + \int_{\varepsilon n}^{\infty} w(x)\,|f(x)-g(x)|^p\,dx$$

$$\leqq 2\rho_1^p \rho_0 \int_{\varepsilon n}^{\infty} e^{-x\hat{\lambda}(\varepsilon n)} \left(\frac{2x}{\varepsilon n}\right)^{pn} dx = 2\rho_1^p \rho_0\, \varepsilon n \int_1^{\infty} e^{-n(\varepsilon t \hat{\lambda}(\varepsilon n) - p \cdot \lg(2t))}\,dt,$$

und für hinreichend großes n wird dieser Ausdruck $\leqq \varepsilon$, denn nach (8.39) gilt $\hat{\lambda}(\varepsilon n) \to \infty$ für $n \to \infty$.

Aufgrund der gleichmäßigen Stetigkeit von f strebt mit $\varepsilon \to 0$ auch die rechte Seite von (8.38) gegen 0; damit ist die polynomische Approximierbarkeit von f bewiesen.

8.3 Gleichmäßige Approximierbarkeit gewisser Klassen 2π-periodischer differenzierbarer Funktionen

Nach Arzela-Ascoli ist eine beschränkte Funktionenmenge $F \subseteq \tilde{C}_{2\pi}$ genau dann präkompakt, wenn

$$\omega(F,t) = \sup\{\omega(f,t) \,|\, f \in F\} \to 0 \qquad \text{für } t \to 0$$

gilt; äquivalent dazu ist nach Satz 1.10 auch die gleichmäßige trigonometrische Approximierbarkeit

$$\tilde{E}_n(F) = \sup\{\tilde{E}_n(f) \,|\, f \in F\} \to 0 \qquad \text{für } n \to \infty.$$

Dieser Zusammenhang zwischen Stetigkeit und Approximierbarkeit erfährt in einer Richtung durch Satz 8.3 für $k=0$ die quantitative Verschärfung

$$\tilde{E}_n(F) \leqq c_1\, \omega\left(F, \frac{1}{n+1}\right);$$

andererseits kann hierin bei hinreichend umfangreichen F, wie wir noch sehen werden, höchstens die Konstante verkleinert werden.
Eine explizite Bestimmung der genauen in (1.22) genannten Größen, die wir hier mit $\tilde{E}_n(F)$ bezeichnen, gelingt z.B. für

$$F_1 = \{f \in \tilde{C}_{2\pi} \mid \omega(f,t) \leqq t \text{ für alle } t \geqq 0\}.$$

Daraus gewinnt man dann auch die Konstante c_0 in (8.30). Analog zu diesem Spezialfall $\omega(F_1, t) = t$ (für $0 \leqq t \leqq \pi$) kann man mit den gleichen Methoden die Mengen

$$(8.40) \qquad F_{j+1} = \{f \in \tilde{C}_{2\pi} \mid f \text{ } j\text{-fach stetig differenzierbar und } \omega(f^{(j)}, t) \leqq t\} \qquad (j \geqq 0)$$

behandeln. Für $f \in F_{j+1}$ ist $f^{(j)}$ absolut stetig, also existiert fast überall $f^{(j+1)}(x)$ mit $|f^{(j+1)}(x)| \leqq 1$ wegen $\omega(f^{(j)}, t) \leqq t$, und $f^{(j)}$ ist Stammfunktion zu der durch

$$(8.41) \qquad \varphi(x) = \begin{cases} 0, & \text{falls } f^{(j+1)}(x) \text{ nicht existiert}, \\ f^{(j+1)}(x) & \text{sonst} \end{cases}$$

definierten Funktion $\varphi \in L^\infty_{2\pi}$ mit $|\varphi|_\infty \leqq 1$.
Die weiteren Überlegungen basieren auf folgendem

Lemma: *Mit den durch ihre Fourierdarstellung*

$$(8.42\text{a}) \qquad h_{2j-1}(x) = \frac{(-1)^j}{\pi} \sum_{k=1}^{\infty} \frac{\sin(kt)}{k^{2j-1}}$$

$$(8.42\text{b}) \qquad h_{2j}(x) = \frac{(-1)^j}{\pi} \sum_{k=1}^{\infty} \frac{\cos(kt)}{k^{2j}} \qquad (j = 1, 2, \ldots)$$

gegebenen $h_1, h_2, \ldots \in L^1_{2\pi}$ *und dem* $f \in F_{j+1}$ *mittels* (8.41) *zugeordneten* $\varphi \in L^\infty_{2\pi}$ *gilt die Integraldarstellung*

$$(8.43) \qquad f(x) - \gamma_0(f) = \int_0^{2\pi} \varphi(x+t)\, h_{j+1}(t)\, dt,$$

worin $\gamma_0(f) = \dfrac{1}{2\pi} \int_0^{2\pi} f(t)\, dt$ *und* $j \geqq 0$.

Beweis: Für $0<x<2\pi$ gilt $h_1(t)=\frac{x}{2\pi}-\frac{1}{2}$ (vgl. Aufgabe 4.2), und (8.42) zeigt, daß $-h_{j+1}$ Stammfunktion zu h_j (für $j\geqq 1$) ist; die gliedweise Integration ist dabei nach Satz 4.3 (beschränkte Konvergenz) gerechtfertigt.

Für $f\in F_1$ mit $\varphi(x)=f'(x)$ fast überall folgt mittels partieller Integration

$$\int_0^{2\pi}\varphi(x+t)\,h_1(t)\,dt=\int_0^{2\pi}\varphi(x+t)\left(\frac{t}{2\pi}-\frac{1}{2}\right)dt$$

$$=f(x+2\pi)\frac{1}{2}-f(x)\left(-\frac{1}{2}\right)-\frac{1}{2\pi}\int_0^{2\pi}f(x+t)\,dt=f(x)-\gamma_0(f)$$

und für $f\in F_{j+1}$ mit $j\geqq 1$ entsprechend

$$\int_0^{2\pi}f'(x+t)\,h_1(t)\,dt=f(x)-\gamma_0(f).$$

Weitere j partielle Integrationen überführen dieses Integral unter Beachtung von (8.41) in die rechte Seite von (8.43), denn die Randteile heben sich dabei aus Periodizitätsgründen auf.

Nach dieser Vorbereitung kommen wir zum Hauptresultat.

Satz 8.6: *Für die in* (8.40) *definierten Mengen gilt*

(8.44) $$\tilde{E}_n(F_{j+1})=\frac{\kappa_{j+1}}{(n+1)^{j+1}}\quad mit\quad \kappa_{j+1}=\frac{4}{\pi}\sum_{m=0}^{\infty}\frac{(-1)^{mj}}{(2m+1)^{j+2}}\qquad (n,j\geqq 0),$$

(8.45) $$\kappa_2<\kappa_4<\cdots<\frac{4}{\pi}<\cdots<\kappa_5<\kappa_3<\kappa_1=\frac{\pi}{2}.$$

Beweis: Die Fourierreihen in (8.42) stellen, wenn man von dem Faktor $(-1)^j$ absieht, nach Aufgabe 8.4 Beispiele für Satz 7.6 bzw. Satz 7.5 dar. Zu dem in (8.43) benutzten h_{j+1} existiert also in $\tilde{P}_n$ ein L^1-Proximum $g_{j,n}$ mit

(8.46) $$|h_{j+1}-g_{j,n}|_1=4\sum_{m=0}^{\infty}\frac{(-1)^{mj}}{2m+1}\,\frac{1}{\pi\big((n+1)(2m+1)\big)^{j+1}}=\frac{\kappa_{j+1}}{(n+1)^{j+1}},$$

wie sich durch Zusammenfassung von (7.17) für ungerades und (7.20) für gerades j ergibt. Außerdem zeigen die Beweise zu den Sätzen 7.5 und 7.6 die Gültigkeit von

(8.47) $$(-1)^l\big(h_{j+1}(x)-g_{j,n}(x)\big)\,\sigma_n^i(x)\geqq 0\qquad \text{für alle } x \text{ und } j+1=2l-i$$

$\big(i=0,1$; vgl. (7.5), (7.6)$\big)$. Wegen $g_{j,n}\in\tilde{P}_n$ und

$$\int_0^{2\pi}\varphi(x+t)\,e^{ikt}\,dt=\int_x^{x+2\pi}\varphi(\tau)\,e^{ik(\tau-x)}\,d\tau=\left(\int_0^{2\pi}\varphi(\tau)\,e^{ik\tau}\,d\tau\right)e^{-ikx}$$

stellt

$$\psi(x)=\gamma_0(f)+\int_0^{2\pi}\varphi(x+t)\,g_{j,n}(t)\,dt$$

ein trigonometrisches Polynom $\psi\in\tilde{P}_n$ dar, und aus (8.43), (8.46) folgt so mittels $|\varphi|_\infty\leqq 1$

$$\begin{aligned}|f(x)-\psi(x)|&=\left|\int_0^{2\pi}\varphi(x+t)\big(h_{j+1}(t)-g_{j,n}(t)\big)\,dt\right|\\ &\leqq|\varphi|_\infty\,|h_{j+1}-g_{j,n}|_1\leqq\frac{\kappa_{j+1}}{(n+1)^{j+1}}\qquad\text{für alle } x,\end{aligned}\tag{8.48}$$

d.h. $\tilde{E}_n(f)\leqq\frac{\kappa_{j+1}}{(n+1)^{j+1}}$ für alle $f\in F_{j+1}$ und $\tilde{E}_n(F_{j+1})\leqq\frac{\kappa_{j+1}}{(n+1)^{j+1}}$.

Wählt man andererseits speziell $\varphi=\sigma_n^i$, d.h.

$$\left.\begin{aligned}f_0(x)&=\int_0^{2\pi}\sigma_n^i(x+t)\,h_{j+1}(t)\,dt\\ \psi_0(x)&=\int_0^{2\pi}\sigma_n^i(x+t)\,g_{j,n}(t)\,dt\end{aligned}\right\}\qquad\text{für alle } x\quad (j+1=2l-i),\tag{8.49}$$

dann ist $f_0\in F_{j+1}$ (mit $f_0^{(j+1)}(x)=\sigma_n^i(x)$ fast überall) und $\psi_0\in\tilde{P}_n$, und wegen

$$\sigma_n^i\left(\frac{m\pi}{n+1}+t\right)=(-1)^m\,\sigma_n^i(t)\qquad\text{für } m=0,1,2,\dots \text{ und alle } t$$

ergibt sich an den Stellen $x_m=\frac{m\pi}{n+1}$ vermöge (8.47), (8.46)

$$\begin{aligned}f_0(x_m)-\psi_0(x_m)&=(-1)^{l+m}\int_0^{2\pi}\sigma_n^i(t)\big(h_{j+1}(t)-g_{j,n}(t)\big)\,dt\\ &=(-1)^{l+m}\frac{\kappa_{j+1}}{(n+1)^{j+1}}.\end{aligned}\tag{8.50}$$

f_0 und ψ_0 sind nach (8.49) reellwertige Funktionen; damit ist auch das aufgrund der von $\tilde{P}_n$ erfüllten HAARschen Bedingung eindeutig bestimmte Proximum $g_0\in\tilde{P}_n$ zu f_0 reellwertig, denn sonst wäre $\bar{g}_0\neq g_0$ ebenfalls Proximum zu f_0 – im Widerspruch zur Eindeutigkeit. Zur Bestimmung von $\tilde{E}_n(f_0)$ genügt demnach die Betrachtung reellwertiger trigonometrischer Polynome; so erhält man nach Satz 6.7, weil $f_0-\psi_0$ über den $2n+2$ Punkten $x_0<\dots<x_{2n+1}$ alterniert, aus (8.50) die Abschätzung

$$\tilde{E}_n(F_{j+1})\geqq\tilde{E}_n(f_0)\geqq\frac{\kappa_{j+1}}{(n+1)^{j+1}},$$

in Verbindung mit (8.48) also (8.44). Nachträglich erkennt man, daß ψ_0 das Proximum zu f_0 ist.

Die Ungleichungen (8.45) resultieren aus der Reihendarstellung der κ_{j+1}; $\kappa_1 = \pi/2$ folgt aus

$$\sum_{m=0}^{\infty} \frac{1}{(2m+1)^2} = \frac{\pi^2}{8} \qquad \text{(vgl. Aufgabe 4.2).}$$

Das zuvor behandelte extremale Beispiel $f_0 \in F_{j+1}$ mit

$$\omega\left(f^{(j)}, \frac{1}{n+1}\right) = \frac{1}{n+1}, \qquad \tilde{E}_n(f_0) = \frac{\kappa_{j+1}}{(n+1)^j}\, \omega\left(f^{(j)}, \frac{1}{n+1}\right)$$

zeigt, daß (8.29) nicht wesentlich verschärft werden kann. Die hinsichtlich der Konstanten genauere Abschätzung (8.30) ergibt sich mittels $\tilde{E}_n(F_1) = \frac{\pi}{2} \frac{1}{n+1}$ in folgender Weise: Ausgehend von nicht konstantem $f \in \tilde{C}_{2\pi}$ definiert

$$f_1(x) = \frac{1}{\omega\left(f, \frac{1}{n+1}\right)} \int_x^{x+\frac{1}{n+1}} f(t)\, dt \qquad \text{für alle } x$$

ein $f_1 \in F_1$, denn es ist $f_1 \in \tilde{C}_{2\pi}$ und

$$|f_1'(x)| = \frac{\left|f\left(x + \frac{1}{n+1}\right) - f(x)\right|}{\omega\left(f, \frac{1}{n+1}\right)} \leqq 1 \qquad \text{für alle } x,$$

so daß $\tilde{E}_n(f_1) \leqq \frac{\pi}{2} \frac{1}{n+1}$. Weiter gilt

$$\left|(n+1)\, \omega\left(f, \frac{1}{n+1}\right) f_1(x) - f(x)\right| = \left|(n+1) \int_x^{x+\frac{1}{n+1}} (f(t) - f(x))\, dt\right| \leqq \omega\left(f, \frac{1}{n+1}\right)$$

für alle x,

nach (1.18), (1.19) und (1.20) also

$$\begin{aligned}
\tilde{E}_n(f) &\leqq \tilde{E}_n\left((n+1)\, \omega\left(f, \frac{1}{n+1}\right) f_1\right) + \tilde{E}_n\left(f - (n+1)\, \omega\left(f, \frac{1}{n+1}\right) f_1\right) \\
&\leqq (n+1)\, \omega\left(f, \frac{1}{n+1}\right) \frac{\pi}{2} \frac{1}{n+1} + \left|f - (n+1)\, \omega\left(f, \frac{1}{n+1}\right) f_1\right| \\
&\leqq \left(\frac{\pi}{2} + 1\right) \omega\left(f, \frac{1}{n+1}\right).
\end{aligned}$$

8.4 Umkehrsätze von Bernstein und Zygmund

In den vorangehenden Abschnitten wurde die trigonometrische bzw. polynomische Approximierbarkeit von Funktionen durch deren Schmiegungsmaße abgeschätzt. Insbesondere sind hier die im Anschluß an Satz 8.1 aufgeführten asymptotischen Aussagen zu nennen. Jetzt soll umgekehrt von solchen Mindestapproximierbarkeiten einer Funktion auf deren Infinitesimalstruktur geschlossen werden. Die folgenden Resultate gehen auf BERNSTEIN und ZYGMUND zurück.

Satz 8.7: *Gilt für* $f \in \hat{C}$ *mit ganzem* $k \geqq 0$, $0 < \alpha < 1$

$$(8.51) \qquad \hat{E}_\nu(f) = O\left(\frac{1}{\nu^{k+\alpha}}\right) \quad bzw. \quad \hat{E}_\nu(f) = O\left(\frac{1}{\nu^{k+1}}\right) \qquad (\nu \to \infty),$$

dann ist f k-fach stetig differenzierbar, $f^{(k)} \in \hat{C}$ *und*

$$(8.52) \qquad \omega_1(f^{(k)}, t) = O(t^\alpha) \quad bzw. \quad \omega_2(f^{(k)}, t) = O(t) \qquad (t \to 0).$$

Beweis: Zunächst lassen sich die Fälle $0 < \alpha < 1$ und $\alpha = 1$ gemeinsam behandeln. Die Voraussetzung (8.51) wird für $\nu = 1, 2, 4, 8, \ldots$ benutzt: es gibt ein $\rho > 0$ und ganze Funktionen $g_m \in G_{2^m}$ $(m = 0, 1, 2, \ldots)$, so daß

$$(8.53) \qquad |f - g_m| = \hat{E}_{2^m}(f) \leqq \frac{\rho}{2^{m(k+\alpha)}}.$$

Setzt man formal noch $g_{-1} = 0$, dann folgt daraus die gleichmäßige Konvergenz der Reihendarstellung

$$(8.54) \qquad f(x) = \sum_{m=0}^{\infty} (g_m(x) - g_{m-1}(x)).$$

Für die Summanden $g_m - g_{m-1} \in G_{2^m}$ erhält man nach (8.53) die Abschätzung

$$|g_m - g_{m-1}| \leqq |g_m - f| + |f - g_{m-1}| \leqq \frac{\rho_1}{2^{m(k+\alpha)}} \qquad (\rho_1 = (2^{k+\alpha} + 1)\,\rho),$$

und aufgrund der BERNSTEINschen Ungleichung (vgl. Satz 5.7 und (5.91)) ergibt sich weiter

$$(8.55) \qquad |g_m^{(k+j)} - g_{m-1}^{(k+j)}| \leqq (2^m)^{k+j}\,|g_m - g_{m-1}| \leqq \rho_1\, 2^{m(j-\alpha)}.$$

Mit $j = 0$, $\alpha > 0$ zeigt

$$\sum_{m=0}^{\infty} |g_m^{(k)} - g_{m-1}^{(k)}| \leqq \sum_{m=0}^{\infty} \rho_1\, 2^{-m\alpha} < \infty,$$

daß (8.54) k-fach gliedweise differenziert werden darf, daß also $f^{(k)}$ existiert; genauer erhält man auf diese Weise

$$(8.56)\qquad |f^{(k)}(x)-g_{\mu}^{(k)}(x)| \leqq \sum_{m=\mu+1}^{\infty} \rho_1 2^{-m\alpha} = \rho_2 2^{-\mu\alpha} \qquad \left(\rho_2 = \frac{\rho_1}{2^{\alpha}-1}\right),$$

womit auch die Beschränktheit von $f^{(k)}$ bewiesen ist.

Zur Abschätzung von $\omega_j(f^{(k)}, t)$ für $j=1$ bzw. $j=2$ und $0<t\leqq 1$ wählen wir μ in Abhängigkeit von t so, daß

$$(8.57)\qquad t \leqq 2^{-\mu} < 2t, \qquad \mu \text{ ganz}$$

gilt. Gemäß der Definition (8.9) sind die j-ten Differenzen $\Delta_h^j(f^{(k)}, x)$ für $|h| \leqq t \leqq 2^{-\mu}$ zu behandeln: in

$$|\Delta_h^j(f^{(k)}, x)| \leqq |\Delta_h^j(f^{(k)}-g_{\mu}^{(k)}, x)| + \sum_{m=0}^{\mu} |\Delta_h^j(g_m^{(k)}-g_{m-1}^{(k)}, x)|$$

ist der erste Summand nach (8.56) durch

$$2^j\,|f^{(k)}-g_{\mu}^{(k)}| \leqq 4\rho_2 2^{-\mu\alpha}$$

abschätzbar; bei den übrigen Summanden führt (8.13) (mit j statt k und $g_m^{(k)}-g_{m-1}^{(k)}$ statt f) in Verbindung mit (8.55) und $|h| \leqq 2^{-\mu}$ zu

$$|\Delta_h^j(g_m^{(k)}-g_{m-1}^{(k)}, x)| \leqq |h|^j \rho_1 2^{m(j-\alpha)} \leqq \rho_1 2^{-\mu\alpha} 2^{-(\mu-m)(j-\alpha)}.$$

So ergibt sich (bei Beachtung von (8.57)) zusammenfassend

$$\omega_j(f^{(k)}, t) \leqq \left(4\cdot 2^{\alpha}\rho_2 + 2^{\alpha}\rho_1 \sum_{m=0}^{\mu} 2^{-m(j-\alpha)}\right) t^{\alpha}.$$

Daraus folgt (8.52) mit $j-\alpha>0$ in der Form

$$\omega_j(f^{(k)}, t) \leqq \left(8\rho_2 + \frac{2^j \rho_1}{2^{j-\alpha}-1}\right) t^{\alpha}.$$

Im Falle $j=\alpha=1$ erhält man schwächer

$$(8.58)\qquad \omega_1(f^{(k)}, t) = O\big((\mu+1)\,t\big) = O(t\,|\lg t|) \qquad (t\to 0).$$

So ist aber in jedem Falle die gleichmäßige Stetigkeit von $f^{(k)}$ gesichert, und damit gilt $f^{(k)} \in \hat{C}$.

In (8.58) zeigt sich deutlich die Sonderstellung von $\alpha=1$; damit wird nachträglich die besondere Form von (8.27) und die Fallunterscheidung in Satz 8.7 gerechtfertigt.

Da im vorangehenden Beweise nur ganzzahlige v benutzt wurden und nach Satz 8.2 $\tilde{E}_n(f)=\hat{E}_n(f)$ für $f\in\tilde{C}_{2\pi}$ gilt, läßt sich Satz 8.7 ohne weiteres auf die trigonometrische Approximation 2π-periodischer Funktionen spezialisieren:

(8.59) *Gilt für* $f\in\tilde{C}_{2\pi}$ *mit ganzem* $k\geqq 0$, $0<\alpha<1$

$$\tilde{E}_n(f)=O\left(\frac{1}{n^{k+\alpha}}\right) \quad bzw. \quad \tilde{E}_n(f)=O\left(\frac{1}{n^{k+1}}\right),$$

dann ist f *k-fach stetig differenzierbar und*

$$\omega_1(f^{(k)},t)=O(t^\alpha) \quad bzw. \quad \omega_2(f^{(k)},t)=O(t).$$

Eine entsprechende Umkehrung von Satz 8.4 bzw. von (8.35) ist nicht möglich. Um dies zu verdeutlichen, kommen wir auf das am Ende von 4.5 diskutierte Beispiel der mit $\tilde{\varphi}(t)=|\sin t|$ gegebenen geraden 2π-periodischen Funktion zurück, für die sich $\tilde{E}_n(\tilde{\varphi})=O(1/n)$ ergab. Die Übersetzung von $\tilde{C}^0_{2\pi}$ zu $C[-1,1]$ führt zu $\varphi(x)=\sqrt{1-x^2}$, $\varphi\in C[-1,1]$ mit der Substitution $\tilde{\varphi}(t)=\varphi(\cos t)$, wobei $E_n(\varphi)=\tilde{E}_n(\tilde{\varphi})=O(1/n)$ gilt. Für das zu φ über $[-1,1]$ gebildete Stetigkeitsmaß ergibt sich jedoch (für $t\leqq 1$)

$$\omega(\varphi,t)=|\varphi(1)-\varphi(1-t)|=\sqrt{2t-t^2}\geqq\sqrt{t},$$

so daß aus $E_n(f)=O(1/n^\alpha)$ nicht allgemein $\omega(f,t)=O(t^\alpha)$ für $f\in C[-1,1]$ und $\frac{1}{2}<\alpha<1$ folgen kann.

Immerhin läßt sich auch hier von hinreichend guter polynomischer Approximierbarkeit einer Funktion $f\in C[-1,1]$ auf Differenzierbarkeit im Innern des Intervalls schließen.

Satz 8.8: *Gilt für* $f\in C[-1,1]$ *mit ganzem* $k\geqq 1$ *und* $\alpha>0$

$$E_n(f)=O\left(\frac{1}{n^{k+\alpha}}\right),$$

dann ist f *über* $(-1,1)$ *k-fach stetig differenzierbar.*

Zum Beweise bildet man mittels $\tilde{f}(t)=f(\cos t)$ die zu f korrespondierende gerade Funktion $\tilde{f}\in\tilde{C}^0_{2\pi}$ mit

$$\tilde{E}_n(\tilde{f})=E_n(f)=O\left(\frac{1}{n^{k+\alpha}}\right).$$

Nach (8.59) ist $\tilde{f}$ k-fach stetig differenzierbar, und diese Eigenschaft überträgt sich bei der beliebig oft differenzierbaren Substitution $x=\cos t$ von $0<t<\pi$ zu $-1<x<1$ auf f.

8.5 Approximierbarkeit holomorpher Funktionen

In Analogie zu den vorangehenden Untersuchungen differenzierbarer Funktionen soll jetzt der Zusammenhang zwischen den Holomorphieeigenschaften einer Funktion und ihrer trigonometrischen bzw. polynomischen Approximierbarkeit behandelt werden. Dieser Fragenkreis ist neben seiner theoretischen Bedeutung von besonderem praktischen Interesse, denn bei den meisten Anwendungen der Tschebyscheffapproximation handelt es sich um holomorphe Funktionen, die über einem im Holomorphiegebiet liegenden reellen Intervall durch Polynome zu approximieren sind. Wie an früheren Stellen ist es auch hier wieder methodisch zweckmäßig, zunächst die trigonometrische Approximierbarkeit holomorpher 2π-periodischer Funktionen zu diskutieren und dann mittels der üblichen Substitution $w=\cos z$ auf den polynomischen Fall überzugehen.

Für $\beta>0$ bezeichne $\tilde{H}_\beta$ die Menge der reellwertigen 2π-periodischen Funktionen f, die in dem zur reellen Achse symmetrischen Streifen $S_\beta=\{z=x+iy\,|\,|y|<\beta\}$ holomorph sind und der Ungleichung

(8.60) $$|\operatorname{Re} f(z)|\leqq 1 \qquad \text{für alle } z\in S_\beta$$

genügen. Bei stillschweigender Berücksichtigung der Einschränkung solcher f auf $\mathbb{R}$ (die durch analytische Fortsetzung eindeutig wieder rückgängig gemacht wird) ist $\tilde{H}_\beta$ kompakte Teilmenge von $\tilde{C}_{2\pi}$. Im folgenden soll deren gleichmäßige Approximierbarkeit

$$\tilde{E}_n(\tilde{H}_\beta)=\max\{\tilde{E}_n(f)\,|\,f\in\tilde{H}_\beta\}$$

bestimmt werden. Die mit der Wahl von $\tilde{H}_\beta$ getroffene Einschränkung auf reellwertige Funktionen, für die also $\overline{f(x+iy)}=f(x-iy)$ gilt, ist im Hinblick auf die Anwendungen sinnvoll; die Normierung (8.60) hat, wie sich im weiteren noch zeigen wird, mehr technischen Charakter.

Die Substitution $w=e^{iz}$ überführt $f\in\tilde{H}_\beta$ in eine durch $g(w)=g(e^{ix}e^{-y})=f(x+iy)$ wegen der 2π-Periodizität von f eindeutig definierte holomorphe Funktion g über dem mit $e^{-\beta}<|w|<e^{\beta}$ beschriebenen Kreisring der w-Ebene. Die Koeffizienten der Laurentreihe zu g, der Fourierreihe zu f

(8.61) $$g(w)=\sum_{k=-\infty}^{\infty}\gamma_k w^k=\sum_{k=-\infty}^{\infty}\gamma_k e^{ikz}=f(z) \qquad (z\in S_\beta)$$

bestimmt man mittels Konturintegration über Kreise vom Radius e^{η} und $e^{-\eta}$, wobei $0<\eta<\beta$ gelten soll, in der Form

$$\gamma_k=\frac{1}{2\pi i}\oint\frac{g(w)}{w^{k+1}}\,dw=\frac{1}{2\pi}\,e^{\pm k\eta}\int_0^{2\pi} f(x\pm i\eta)\,e^{-ikx}\,dx,$$

und bei Kombination beider Vorzeichenmöglichkeiten ergibt sich mit

$$\tfrac{1}{2}\big(f(x+i\eta)+f(x-i\eta)\big)=\tfrac{1}{2}\big(f(x+i\eta)+\overline{f(x+i\eta)}\big)=\operatorname{Re} f(x+i\eta)$$

und $\frac{1}{2}(e^{k\eta}+e^{-k\eta})=\operatorname{ch}(k\eta)$ die Darstellung

$$\gamma_k=\frac{1}{2\pi\operatorname{ch}(k\eta)}\int_0^{2\pi} e^{-ikt}\operatorname{Re} f(t+i\eta)\,dt.$$

Setzt man dies in (8.61) ein, dann entsteht nach Vertauschung von Integration und Summation

$$\text{(8.62)}\quad f(z)=\frac{1}{2\pi}\int_0^{2\pi}\left(\sum_{k=-\infty}^{\infty}\frac{e^{ik(z-t)}}{\operatorname{ch}(k\eta)}\right)\operatorname{Re} f(t+i\eta)\,dt \qquad \text{für } |\operatorname{Im} z|<\eta<\beta;$$

diese Umformung wird durch die Abschätzung

$$\frac{|e^{ik(x+iy-t)}|}{\operatorname{ch}(k\eta)}\leqq 2\,e^{k(|y|-\eta)}$$

gerechtfertigt, wonach die unter dem Integral auftretende Summe für $|y|<\eta$ durch eine geometrische Reihe majorisiert wird. Zugleich zeigt sich so, daß für jedes $\eta>0$

$$\text{(8.63)}\qquad K_\eta(z)=\sum_{k=-\infty}^{\infty}\frac{e^{ikz}}{\operatorname{ch}(k\eta)}=1+2\sum_{k=1}^{\infty}\frac{\cos(kz)}{\operatorname{ch}(k\eta)} \qquad (|\operatorname{Im} z|<\eta)$$

eine reellwertige gerade 2π-periodische, im Streifen S_η holomorphe Funktion darstellt. Diese K_η haben eine gewisse Verwandtschaft mit den Dirichletkernen D_n (vgl. (4.12)), und in Analogie zu (4.14) hat man nach (8.62) die Darstellung

$$\text{(8.64)}\quad f(z)=\frac{1}{2\pi}\int_0^{2\pi} K_\eta(z-t)\operatorname{Re} f(t+i\eta)\,dt \qquad \text{für alle } f\in\tilde{H}_\beta,\quad |\operatorname{Im} z|<\eta<\beta.$$

Speziell mit konstantem $f(z)=1$ folgt

$$\text{(8.65)}\qquad 1=\frac{1}{2\pi}\int_0^{2\pi} K_\eta(z-t)\,dt=\frac{1}{2\pi}\int_0^{2\pi}\operatorname{Re} K_\eta(z-t)\,dt \qquad (|\operatorname{Im} z|<\eta).$$

Außerdem gilt die bemerkenswerte *Ungleichung*

$$\text{(8.66)}\qquad \operatorname{Re} K_\eta(x+iy)>0 \qquad \text{für } |y|<\eta.$$

Beweis: Die Partialsummen

$$\varphi_n(z)=1+2\sum_{k=1}^{n}\frac{\cos(kz)}{\operatorname{ch}(k\eta)}$$

der Reihe (8.63) und deren Mittel $\psi_n(z)=\frac{1}{n}\sum_{k=0}^{n-1}\varphi_k(z)$ konvergieren für $z\in S_\eta$ mit $n\to\infty$ gegen $K_\eta(z)$. Die aus

$$\operatorname{Re}\varphi_n(x\pm i\eta)=1+2\sum_{k=1}^{n}\cos(kx)=D_n(x),$$

$$\operatorname{Re}\psi_n(x\pm i\eta)=\frac{1}{n}\sum_{k=0}^{n-1}D_k(x)=F_n(x)\geqq 0 \qquad (\text{vgl. } (4.56)),$$

$$\operatorname{Re}\varphi_n(\pm 2\pi+iy)\geqq 1 \quad \text{und} \quad \operatorname{Re}\psi_n(\pm 2\pi+iy)\geqq 1 \qquad (y\in\mathbb{R})$$

ablesbare Ungleichung $\operatorname{Re}\psi_n(z)\geqq 0$ überträgt sich vom Rande des Rechtecks $\{x+iy \mid |x|\leqq 2\pi \text{ und } |y|\leqq\eta\}$ in der Form $|e^{-\psi_n(z)}|\leqq 1$ nach dem Maximumprinzip auf dessen Inneres, und mittels Grenzübergang $\psi_n(z)\to K_\eta(z)$ folgt wegen der 2π-Periodizität von $K_\eta(z)$

$$|e^{-K_\eta(z)}|\leqq 1 \qquad \text{für alle } z\in S_\eta;$$

weil K_η nicht konstant ist, gilt in diesem *offenen* Streifen genauer $|e^{-K_\eta(z)}|<1$, also (8.66).

Nach diesen Vorbereitungen wenden wir uns jetzt der Bestimmung der $\tilde{E}_n(\tilde{H}_\beta)$ zu. Dabei benutzen wir das gleiche Verfahren, das beim Beweise von Satz 8.6 auf die Formel (8.43) angewandt wurde; hier ist entsprechend von der Integraldarstellung (8.64) auszugehen: K_η besitzt als Element von $L^1_{2\pi}$ in $\tilde{P}_n$ ein eindeutig bestimmtes L^1-Proximum $q_{\eta,n}$ mit Abstand

$$\delta_1(K_\eta,\tilde{P}_n)=|K_\eta-q_{\eta,n}|_1=\int_0^{2\pi}|K_\eta(x-t)-q_{\eta,n}(x-t)|\,dt \qquad (x\in\mathbb{R} \text{ beliebig}).$$

Zu $f\in\tilde{H}_\beta$ und jedem $\eta\in(0,\beta)$ wird mit

$$g_{\eta,n}(x)=\frac{1}{2\pi}\int_0^{2\pi}q_{\eta,n}(x-t)\operatorname{Re}f(t+i\eta)\,dt$$

ein $g_{\eta,n}\in\tilde{P}_n$ definiert, für das wegen (8.64) und (8.60)

$$|f(x)-g_{\eta,n}(x)|=\frac{1}{2\pi}\left|\int_0^{2\pi}\big(K_\eta(x-t)-q_{\eta,n}(x-t)\big)\operatorname{Re}f(t+i\eta)\,dt\right|$$

$$\leqq\frac{1}{2\pi}\int_0^{2\pi}|K_\eta(x-t)-q_{\eta,n}(x-t)|\,dt \qquad \text{für alle } x\in\mathbb{R},$$

d.h.

$$\tilde{E}_n(f)\leqq|f-g_{\eta,n}|\leqq\frac{1}{2\pi}\delta_1(K_\eta,\tilde{P}_n) \qquad (\eta<\beta)$$

gilt. Weil K_η in $L^1_{2\pi}$ mit η stetig variiert und damit auch $\delta_1(K_\eta, \tilde{P}_n)$ stetig von η abhängt (vgl. (1.20)), folgt mittels $\eta \to \beta$ also

(8.67) $$\tilde{E}_n(\tilde{H}_\beta) \leqq \frac{1}{2\pi}\,\delta_1(K_\beta, \tilde{P}_n).$$

Zur Bestimmung von $\delta_1(K_\beta, \tilde{P}_n)$ benutzen wir Satz 7.5. Die gemäß (8.63) in der Fourierdarstellung von K_β auftretenden Koeffizienten $\alpha_k = \dfrac{2}{\operatorname{ch}(k\beta)}$ bilden jedoch nur dann ab α_{n+1} eine dreifach monotone Nullfolge, wenn $(n+1)\beta$ eine gewisse Mindestgröße hat. Immerhin ergibt sich so für große n nach (7.17) und (8.67) die Abschätzung

(8.68) $$\tilde{E}_n(\tilde{H}_\beta) \leqq \Delta_n(\beta) = \frac{4}{\pi}\sum_{m=0}^{\infty} \frac{(-1)^m}{(2m+1)\operatorname{ch}\big((2m+1)(n+1)\beta\big)}.$$

Der Gültigkeitsbereich dieser Schlußweise kann auf kleinere n ausgedehnt werden, indem man beachtet, daß beim Beweise von Satz 7.5 nur die Konvexität der Folge

$$(\alpha_k - \alpha_{k+2(n+1)} \mid k = n+1, n+2, \ldots)$$

ausgenutzt wird. Dafür hinreichend ist die Konvexität der mit

$$d(u) = \frac{1}{\operatorname{ch} u} - \frac{1}{\operatorname{ch}(u+2\tau)}, \qquad \tau = \beta(n+1)$$

erklärten Funktion d für $u \geqq \tau$. Man berechnet

$$d''(u) = \left(\frac{1}{\operatorname{ch} u} - \frac{1}{\operatorname{ch}(u+2\tau)}\right)\left(1 - 2\left(\frac{1}{\operatorname{ch}^2 u} + \frac{1}{\operatorname{ch} u \operatorname{ch}(u+2\tau)} + \frac{1}{\operatorname{ch}^2(u+2\tau)}\right)\right);$$

daraus folgt $d''(u) \geqq 0$ für $u \geqq \tau$, sofern

$$\frac{1}{\operatorname{ch}^2 \tau} + \frac{1}{\operatorname{ch}\tau \operatorname{ch}(3\tau)} + \frac{1}{\operatorname{ch}^2(3\tau)} \leqq \frac{1}{2},$$

und das stimmt z.B. für $\tau \geqq 0{,}95$. Ist aber $(n+1)\beta = \tau < 0{,}95$, dann gilt $\Delta_n(\beta) \geqq 0{,}82$, so daß (8.68) in diesen Fällen ohnehin nur eine geringe Verbesserung gegenüber der wegen (8.60) trivialen Schranke $\tilde{E}_n(\tilde{H}_\beta) \leqq 1$ liefern könnte. Anzumerken ist jedoch, daß (8.68) auf anderem Wege für alle n und β bewiesen werden kann (vgl. ACHIESER [1]).

Als untere Schranke erhalten wir ganz allgemein

(8.69) $$\tilde{E}_n(\tilde{H}_\beta) \geqq \Delta_n(\beta).$$

Um dies zu zeigen, untersuchen wir bei gegebenem n und β die mittels $\sigma_n^0(x)=\operatorname{sign}(\cos((n+1)x))$ vermöge

$$f_{\beta,n}(z)=\frac{1}{2\pi}\int_0^{2\pi}\sigma_n^0(t)\,K_\beta(z-t)\,dt \tag{8.70}$$

definierte reellwertige 2π-periodische Funktion $f_{\beta,n}$, die wie K_β im Streifen S_β holomorph ist. Einsetzen von

$$\sigma_n^0(t)=\frac{4}{\pi}\sum_{m=0}^{\infty}\frac{(-1)^m\cos((2m+1)(n+1)t)}{2m+1} \qquad \text{(vgl. (7.6))}$$

in (8.70) und gliedweise Integration ergibt wegen

$$\cos((2m+1)(n+1)t)=\operatorname{Re}\left(\frac{\cos((2m+1)(n+1)(t+i\beta))}{\operatorname{ch}((2m+1)(n+1)\beta)}\right)$$

und der Gültigkeit von (8.64) für diese Ausdrücke

$$f_{\beta,n}(z)=\frac{4}{\pi}\sum_{m=0}^{\infty}\frac{(-1)^m\cos((2m+1)(n+1)z)}{(2m+1)\operatorname{ch}((2m+1)(n+1)\beta)} \qquad (z\in S_\beta). \tag{8.71}$$

Hier zeigt sich, daß $f_{\beta,n}$ eine *gerade* Funktion ist. Aufgrund von (8.66) und (8.65) ergibt (8.70) außerdem

$$\begin{aligned}|\operatorname{Re} f_{\beta,n}(z)|&=\frac{1}{2\pi}\left|\int_0^{2\pi}\sigma_n^0(t)\operatorname{Re} K_\beta(z-t)\,dt\right|\\ &\leqq\frac{1}{2\pi}\int_0^{2\pi}|\operatorname{Re} K_\beta(z-t)|\,dt=\frac{1}{2\pi}\int_0^{2\pi}\operatorname{Re} K_\beta(z-t)\,dt=1,\end{aligned}$$

d.h. (8.60) für $f_{\beta,n}$, und somit gilt $f_{\beta,n}\in\tilde{H}_\beta$.

An den Stellen $x_j=j\dfrac{\pi}{n+1}$ $(0\leqq j\leqq 2n+1)$ erhält man nach (8.71)

$$f_{\beta,n}(x_j)=\frac{4}{\pi}\sum_{m=0}^{\infty}\frac{(-1)^m\cos((2m+1)j\pi)}{(2m+1)\operatorname{ch}((2m+1)(n+1)\beta)}=(-1)^j\Delta_n(\beta) \qquad \text{(vgl. (8.68))};$$

diese Punkte bilden demnach eine $(2n+2)$-stellige Alternante zu $f_{\beta,n}\in\tilde{H}_\beta$, und nach Satz 6.7 folgt so schließlich (8.69). Zusammenfassend ergibt sich

Satz 8.9: *Die Menge $\tilde{H}_\beta$ der im Streifen $S_\beta=\{x+iy\,|\,|y|<\beta\}$ holomorphen reellwertigen 2π-periodischen Funktionen f mit $|\operatorname{Re} f(z)|\leqq 1$ für $z\in S_\beta$ besitzt die*

trigonometrische Approximierbarkeit

(8.72) $\tilde{E}_n(\tilde{H}_\beta)=\max\{\tilde{E}_n(f)\,|\,f\in\tilde{H}_\beta\}=\Delta_n(\beta),$

$$\Delta_n(\beta)=\frac{4}{\pi}\sum_{m=0}^{\infty}\frac{(-1)^m}{(2m+1)\operatorname{ch}((2m+1)(n+1)\beta)}<\frac{8}{\pi}e^{-(n+1)\beta}.$$

(Für $(n+1)\beta<0{,}95$ wurde nur $\tilde{E}_n(\tilde{H}_\beta)\geqq\Delta_n(\beta)$ bewiesen.)

Betrachtet man allgemeiner beliebige im Streifen S_β holomorphe 2π-periodische Funktionen, dann ist $\operatorname{Re} f(t+i\eta)$ in (8.62), (8.64) durch $\frac{1}{2}(f(t+i\eta)+f(t-i\eta))$ zu ersetzen, und in den zu (8.67) führenden Abschätzungen erscheint als Schranke für diesen Ausdruck zusätzlich der Faktor

(8.73) $$M(f,\eta)=\max\{|f(x+iy)|\,\big|\,|y|\leqq\eta\}.$$

Man erhält auf diese Weise

(8.74) $$\tilde{E}_n(f)<\frac{8}{\pi}M(f,\eta)\,e^{-(n+1)\eta}\qquad\text{für jedes }\eta<\beta,$$

und daraus folgt unmittelbar

(8.75) $$\varlimsup_{n\to\infty}\sqrt[n]{\tilde{E}_n(f)}\leqq e^{-\beta}.$$

Bisher wurde von der Größe des Holomorphiebereichs auf die Approximierbarkeit geschlossen. Als Umkehrung hat man

Satz 8.10: *Für $f\in\tilde{C}_{2\pi}$ sei $\beta(f)$ durch*

(8.76) $$\varlimsup_{n\to\infty}\sqrt[n]{\tilde{E}_n(f)}=e^{-\beta(f)}$$

definiert. Wenn $0<\beta(f)<\infty$ gilt, dann ist f in den Streifen $S_{\beta(f)}$ holomorph fortsetzbar und hat auf dessen Rand eine Singularität. Im Falle $\beta(f)=\infty$, $\sqrt[n]{\tilde{E}_n(f)}\to 0$ ist f zu einer ganzen Funktion fortsetzbar.

Beweis: Für die Proxima $g_n\in\tilde{P}_n$ zu f und $\eta<\beta(f)$ ergibt sich aus (8.76)

$$|f-g_n|=\tilde{E}_n(f)\leqq O(e^{-n\eta}),$$

$$|g_n-g_{n-1}|\leqq|f-g_n|+|f-g_{n-1}|\leqq O(e^{-n\eta})$$

und nach (2.16) wegen $g_n-g_{n-1}\in\tilde{P}_n\subseteq G_n$ weiter

(8.77) $$|g_n(x+iy)-g_{n-1}(x+iy)|\leqq O(e^{-n(\eta-|y|)}).$$

Mit $g_{-1}=0$ gilt wegen $g_n(x)\to f(x)$ für reelle z

(8.78) $$f(z)=\sum_{n=0}^{\infty}(g_n(z)-g_{n-1}(z));$$

die rechte Seite konvergiert aber nach (8.77) auch gleichmäßig in jedem Streifen $S_{\eta-\varepsilon}$ und stellt so die holomorphe Fortsetzung von f in $S_{\beta(f)}$ dar, denn $\eta<\beta(f)$ war beliebig wählbar. Wegen der 2π-Periodizität von f und seiner Fortsetzung (8.78) muß im Falle $\beta(f)<\infty$ auf der Strecke $\{x+i\beta(f)|0\leqq x\leqq 2\pi\}$ eine Singularität liegen, denn sonst wäre f in einen Streifen S_β mit $\beta>\beta(f)$ fortsetzbar, was zu einem Widerspruch zwischen (8.75) und (8.76) führen würde. Im Falle $\beta(f)=\infty$ ist S_∞ als ganz $\mathbb{C}$ zu interpretieren.

Jetzt sollen die vorstehenden Ergebnisse auf die *polynomische* Approximation holomorpher Funktionen übertragen werden. Trennt man bei der Substitution $w=\cos z$ nach Real- und Imaginärteil $w=u+i\,v$, $z=x+i\,y$, dann ergibt sich

$$u=\cos x \operatorname{ch} y, \qquad v=-\sin x \operatorname{sh} y,$$

$$\frac{u^2}{\operatorname{ch}^2 y}+\frac{v^2}{\operatorname{sh}^2 y}=1 \qquad \text{mit } \operatorname{ch}^2 y-\operatorname{sh}^2 y=1.$$

Die zur reellen Achse parallelen Geraden $\{x+i\,y|x\in\mathbb{R}\}$ werden also auf *konfokale Ellipsen* um die Brennpunkte -1, $+1$ mit den Halbachsen $\operatorname{ch} y$ und $\operatorname{sh}|y|$ abgebildet, die im Falle $y=0$ zur Strecke $[-1,1]$ entarten. Der Streifen S_β mit $\beta>0$ geht entsprechend in das Ellipseninnere

$$Q_\rho=\left\{u+i\,v\,\middle|\,\frac{u^2}{a^2}+\frac{v^2}{b^2}<1 \text{ mit } a+b=\rho,\ a^2-b^2=1\right\} \tag{8.79}$$

über, wobei $a=\operatorname{ch}\beta$, $b=\operatorname{sh}\beta$ und

$$\rho=\operatorname{ch}\beta+\operatorname{sh}\beta=e^\beta \tag{8.80}$$

den Zusammenhang zwischen β und ρ beschreibt. Mittels $\tilde{f}(z)=f(\cos z)$ wird jeder in Q_ρ holomorphen Funktion f eine im Streifen S_β holomorphe gerade 2π-periodische Funktion $\tilde{f}$ zugeordnet. Umgekehrt hat jedes solche $\tilde{f}$ eine für alle $z\in S_\beta$, $w=\cos z\in Q_\rho$ konvergente Fourierreihe

$$\tilde{f}(z)=\gamma_0+\sum_{k=1}^{\infty}\alpha_k\cos(kz),$$

die mittels der Tschebyscheffpolynome $T_k(\cos z)=\cos(kz)$ die Rückverwandlung in

$$f(w)=\gamma_0+\sum_{k=1}^{\infty}\alpha_k\,T_k(w) \qquad (\text{konvergent für } w\in Q_\rho)$$

erlaubt. Die Eineindeutigkeit dieses Zusammenhanges folgt nach dem Identitätssatz aus der schon früher erläuterten Isomorphie zwischen $C[-1,1]$ und $\tilde{C}^0_{2\pi}$ im Reellen.

Jetzt lassen sich die Sätze 8.9 und 8.10 übertragen, wenn man neben (8.80) und $\tilde{E}_n^0(\tilde{f})=E_n(f)$ noch beachtet, daß die zum Nachweis von (8.69) konstruierten Funktionen gemäß (8.71) gerade sind.

Satz 8.11: *Die Menge H_ρ der in der Ellipse Q_ρ mit Brennpunkten $-1, +1$ und Halbachsensumme $\rho>1$ holomorphen reellwertigen Funktionen f mit $|\mathrm{Re}\, f(w)|\leqq 1$ für $w\in Q_\rho$ besitzt über $[-1, 1]$ die polynomische Approximierbarkeit*

$$\begin{aligned} E_n(H_\rho) &= \max_{f\in H_\rho} E_n(f) \\ &= \frac{8}{\pi}\sum_{m=0}^{\infty}\frac{(-1)^m}{(2m+1)(\rho^{(n+1)(2m+1)}+\rho^{-(n+1)(2m+1)})}<\frac{8}{\pi\rho^{n+1}}. \end{aligned} \tag{8.81}$$

Satz 8.12: *Notwendig und hinreichend für die holomorphe Fortsetzbarkeit von $f\in C[-1, 1]$ ist die Bedingung*

$$\rho(f)=\frac{1}{\overline{\lim\limits_{n\to\infty}}\sqrt[n]{E_n(f)}}>1. \tag{8.82}$$

f ist genau dann zu einer ganzen Funktion fortsetzbar, wenn $\rho(f)=\infty$, d.h. $\sqrt[n]{E_n(f)}\to 0$ gilt. Im Falle $1<\rho(f)<\infty$ ist $\rho(f)$ gleich der Halbachsensumme der größten Ellipse um die Brennpunkte $-1, +1$, in die sich f holomorph fortsetzen läßt.

Formel (8.82) erinnert stark an die entsprechend gebaute Formel für den Konvergenzradius einer Potenzreihe. Bei großen Ellipsen hat $\rho(f)$ jedoch als Summe der Halbachsen annähernd den doppelten Wert des Konvergenzradius. Das entspricht der in 6.3, Beispiel 4 bestimmten Approximierbarkeit

$$\sqrt[n]{E_n(h)}=\tfrac{1}{2} \qquad \text{für } h(x)=x^{n+1}.$$

Ganz generell zeigen die Sätze von Jackson und insbesondere die in diesem Abschnitt dargestellten Zusammenhänge, daß sich Polynome vor allem als konstruktive Elemente zur Approximation *holomorpher* bzw. hinreichend *glatter* Funktionen eignen. In diesem Sinne geben die genannten Resultate die zu den lokalen Aussagen des Taylorschen Satzes analogen Informationen im globalen Fall der Tschebyscheffapproximation über einem Intervall.

Abschließend soll ein Beispiel verdeutlichen, wie sich derartige theoretische Einsichten für die numerische Praxis nutzen lassen. Es sei die Aufgabe gestellt, durch Verwendung eines geeigneten Näherungspolynoms die Berechnung von

$$f_0(w)=\operatorname{arctg} w \qquad \text{für reelle } w$$

innerhalb einer fest vorgeschriebenen Fehlertoleranz zu gewährleisten. Für $|w|>1$ hat man die Reduktionsmöglichkeit

$$f_0(w)=\frac{\pi}{2}\operatorname{sign} w - f_0\left(\frac{1}{w}\right)$$

auf $|1/w|<1$, so daß es genügt, f_0 als Element von $C[-1,1]$ zu approximieren. Die einzigen Singularitäten von f_0 sind logarithmische Verzweigungen bei $\pm i$. Deshalb kann man in Satz 8.11 die Ellipse mit den Halbachsen $b=1$, $a=\sqrt{b^2+1}=\sqrt{2}$ und $\rho=\sqrt{2}+1$ wählen. Die Abschätzung von $|\operatorname{Re} f_0(u+iv)|$ ist nach dem Maximumprinzip nur auf dem mit $\frac{u^2}{2}+v^2=1$ beschriebenen Rand von Q_ρ für $u>0$ erforderlich, weil f_0 ungerade ist und $\operatorname{Re} f_0(iv)=0$ gilt. Man erhält für solche $w=u+iv$

$$\begin{aligned}|\operatorname{Re} f_0(w)| &= \frac{1}{2}\,|f_0(w)+f_0(\overline{w})| = \left|\frac{\pi}{2}-\frac{1}{2}\left(\operatorname{arctg}\frac{1}{w}+\operatorname{arctg}\frac{1}{\overline{w}}\right)\right| \\ &= \left|\frac{\pi}{2}-\frac{1}{2}\operatorname{arctg}\left(\frac{\frac{1}{w}+\frac{1}{\overline{w}}}{1-\frac{1}{w\overline{w}}}\right)\right| = \left|\frac{\pi}{2}-\frac{1}{2}\operatorname{arctg}\frac{4}{u}\right| \\ &= \left|\frac{\pi}{2}-\frac{1}{2}\left(\frac{\pi}{2}-\operatorname{arctg}\frac{u}{4}\right)\right| \leqq \frac{\pi}{4}+\frac{1}{2}\,\frac{\sqrt{2}}{4}<1,\end{aligned}$$

also $f_0\in H_\rho$. Etwas genauer läßt sich $f_1(w)=\operatorname{arctg} w-\frac{w}{8}$ behandeln (für $n\geqq 1$ gilt $E_n(f_1)=E_n(f_0)$); man berechnet entsprechend

$$|\operatorname{Re} f_1(w)|=\left|\frac{\pi}{4}+\frac{1}{2}\operatorname{arctg}\frac{u}{4}-\frac{u}{8}\right|\leqq\frac{\pi}{4},$$

und dieser Faktor ist auf der rechten Seite von (8.81) hinzuzufügen. Berücksichtigt man außerdem, daß die Proxima zu f_0 (bzw. f_1) nach Satz 6.10 ungerade sind, dann ergibt sich für das Proximum $g_n\in P_{2n-1}[-1,1]$ und $n\geqq 1$

$$\text{(8.83)}\qquad |f_0-g_n|=E_{2n-1}(f_0)=E_{2n}(f_0)=E_{2n}(f_1)<\frac{2}{(\sqrt{2}+1)^{2n+1}}.$$

Weil g_n von der Form

$$g_n(u)=u(\gamma_0+\gamma_1 u^2+\cdots+\gamma_{n-1}u^{2n-2})=u\,\hat{g}_n(u^2)\qquad(\operatorname{grad}\hat{g}_n\leqq n-1)$$

ist, erreicht man diese Genauigkeit mit n-gliedriger Polynomberechnung.

Man könnte erwarten, daß die bei Berücksichtigung von $f_0(-w)=-f_0(w)$ mögliche Reduktion auf $0 \leqq w \leqq 1$ noch bessere Approximierbarkeit bewirkt. Nach Transformation auf $[-1, 1]$ mittels $w=\frac{1+z}{2}$ wäre dann $f_2(z)=\operatorname{arctg}\left(\frac{1+z}{2}\right)$ mit den Singularitäten $\pm 2i-1$ zu approximieren. Dafür ergibt sich jedoch nur $\rho(f_2)=1+\sqrt{2}+\sqrt{2+2\sqrt{2}}<4{,}62$ gegenüber dem in (8.83) anzurechnenden Wert $(\sqrt{2}+1)^2=5{,}828\ldots$. Es lohnt sich also nicht, für diese Intervallverkleinerung auf $[0, 1]$ den Vorteil aufzugeben, daß in g_n die geraden Potenzen fehlen.

Für eine in der Praxis brauchbare rasche Berechnung von f_0 empfiehlt es sich, das Approximationsintervall auf folgende Weise zu verkleinern: Für den Bereich

$$\operatorname{tg}\frac{\pi}{12}=2-\sqrt{3}<|w| \leqq 1$$

verwendet man das Additionstheorem

$$\operatorname{arctg} w=\left(\frac{\pi}{6}+\operatorname{arctg}\left(\frac{|w|-\frac{1}{\sqrt{3}}}{1+\frac{|w|}{\sqrt{3}}}\right)\right)\operatorname{sign} w$$

zur Reduktion auf $[-(2-\sqrt{3}), 2-\sqrt{3}]$ und erhält über diesem Intervall dann $\rho^2>57{,}6$ in (8.83) an Stelle von $(\sqrt{2}+1)^2$.

In theoretischer Hinsicht ist schließlich noch anzumerken, daß gemäß diesem Beispiel der Realteil einer Funktion in der Holomorphieellipse beschränkt sein kann, während der Imaginärteil bei Annäherung an den Rand über alle Grenzen wächst, wie sich an

$$\operatorname{arctg}(i\,v)=\int_0^v \frac{i\,dy}{1-y^2}\to\infty \qquad \text{für } v \nearrow 1 \text{ zeigt.}$$

Aufgaben

8.1. Zu $f \in C[a, b]$ existiert stets der evtl. unendliche Grenzwert $\omega'(0)=\lim_{t\to 0}\left(\frac{\omega(f, t)}{t}\right)$. Aus $\omega'(0)<\infty$ folgt, daß f von beschränktem Differenzenquotienten ist, mit $|f'|_\infty=\omega'(0)$.

8.2. Man zeige für die durch

$$f(x)=\int_0^{x+1} \lg u \, du=(x+1)(\lg(x+1)-1)$$

definierte Funktion $f \in C[-1,1]$

$$\omega_2(f,t)=f(2t)-2f(t)=t\lg 4 \quad \text{und} \quad \omega_1(f,t)\sim t\,|\lg t| \qquad \text{für } t\to 0.$$

8.3. Man übertrage Satz 8.4 mittels einer linearen Transformation auf Funktionen $f \in C[a,b]$.

8.4. Man zeige mittels (8.13) die dreifache Monotonie der Folgen

$$\left(\frac{1}{k^j}\,\middle|\, k=1,2,3,\ldots\right) \qquad \text{für } j\geqq 1.$$

8.5. Man zeige durch genauere Verfolgung des Beweises zu Satz 8.6: für $f \in F_{j+1}$ (vgl. (8.4)) mit Fourierproximum $\Phi_n f=0$ gilt

$$|f|\leqq\frac{\kappa_{j+1}}{(n+1)^{j+1}} \qquad \text{(vgl. (8.44))}.$$

8.6. Satz 8.7 bleibt richtig, wenn die darin vorkommenden O-Terme durch die entsprechenden o-Terme ersetzt werden.

8.7. Aus $\omega_2(f,t)=O(t)$ für $f\in\hat{C}$ folgt $\omega_1(f,t)=O(t\,|\lg t|)$ (man verwende (8.27) und (8.58)).

8.8. Im Hinblick auf das Beispiel am Ende von 8.5 sei $e^\beta=\rho=\sqrt{2}+1$ und $w=\cos z$. Gemäß (8.71) sei

$$\frac{\pi}{4} f_{\beta,0}(z)=\sum_{m=0}^{\infty}\frac{(-1)^m\, T_{2m+1}(w)}{(2m+1)\operatorname{ch}((2m+1)\beta)}.$$

Man untersuche den Realteil von

$$h(w)=\operatorname{arctg} w-\frac{w}{8}-\frac{\pi}{4} f_{\beta,0}(z)$$

auf dem Rande der Ellipse Q_ρ und gebe so eine noch schärfere Abschätzung der Approximierbarkeit von arctg w über $[-1,+1]$.

Literaturverzeichnis

[1] ACHIESER, N.I.: Vorlesungen über Approximationstheorie. Akademie-Verlag, Berlin (1953).

[2] BERMAN, D.L.: Über die Unmöglichkeit der Konstruktion eines linearen Polynomoperators, der eine Approximation von der Ordnung der besten Polynomapproximation liefert. (Russisch.) Dokl. Akad. Nauk 120 , 1175–1177 (1958).

[3] BERNSTEIN, S.N.: Sur l'ordre de la meilleure approximation des fonctions continues par des polynômes de degré donné. Mém. Acad. de Belgique (2), 4, 1–104 (1912).

[4] CHENEY, E.W.: Introduction to Approximation Theory. McGraw-Hill, New York 1966.

[5] CRUM, M.M.: On the theorems of Müntz and Szász. Journ. Lond. Math. Soc. 31, 433–437 (1956).

[6] DUFFIN, R.J., und A.C. SCHAEFFER: A refinement of an inequality of the brothers Markoff. Trans. A.M.S. 50, No 3, 517–528 (1941).

[7] FEJÉR, L.: Untersuchungen über Fouriersche Reihen. Math. Ann. 58, 501–569 (1904).

[8] HAAR, A.: Die Minkowskische Geometrie und die Annäherung an stetige Funktionen. Math. Ann. 78, 294–311 (1918).

[9] HERMITE, CH.: Sur la formule d'interpolation de Lagrange. Journ. für Math. 84, 70–79 (1878).

[10] JACKSON, D.: Über die Genauigkeit der Annäherung stetiger Funktionen durch ganze rationale Funktionen. Dissertation Göttingen (1911).

[11] – On approximation by trigonometric sums and polynomials. Trans. A.M.S. 14, 491–515 (1912).

[12] KÖTHE, G.: Topologische lineare Räume I. Springer, Berlin 1960.

[13] KOLMOGOROFF, A.N.: Eine Bemerkung zu den Polynomen von P. L. Tschebyscheff, die von einer gegebenen Funktion am wenigsten abweichen. (Russisch.) Usp. Math. Nauk 3, 216–221 (1948).

[14] KOROVKIN, P.P.: Linear Operators and Approximation Theorie. Hind. Publ. Co., Delhi (1960).

[15] KRYLOFF, V.I.: Konvergenz algebraischer Interpolation in den Nullstellen der Tschebyscheffpolynome für absolut stetige Funktionen und Funktionen von beschränkter Variation. (Russisch.) Dokl. Akad. Nauk 107, 362–365 (1956).

[16] LORENTZ, G.G.: Approximation of Functions. Holt, Rinehart and Winston, New York 1966.

[17] MARKOFF, A.A.: Sur les racines de certaines équations. Math. Ann. 27, 177–182 (1886).

[18] – Über eine von D.I. Mendelejeff gestellte Frage. Istv. Akad. Nauk 62, 1–24 (1889).

[19] MARKOFF, W.A.: Über die Funktionen, die in einem gegebenen Intervall möglichst wenig von Null abweichen. Math. Ann. 77, 213–258 (1916). (Original russisch 1892.)

[20] MEINARDUS, G.: Approximation von Funktionen und ihre numerische Behandlung. Springer, Berlin (1964).

[21] MÜNTZ, H.: Über den Approximationssatz von Weierstraß. Schwarz Festschrift, Springer, Berlin (1914).

[22] NATANSON, I. P.: Konstruktive Funktionentheorie. Akademie-Verlag, Berlin (1955).

[23] SCHNEIDER, A.: Bemerkung zur numerischen Differentiation. Num. Math. 6, 332–334 (1964).

[24] SCHÖNHAGE, A.: Optimale Punkte für Differentiation und Integration. Num. Math. 5, 303–331 (1963).

[25] SCHWARTZ, L.: Étude des Sommes d'Exponentielles Réelles. 2. Aufl., Hermann, Paris (1959).

[26] STONE, M. H.: The generalized Weierstrass approximation theorem. Mathem. Magazine 21, 167–183, 237–254 (1948).

[27] SZEGÖ, G.: Orthogonal Polynomials. AMS. Coll. Publ. 23 (1939).

[28] TIMAN, A. F.: Theory of Approximation of Functions of a Real Variable. Moskau 1960. Translation: Macmillan, New York (1963).

[29] TITCHMARSH, E. C.: The Theory of Functions. Oxford, London (1932).

[30] TODD, J.: Introduction to the Constructive Theory of Functions. Birkhäuser, Basel (1963).

[31] WERNER, H.: Vorlesung über Approximationstheorie. Springer, Berlin (1966).

[32] ZYGMUND, A.: Trigonometric series. 2nd Ed. repr. Cambridge; Univ. Pr. (1968).

Verzeichnis der verwendeten Symbole

Namen- und Sachverzeichnis